KITANO PAR KITANO

TAKESHI KITANO
et
MICHEL TEMMAN

KITANO PAR KITANO

BERNARD GRASSET
PARIS

ISBN 978-2-246-73831-2

PROLOGUE

J'ai longtemps croisé Takeshi Kitano dans les rues de Tokyo. Le hasard avait voulu que nous habitions à quelques dizaines de mètres l'un de l'autre, près de « Killer Street », dans l'arrondissement de Minato, au cœur de la capitale.

Kitano était alors toujours accompagné de son chauffeur, Tsuyoshi Nishimura (également acteur, il apparaît dans plusieurs de ses films), d'assistants, de parents ou d'amis. Je l'abordai pour la première fois en 2003, à la veille du printemps, poussé par une envie encore plus ou moins inconsciente d'obtenir une interview. Affable, il avait souri et eut un mot gentil. Il semblait étonné qu'un journaliste français habite si près de chez lui. Takeshi Kitano promit de m'accorder un entretien... dès qu'il en aurait le temps. « Bientôt », dit-il...

Il m'aura fallu patienter plus de deux ans.

Un soir du printemps 2005, après le succès retentissant et la sortie en France, quelques mois plus tôt, de son film de sabre Zatoïchi, Kitano m'invita à le suivre à l'occasion d'un dîner. Ce fut l'occasion de lui poser quelques questions pour un article à paraître en France. En fin de soirée, il me proposa de le rejoindre le lendemain afin de poursuivre l'entretien. J'ignorais alors que ces deux rencontres d'un week-end constitueraient le socle d'une longue relation empreinte de respect, d'amitié et parfois aussi d'imprévu. Une quarantaine d'autres allaient suivre durant près de quatre années.

De Takeshi Kitano, je ne connaissais alors que le nom et certaines de ses productions. Son alter ego télévisé, l'ultra-célèbre « Beat Takeshi » – nom d'artiste dont il est affublé sur scène et au petit écran depuis une trentaine d'années – occupait fréquemment, pour ne pas dire quotidiennement, le poste de télévision, telle une figure devenue familière. Je pouvais aussi l'apercevoir sur les affiches géantes de films qui ornaient à intervalles réguliers les murs de la capitale nippone.

Depuis des années, le style irrévérencieux et les plaisanteries de potache de Kitano me faisaient sourire. Son culot et son insolence m'impressionnaient. Mais, désormais, c'était autre chose : cet artiste, véritable icône culturelle au Japon, pour lequel j'éprouvais une admiration non dissimulée mais diffuse, m'intriguait au plus haut point.

Je me mis en quête de « percer » le mystère d'un homme devenu davantage qu'un phénomène médiatique, de mettre au jour la personnalité de ce « voisin » peu commun. Qui était ce Kitano apparemment sans tabous ni pudeur ? Qui se cachait derrière l'homme-orchestre, artiste multiforme, comédien, animateur vedette de la télévision et réalisateur à succès ? Qu'est-ce qui inspirait cet esprit libertaire, fils des années cinquante, auteur de récits autobiographiques et de réflexion sur la société japonaise, la vie et le bonheur ?

Patiemment, au fil de nos conversations, je retraçais pas à pas ses origines modestes, sa lointaine vie de boxeur amateur, d'apprenti joueur de base-ball, ses saynètes de jeunesse jouées dans les théâtres de boulevard, son ascension fulgurante, et, bien sûr, ses films si personnels, mélange de violence extrême, d'humour féroce, de tendre naïveté, de jeux puérils et décalés. Je découvrais, ou revisitais, perplexe, une œuvre plurielle, des montagnes de commentaires, d'articles et de critiques, tout ce qui s'est dit et s'est écrit sur lui depuis trente ans. Je tentais de mieux cerner les démons de Kitano, diable chevillé au corps et au cœur, mentor adulé par ses nombreux disciples.

*

*   *

Été 1994. Le ciel est lourd, ombrageux. L'humidité colle à la peau. La nouvelle tombe à la radio. La rumeur se répand que, peut-être, Takeshi Kitano est à l'article de la mort. Le réalisateur est dans le coma, conséquence d'un accident de la route terrible. La star nippone, sous le coup d'une pression impitoyable, n'allait pas très bien. Crise de confiance envers le système, désillusion, un film (Sonatine) injustement accueilli, selon lui, par la critique au Japon... Kitano, qui débordait de projets, venait de tourner une comédie, mais il n'était pas moins irrité, voire, certains jours, au bout du rouleau. A quarante-sept ans, il redoutait le pire : l'ennui. Ayant déjà vécu la crise des quarante ans, il voyait poindre avec effroi celle de la cinquantaine. Alors, avant l'aube, à l'heure où les corbeaux obèses de Tokyo font les poubelles, il avait accéléré sur son scooter – sans doute avait-il bu quelques verres de trop ? –, et fini dans une rambarde. Avant de partir en vrille, il avait eu le temps de confier à ses proches qu'il n'était pas au mieux de sa forme. Quelques heures plus tard, la nouvelle était à la télévision : Takeshi Kitano avait été découvert, au bord de la route, sous la lumière diffuse d'un éclairage public, par un chauffeur de taxi qui avait freiné à temps.

Takeshi Kitano était dans un état désespéré. Défiguré. Le pronostic des docteurs était assez alarmant. Une opération considérée comme risquée par les meilleurs spécialistes était indispensable pour juger de l'état exact de son système nerveux. Quelques médias mal attentionnés relayés par la vox populi répandaient sans tarder des rumeurs insensées.

Mais en un temps record, Kitano sort du coma comme une chrysalide de son cocon. L'heure n'a pas encore sonné. Finalement, l'animateur télé a refusé la craniotomie proposée par les chirurgiens. Sur son lit d'hôpital, l'artiste renaît et commence une nouvelle vie. La chirurgie esthétique fera des miracles pour lui redonner un vrai visage. Il ne sera plus jamais le même.

C'est un Kitano métamorphosé qui sort de l'épreuve. Sans tourner le dos à la télévision, il enfile de nouveaux habits pour se consacrer en priorité au cinéma.

Depuis, la « maison Kitano » n'a cessé de prospérer. Pilier de l'Office Kitano, agence d'artistes et maison de production fondée avec l'ami de trente ans Masayuki Mori, le maître nippon, tour à tour scénariste, réalisateur, acteur, monteur, veille sur chacun de ses membres et disciples comme une mère sur ses enfants. Trente ans après ses débuts modestes à Asakusa, « Tono » (Seigneur) comme l'appellent ses proches, est à la tête d'un petit empire dans le monde fermé et feutré de la télévision japonaise. Il gagne de l'argent, beaucoup d'argent, et assume son double rôle de figure vedette du petit et du grand écran. Très indépendante, sa petite entreprise ne connaît pas la crise : elle est en vérité l'une des plus prospères au sein du paysage télévisé nippon, et parallèlement l'une des plus ingénieuses au sein de l'industrie du cinéma au Japon.

*

* *

De ses rêves d'enfant pauvre des bas quartiers de Tokyo, Kitano a gravi un à un les échelons du succès : le théâtre d'abord, la télévision ensuite, véritable sésame pour passer à la conquête du grand écran. Kitano jouit aujourd'hui d'une reconnaissance mondiale dans le monde clos des grands du septième art.

Au fil des mois, des années, j'ai vu et revu, un à un, tous ses films, l'efficace Violent cop, *le percutant* Jugatsu, *le troublant* Sonatine, *le beau et poignant* Hana-bi *(Lion d'or à Venise en 1997), l'initiatique* Kids return, *le violent* Brother, *l'onirique et poétique* Dolls, *inspiré du bunraku (théâtre de marionnettes traditionnel), le tendre* Été de Kikujiro, *le décapant* Zatoïchi *(Lion d'argent du meilleur réalisateur à Venise en 2003). Ses œuvres, parfois déroutantes, révèlent ce qu'un œil étranger ne voit pas ou ne perçoit pas forcément, à première vue, dans les interstices de la vie sociale au Japon. Ses films en disent long sur l'identité japonaise, en particulier sur l'homme de la rue des quartiers populaires de Tokyo. En cela, ils agissent comme autant de clés de décodage culturel : ils aident à découvrir et mieux comprendre, notamment, l'humour japonais, la culture du rire, très variée, dans ce pays où les gens sont réputés – à tort – pour leur sérieux.*

Sur un plateau de cinéma, Kitano se moque des conventions. Les antipodes ne l'effraient pas. Il transgresse les genres et les barrières au nom d'une absurdité existentielle. Celui qu'on a affublé, en Europe, de tous les surnoms (« le Chaplin japonais », « le Tarantino du Soleil Levant », le « Buster Keaton nippon ») n'hésite jamais, dans un film de brutes et de yakuza décervelés, à faire de longs plans sur des cerisiers en fleurs, le doux reflux de fines vagues scintillantes sur une plage, ou sur des forêts sublimées sous un épais manteau de neige. Dans son œuvre, comme dans celle d'Akira Kurosawa, le cinéma rejoint la peinture. On entrevoit d'ailleurs plusieurs de ses toiles dans ses films Hana-bi, L'Été de Kikujiro *et* Achille et la tortue, *comme s'il voulait transfigurer la réalité.*

En maître original et zélé de la mise en scène ou en acteur au jeu minimaliste, Kitano n'a pas son pareil pour tisser au grand écran des ambiances subtiles avec une désinvolture et une simplicité très éloignées des productions américaines, européennes et asiatiques. Ainsi va Takeshi Kitano, qui joue avec les évidences et la nature des choses dans une recherche d'authenticité, et toujours avec le sens de la fête. A l'étranger, certains de ses films rencontrent un énorme succès. Le public adore tout autant ses polars violents et mélancoliques que ses comédies délurées, des films marqués par le penchant évident du cinéaste pour la dérision, la plus âpre possible.

Ses derniers films ont surpris, parfois déconcerté, mais malgré lui, Kitano est devenu un des grands noms du cinéma japonais contemporain, reconnu comme un de ceux qui, après les âges d'or marqués par les œuvres d'Akira Kurosawa ou de Nagisa Oshima, ont fait réapparaître le septième art nippon sur les écrans internationaux. Aux côtés d'autres réalisateurs, expérimentés, comme Kinji Fukasaku et Shohei Imamura, ou plus jeunes, tels que Takashi Miike, Hideo Nakata, Naomi Kawase, Shunji Iwai, Shinji Aoyama, Kiyoshi Kurosawa, Hirokazu Kore-eda, il a contribué à ouvrir la voie à une nouvelle génération de cinéastes appréciés hors de l'Archipel.

Lui-même n'en espérait pas tant, qui reçoit en permanence des courriels et lettres de la part des membres de ses fans-clubs dispersés dans la soixantaine de pays où ses films sont distribués. Kitano exerce une fascination étrange sur son public, dont une partie lui voue un véritable culte, certains n'hésitant pas même à l'élever au rang de « mythe » vivant.

*
* *

Un mythe que le « maître » entretient. Avec son don d'ubiquité, Kitano est forcément un sujet de commentaires, de curiosité, de discussions et de critiques. Il le sait et assume. Pléthore de livres ont déjà paru à son propos. Kitano a beaucoup écrit aussi sur lui-même et ses multiples vies. Il s'est essayé à toutes ses passions, cumulant les facettes par dizaines, posant un véritable défi au biographe. Par où commencer avec lui ? Tour à tour (ou simultanément) comédien, boxeur amateur, danseur de claquettes, chanteur, animateur de shows télévisés, acteur, metteur en scène, icône publicitaire, réalisateur, monteur, romancier, peintre... Avec des résultats parfois inégaux, il a touché à tout.

Pour les Japonais, Kitano est d'abord une figure familière du petit écran. A Tokyo, Beat Takeshi reste l'animateur le plus enregistré en studio. Tandis que pour les publics étrangers, son nom est au contraire associé au septième art, et reste celui d'un artiste hors pair qui a réussi à s'affirmer comme l'un des cinéastes asiatiques les plus prolixes, subversifs et décalés de sa génération. En France, il a été intronisé très tôt, au début des années 90, par le public, par la presse, comme un réalisateur majeur du cinéma japonais.

Takeshi Kitano ne s'arrête jamais. Enfant, il est tombé amoureux des sciences et des étoiles. Depuis, il ne tient pas en place. L'idée même de repos lui est étrangère. Le dimanche reste, chez lui, un jour comme un autre, fait pour travailler. Boulimique de l'effort, jamais pourtant il ne force ou se force : s'il n'aime pas ce qui lui est proposé, ou si un projet, même entamé, est en péril ou l'ennuie, il le dit et abandonne. Obsédé par l'écoulement inaltérable du temps, il cite volontiers Paul Klee et Shakespeare et parle, fasciné, du « caractère extrémiste » de leurs œuvres. Son seul impératif : ne jamais s'ennuyer. En éternel insatiable, il court après la vie, comme pour mieux conjurer la mort. En parfait hégélien, il fait de la permanente expérience de son insatisfaction le moteur de son inspiration créatrice.

Le mieux est encore de s'effacer et de lui laisser la parole. Dans ce livre de confidences, qui se veut un autoportrait le plus fidèle possible, Kitano se met à nu. Comme rarement. Sans concessions. D'une voix rocailleuse et rauque, il raconte et se raconte, en artiste confronté à l'incertitude, avec son humour décapant, sa sincérité, ses enthousiasmes et ses folies. S'il aura fallu parfois le pousser dans ses retranchements, il témoigne, de regrets exprimés en erreurs assumées, de ses réussites, de ses provocations, mais aussi de ses échecs... et de ses sorties de route.

L'homme apparaît dans toutes ses contradictions et ses paradoxes ; il est ainsi, sous des dehors faussement modestes, un homme au grand cœur. C'est que Kitano n'a jamais renié ni oublié ses origines modestes, comme en témoigne, jusqu'à présent, son ardent besoin de reconnaissance. Et s'il s'avoue lui-même parfois égaré en ce siècle, il ne s'est jamais vraiment coupé des autres. Il a su, en fin observateur, attentif à la rumeur du monde, se forger une conscience politique, au sens noble. Chemin faisant, il s'est créé sa vision de la vie, trouvant la voie d'une philosophie du bonheur, à mi-chemin entre acharnement au labeur, bouddhisme zen et épicurisme. Au firmament de sa carrière, il se livre ici avec une lucidité rare, qui est la marque suprême de la liberté et de la sagesse.

Kitano par Kitano

*
* *

Ce livre a été rédigé à partir de plusieurs dizaines de conversations libres et d'entretiens réalisés avec Takeshi Kitano entre le printemps 2005 et l'automne 2009. Entre les paroles du cinéaste qui s'est pris au jeu, des commentaires en italique ont été ajoutés lorsqu'il apparaissait nécessaire de situer le contexte ou de fournir quelques clés de compréhension au lecteur. Peut-être ce dernier jugera-t-il parfois étrange, voire décalé, l'emploi de telle expression, de tel jargon ou de telle association d'idées. La retranscription littérale à travers la barrière de la langue des expressions vernaculaires et des inévitables idiomes s'est avérée délicate, qui plus est s'agissant de langage parlé. Le contenu de ces conversations a été conservé de la façon la plus fidèle possible, tout en adaptant la forme là où c'était nécessaire pour restituer au mieux l'expression orale en japonais, la pensée, la voix et les humeurs de Takeshi Kitano. Pour le japonais, c'est le système de transcription dit Hepburn modifié qui a été retenu. Et afin de ne pas surcharger l'ensemble du texte, il a été jugé préférable de ne pas reproduire les voyelles longues (ainsi Kyoto et non Kyôto). Enfin, selon l'usage occidental, le prénom précède le nom de famille, contrairement à l'usage japonais.

Mes premiers et chaleureux remerciements vont à Kitano, bien sûr, qui m'a accordé sa confiance tout au long de cette aventure singulière. Il me faut remercier aussi tout spécialement l'Africain rayonnant qui, lors de ces rencontres, fut notre interprète attitré, aussi précis qu'inattendu : Rufin Zomahoun, figure béninoise bien connue des plateaux de télévision au Japon. Homme charmant et charmeur, au rire contagieux, au sourire irrésistible, Zomahoun, comme les Japonais l'appellent simplement, est un conteur humaniste, héritier des griots, un passeur érudit et polyglotte de valeurs et d'idées. C'est sur le plateau d'une de ses émissions de télévision que Kitano a fait sa connaissance. Les deux

14

hommes sont devenus quasi inséparables. Zomahoun fut présent à chacune de nos conversations, officiant comme brillant interprète et indispensable lien. Sans lui, ces rencontres avec Takeshi Kitano n'auraient jamais été aussi régulières, nombreuses et agréables. Sans lui, ce livre de confidences n'existerait pas. Pour ma part, je dédie cet ouvrage à Lola et à tous les miens.

Michel Temman

1.

A la recherche du bonheur

Tokyo. Printemps 2005. La silhouette d'un homme assez trapu, un mètre soixante-dix environ, vient de surgir du fond d'une ruelle, à deux pas d'une tour à l'architecture avant-gardiste, siège de TBS, sixième chaîne de télévision privée japonaise. Son pas est vif. Ce samedi soir, l'homme qui avance hâtivement, titube presque, socques de bois aux pieds, pantalon noir bouffant, mains dans les poches, n'est pas Takeshi Kitano, l'interprète du masseur Ichi, le héros aveugle du western spaghetti nippon Zatoïchi, couronné en 2003 par un Lion d'argent à la Mostra de Venise. C'est son double au petit écran, Beat Takeshi. Il vient de boucler l'enregistrement d'une de ses émissions de télévision, un des huit talk-shows qu'il anime chaque semaine, pour certains depuis vingt ans. Dès cette première rencontre, la star médiatique apparaît sans prétention, simple. Assis en tailleur à même les tatamis d'un ryotei, un petit restaurant de quartier de la capitale, Kitano accepte de se prêter au jeu des confidences. Il n'a alors plus rien de l'animateur des plateaux télévisés, ni du metteur en scène sombre et secret de ses films. Ni lunettes noires, ni costard yakuza, ni flingues... Au fil de l'entretien apparaît un homme très lucide sur lui-même, sur son parcours et son œuvre foisonnante et éclectique, un créateur prolifique et cultivé. Takeshi Kitano met vite son interlocuteur à l'aise. A peine s'est-il assis qu'il parle de vin, l'une de ses passions. Plus tard, chacune des rencontres se fera autour de quelques bonnes bouteilles. Le vin rouge, comme un fil d'Ariane de nos conversations.

Buvons ! Mettez-vous à l'aise. Posez-moi toutes les questions que vous voulez.

Takeshi Kitano commande une bouteille au patron. « Un grand vin de la maison. » Diable ! Le cru servi est un millésime Rivesaltes 1929, du sud de la France, des territoires du Crest et de la vallée de l'Agly... Kitano évoque sa passion pour le vin en général et pour celui des vignobles français en particulier. La scène est presque surréaliste. Là, dans ce restaurant traditionnel japonais, Takeshi Kitano, les cheveux teints en blond, parle en japonais de vins français et chacun de ses propos est parfaitement traduit, à la nuance près, par un interprète béninois très élégant dans son boubou multicolore... La révélation tombe : si Takeshi Kitano apprécie tant le vin, c'est qu'il déteste l'ennui.

J'aime le vin. J'ai toujours eu la passion du vin. C'est peut-être ce qui explique que je me suis toujours beaucoup intéressé à l'histoire de l'Europe, de la France, de l'Italie... Pour moi, le vin, c'est la France, c'est l'Italie. Un jour, j'ai offert à un ami restaurateur japonais une merveille de vieux cru français de l'année 1944. Une année charnière n'est-ce pas ? Je ne me souviens plus de quel château. C'était un très grand vin. Exquis. J'aime le vin parce qu'il naît de la terre. Quand il est conçu avec amour, on le boit avec amour. Le vin aide à rendre la vie plus belle. Il aide à accéder au bonheur. Et le bonheur, fort heureusement, est une clé de l'existence. Il nous aide à tenir bon, il nous maintient en vie. Car vous savez, pour tout vous dire, je pense qu'une vie malheureuse est plus triste que la mort...

Après la guerre

> *Le vin coule, propice aux réminiscences. Takeshi Kitano évoque son enfance dans les quartiers de Tokyo de l'après-guerre. Nostalgie d'un temps disparu...*

Enfant, il m'a fallu du temps avant de comprendre qu'il s'était passé quelque chose de terrible dans mon pays durant la Seconde Guerre mondiale. J'ai mis des années à comprendre que l'aventurisme guerrier du Japon, nos guerres successives d'agression et d'occupation, dès le début du XXe siècle, avaient mal fini. Encore tout petit, je n'avais pas d'images précises de cette période, des nombreuses catastrophes et de nombreux traumas. J'ai découvert et compris plus tard, vers l'âge de onze ou douze ans, ce qui était vraiment survenu.

A ma naissance, le 18 janvier 1947, à Umejima, dans le quartier d'Adachi, au nord de Tokyo, la capitale était encore marquée par la guerre, en partie dévastée. Et comme dans la plupart des villes du pays, durant de longues années après la fin de la guerre, le paysage urbain donnait peine à voir. Les enfants jouaient au milieu de quartiers détruits par les bombes incendiaires, dans des no man's lands où repoussaient des herbes folles. Les Américains avaient également pris soin, durant leurs bombardements indiscriminés, de réduire à néant la majeure partie de l'activité industrielle des grandes villes.

C'est grâce à l'école et aux copains que j'ai appris la vérité. Un jour, j'ai vu des photos, et j'ai compris qu'au cours du printemps et de l'été 1945, le Japon avait été soufflé, complètement rasé sous un tapis de bombes. On connaît l'horreur et les dommages infligés à Hiroshima et à Nagasaki. Dans d'autres pays, les gens savent comment à la fin de la guerre, plusieurs villes allemandes, comme Dresde, furent écrasées sous les bombes des vainqueurs. Mais ils ignorent, pour la plupart, ce qu'il advint dans beaucoup de villes japonaises qui furent carrément transformées en brasiers et rayées de la carte, comme Nagoya, Kobe, ou Yokohama[1]. Tokyo, en particulier, a énormément souffert. A la veille du printemps 1945, dans la seule nuit du 10 au 11 mars, il y a eu, estime-t-on, près de cent mille morts dans la capitale. Cent mille ! Des quartiers entiers visés par les bombardements, surtout au nord de la capitale, constitués de maisons en bois, ont pris feu. Des familles entières qui vivaient là, sous le même toit, des grands-parents aux enfants, ont été brûlées vives. Tout cela, je l'ai découvert sur le tard, vers la fin des années 50.

J'ai grandi dans les quartiers les plus pauvres de l'arrondissement d'Adachi. J'étais le dernier enfant de notre famille. Mon père avait déjà plus de cinquante ans quand je suis né. Quelle malchance ! Mes parents, surtout ma mère, me tannaient, pour que je travaille bien à l'école. Le Japon d'alors était encore très pauvre. Notre école élémentaire, comme toutes les autres, était plutôt démunie. En classe, nous n'avions pas de bouliers pour faire nos calculs. On les faisait donc de tête. Pour nous encourager, les maîtres nous disaient qu'un vrai petit enfant japonais n'utilise pas de boulier, qu'il doit rester calme, se concentrer, et connaître parfaitement de tête toutes ses tables de calcul. La vie à l'école était faite d'incessantes humiliations. Les écoliers les plus pauvres se moquaient de ceux qui étaient encore plus pauvres qu'eux.

A Tokyo et dans tout le pays, la période d'après-guerre a été surtout marquée par « l'occupation » américaine – entre 1945 et 1952 – et par une volonté hors du commun de s'en sortir, de se redresser. L'effort a été national. Toute la société japonaise a œuvré à la renaissance du pays, et celle-ci n'a pas été qu'économique. Pour autant, la reconstruction a été lente, très pénible. Les familles, je me souviens, se privaient. C'était le cas chez nous. Les revenus de mon père ne suffisaient pas à bien nous nourrir. Dans tous les quartiers populaires, les enfants ne mangeaient pas à leur faim.

Vous savez, depuis plus de vingt ans, à chaque fois que je me rends dans des pays d'Europe ou aux États-Unis pour la

---

1. Soixante-six villes japonaises furent en partie ou totalement détruites.

promotion d'un film, je suis interviewé à propos de ce film, les journalistes, les critiques m'interrogent sur telle scène, j'évoque avec eux le contenu, l'histoire, les personnages. Mais il est rare qu'on me demande de raconter ce que fut mon enfance, d'évoquer dans le détail le lieu où j'ai grandi, qu'on appelle *shitamachi*[2]. Ces quartiers populaires étaient alors les bas-fonds de Tokyo. Il est difficile d'imaginer aujourd'hui à quoi ils pouvaient bien ressembler.

C'est là que j'ai grandi dans une période confuse. J'étais trop petit à l'époque, mais de ce que l'on m'a dit, et de ce que je sais, bien que la reconstruction du pays avait débuté, une grande partie du Japon était encore à terre. Le pays était non seulement en chantier, mais également occupé par les Américains, selon les règles fixées par le général MacArthur et ses troupes. Ah ce MacArthur ! L'image de ce grand type qui fumait tout le temps la pipe a marqué l'esprit de notre génération. Durant la période de l'occupation, les rues de la capitale étaient pleines de civils et de militaires américains en permission. Dans les quartiers, beaucoup de gens les saluaient. Ces années ont marqué le début de l'américanisation fulgurante de notre société.

D'ailleurs, parfois, on croit ou on fait croire que je suis antiaméricain. C'est absolument faux. Bien sûr, comme beaucoup de Japonais, il m'arrive de râler contre l'Amérique. Je vitupère encore de temps à autre contre la confiance exacerbée des Américains, leur volonté de pouvoir absolu, leur puissance mise en avant de façon souvent insolente. Mais cela n'a jamais été chez moi une obsession. Et quand cela m'arrive, ça ne dure jamais. Car foncièrement, je ne suis pas antiaméricain.

Kitano a souvent émis, ces dernières années, des critiques contre l'Amérique puritaine de George W. Bush. Mais il n'oublie jamais de rappeler à quel point il accueille d'un bon œil celle d'Obama, et vénère un grand nombre d'artistes

---

2. « La ville d'en bas. »

américains, parmi lesquels l'un des pionniers du mouvement Pop Art : Andy Warhol.

Gosse de la rue

C'est à l'est de Tokyo, dans un quartier d'ouvriers, d'artisans, de charpentiers, que j'ai grandi. A Senju et Umeda précisément, des quartiers populaires, très pauvres. On aurait dit le Harlem de New York, à ses heures les plus sombres. Par endroits, Umeda était encore, après 1945, un vaste assemblage de tôles, pire que les taudis insalubres de la banlieue d'Osaka de *Blood and bones*[3]. Les conditions de vie étaient pitoyables et mon enfance, disons… difficile. Avant de rentrer au collège, je ne m'étais jamais rendu compte de l'état misérable de ce quartier. C'est un peu plus tard que cela m'a sauté aux yeux. J'avais presque honte d'y avoir vécu.

Vers dix-onze ans, je passe de plus en plus de temps dans la rue. Je rêve de trains électriques, j'aime jouer à la toupie, au cerf-volant, au base-ball avec mes copains. Le voisinage et les gens du quartier font comme partie de la famille. Il y a alors beaucoup d'entraide entre voisins.

Je me souviens : devant ou derrière leurs maisons, les familles faisaient pousser des légumes dans des jardins minuscules. Des mères lavaient leur linge dans la rivière, parfois à quelques mètres de gens qui s'y décrassaient le corps. Les hommes et les femmes passaient du bon temps à papoter dans les *sento*[4], lieux de convivialité, de rencontres. Plus tard le soir, les hommes se retrouvaient dans les bars du quartier.

---

3. *Le Sang et les os*, un film marquant de Yoïchi Saï dans lequel Takeshi Kitano s'impose en héros brutal.
4. Bains chauds publics.

Dans la rue, j'ai aussi découvert les tours de magie des *yashi tekiya*.

> *Dans l'histoire du Japon, les* yashi *étaient des marchands ambulants de médecine traditionnelle vendant diverses poudres à base d'herbes, souvent des poudres de perlimpinpin. Les* tekiya, *eux, sont apparentés aux forains.*

Ces hommes étaient des sortes de prestidigitateurs foireux et mafieux, de vrais charlatans. Ils utilisaient leurs tours pour gagner de l'argent dans la rue. Ils me fascinaient. Ils avaient en effet un bagout pas croyable, j'admirais leur culot. Je les regardais faire, comme ça, au débotté, dans la rue, ils m'amusaient. Ils gagnaient de l'argent au nez et à la barbe de tous ceux qui se faisaient berner en se laissant prendre à leur jeu. Je crois que j'étais d'abord très impressionné par leur agilité, et leur art de l'illusion. Les *yashi tekiya*, je le savais, étaient des types assez malhonnêtes. Qu'importe, ils m'étonnaient. Certains parvenaient à se mettre pas mal de fric dans les poches en abusant les gens du quartier et les curieux de passage.

J'aimais aussi suivre des tournois de boxe, de sumo et de lutte professionnelle. A l'époque d'ailleurs, il n'y avait pas vraiment d'autres amusements pour les gosses. Autant que le combat, j'appréciais l'ambiance assez survoltée des salles, le public, la tension générale. Il y avait quelque chose de triste et de cruel à voir les hommes se battre. Dans ces années-là, les lutteurs étaient pour la plupart de pauvres gens qui avaient faim. Aujourd'hui, cela n'a plus rien à voir, la passion du sport prime. Plus tard, j'ai rejoint un club de boxe. Je faisais croire aux autres que j'étais fort pour éviter de me faire taper dessus. Car au collège, je faisais l'expérience de ce qu'on appelle, au Japon, l'*ijime*[5]. On se moquait souvent de moi. On me traitait par exemple de « gosse de peintre », et cela me faisait de la peine. Des collégiens raillaient le milieu dans lequel je vivais, la pauvreté de mes parents, le métier de mon père, peintre en bâtiment et charpentier.

---

5. Vexations et brimades d'ordre psychologique, voire physique.

A l'époque, beaucoup de gosses de familles provinciales aisées débarquaient en ville avec leurs parents dans de belles voitures. Ils étaient bien habillés tandis que moi je vivais dans la rue, en guenilles. J'étais un gosse de la rue. En grandissant, je suis même devenu, peu à peu, un véritable petit voyou. Une vraie petite frappe, incorrigible. Je peux vous assurer que je n'étais pas sage du tout. Dans les quartiers de l'est et du nord de la capitale, je faisais les quatre cents coups avec mes copains. Je ne vivais pas comme d'autres enfants du *shitamachi* qui préféraient chasser les libellules l'été. Avec ma bande d'amis, nous étions des caïds un peu minables mais fiers de l'être. Nous étions si jeunes et non moins persuadés d'être les maîtres de Tokyo. Nous n'avions pas un sou mais nous avions appris à voler. Nous piquions des yens partout où nous le pouvions. Nous allions voler jusque dans les temples et les sanctuaires. Avec un simple bâton, une ficelle et un *kabutomouchi*[6], nous parvenions à dérober, au fond de bacs en bois pourtant bien protégés, les pièces que les gens offraient à tel sanctuaire. Parfois, j'agissais seul, surtout quand j'avais faim et voulais me payer un truc à manger, une boule de riz, n'importe quoi... Dans un temple qui appartenait aux parents d'un copain, je guettais, caché dans un coin, les gens qui jetaient des pièces. Dès qu'ils étaient partis, je bondissais et parvenais en un instant à les récupérer avec l'aide de mon scarabée. Après quoi je prenais mes jambes à mon cou et fuyais jusqu'à perdre mon souffle, tout excité de mes prouesses de sale môme. Et je recommençais les jours suivants. En plongeant de cette façon mon scarabée au fond des bacs, il m'arrivait d'attraper beaucoup de pièces. Un jour, je me souviens, j'ai commencé à déguerpir d'un temple alors que le scarabée n'avait attrapé aucune pièce, et je me suis emmêlé le fil autour du cou.

---

6. Nom d'un coléoptère japonais : le scarabée-rhinocéros, capable de soulever plusieurs centaines de fois son poids, que les enfants et adolescents sont très nombreux à adopter.

Pour gagner un peu de thune, j'organisais également, avec d'autres copains, de drôles de manèges. Le jour, nous vendions à des commerçants du quartier, pour des broutilles, toutes sortes de petits matériaux de construction et d'objets en ferraille que nous parvenions à chiper ici et là. La nuit venue, avec les mêmes copains, on s'immisçait dans les commerces pour y dérober ce que nous venions de vendre dans la journée, en vue de proposer le tout plus tard à un autre commerçant. Une fois, cela a mal tourné. Ces vols répétés faisaient jaser dans le quartier. Un de nos acheteurs s'était rendu compte de notre petit manège. Pour nous piéger, il a marqué un objet que nous lui avions vendu, puis dérobé de nouveau. Il a découvert le pot aux roses quand plus tard, par mégarde, nous avons essayé de le lui revendre. Nous avons été appréhendés et punis. Nous avons été sévèrement battus.

A cet âge, j'avais de drôles de rêves, inaccessibles bien sûr, des rêves d'enfants. Je rêvais, par exemple, de pouvoir m'asseoir à un comptoir de sushi, avec la possibilité de commander ce que je voulais, sans limite. J'avais toujours faim, et rêvais donc de pouvoir me goinfrer. Ou lorsque j'apercevais une belle voiture dans la rue, je voulais aussitôt la même...

Une femme droite

Ma mère – son prénom était Saki –, était une femme intelligente, sûre d'elle, stricte, pas du genre à se laisser marcher sur les pieds. Elle avait fait des études, et était fière de ses diplômes. Ma mère était une femme très forte, mais mon père lui rendait la vie impossible. Je n'ai pas connu le premier homme avec lequel elle a d'abord vécu. Son premier mari était engagé dans les forces navales pendant la guerre. Décision rare à l'époque, elle avait préféré le quitter pour refaire sa vie avec un autre homme, mon père, Kikujiro. Kitano était son nom de famille. Mon père fut donc son second mari. C'est comme cela que tout a commencé !

Ma famille était d'origine modeste. Nous vivions avec le minimum. Notre petite maison consistait en deux pièces exiguës, dont une mal éclairée par une ampoule électrique. Dans cette pièce, nous nous serrions comme nous pouvions. La maison abritait mes parents, mes frères, ma sœur et ma grand-mère. Nous vivions chichement. La faim me tiraillait en permanence l'estomac.

Mes parents, surtout ma mère, tenaient à nous donner une éducation solide. Elle nous encourageait à travailler dur, à donner le meilleur de nous-mêmes. Elle-même avait eu une enfance difficile. Encore enfant, elle avait perdu sa propre mère. Quand son père n'a plus réussi à subvenir aux besoins de la famille, elle a dû se mettre à travailler, à treize ans, d'abord comme servante chez une famille aisée de Tokyo, puis en cumulant les petits boulots ; c'est en tout cas ce que l'on m'a raconté.

Ma mère nous a élevés, mes frères, ma sœur et moi, avec un sens aigu du respect des autres, et le sens de la discipline. Nous vivions simplement mais ma mère s'efforçait, par tous les moyens possibles, de conjurer notre misère.

Plus que tout, elle voulait que mes frères, ma sœur et moi, respections certains codes et certaines valeurs. Elle tenait à ce que nous soyons des enfants droits. Elle nous apprenait les règles de politesse, à bien nous tenir à table. En famille alors, chaque repas était un vrai cérémonial. Chacun d'entre nous devait connaître les bonnes manières. C'était très important pour ma mère. Avec elle, il fallait bien manier les baguettes, bien les poser, saisir correctement les aliments, ne jamais piquer le riz, ne rien embrocher, ces gestes pouvant être associés aux rites funéraires. Ne rien montrer à l'aide des baguettes non plus. A la maison, le dîner n'était pas seulement l'occasion, très attendue, d'avaler de bonnes choses et de reprendre des forces. C'était aussi le moment privilégié des réunions familiales, si primordial aux yeux de ma mère.

Ma mère était une femme de principes. Elle voulait le meilleur pour nous. Elle pouvait aussi être très douce et me montrer des marques de tendresse – même si parfois, il lui arrivait de lever la main sur moi alors que jamais mon père ne m'a porté un coup ou une gifle. Mais malgré ses câlins et sa douceur, je fuyais le plus souvent. J'étais un enfant assez sauvage. Le plus important, pour elle, était que nous étudiions. Son plus grand souci était de nous envoyer à tout prix à l'école, au collège, au lycée, à l'université. Elle a tout fait pour cela. Sans elle, j'aurais sans doute lâché l'école bien plus tôt. Elle tenait à ce que nous suivions les classes d'été et nous faisait étudier l'anglais et la calligraphie. Elle nous punissait si nous n'étudions pas sérieusement. Ma mère était attentionnée. Elle économisait le moindre yen pour nous acheter fournitures scolaires et livres.

Elle disait souvent que dans la vie, la littérature est inutile. Un jour, elle m'a mis des tannées parce que je lisais un manga. Elle refusait aussi de me voir dessiner ou peindre. Mais curieusement, certains soirs, elle pouvait se tenir derrière nous pendant des heures, une lampe à la main, pour que nous ayons assez de lumière pour lire. Je me souviens qu'une fois, je devais avoir onze ans, elle m'a presque pris par le col pour m'emmener chez un libraire de Kanda[7] où elle m'a acheté, pour chaque matière principale, un livre de préparation aux examens scolaires remplis d'exercices de grammaire, de géométrie, de calcul, de *kanji*[8]...

Quant à mon père, n'en parlons pas ! Les livres et les idéogrammes étaient pour lui d'une parfaite inutilité. C'est sans doute pourquoi je suis aujourd'hui si nul en littérature et lis assez mal un grand nombre de caractères chinois, à l'inverse de mon frère aîné, autrement plus doué. Lui aurait pu intégrer la grande université de Tokyo, mais il passait davantage de temps à cumuler les petits boulots et à gagner quelques yens

---

7. Un célèbre quartier de Tokyo où sont rassemblés quelque deux cents bouquinistes de livres anciens et une quarantaine de librairies.

8. Caractères idéographiques de l'écriture japonaise empruntés au chinois.

pour faire vivre notre famille. Cela ne l'a pas empêché, toute-fois, d'étudier dur et de parvenir plus tard à faire de grandes études.

Enfant, j'allais à l'école publique d'Adachi-ku – une école pour fils de riches, très cotée aujourd'hui, où les gosses vont en cours avec des *keitaï* à trente mille yens[9]. L'école avait alors pour nom Umejima Daichi Shogakko, « l'école de l'île de la prune ». Je me souviens d'un professeur, Kei Fujisaki. Il fut mon maître pendant cinq ans. Il m'a beaucoup marqué. Il avait travaillé auparavant dans une école spécialisée, avant de venir s'installer à Tokyo comme instituteur dans notre école. Il m'a tout appris, la musique, l'importance du sport, les mathématiques, l'orgue… De temps en temps, il me donnait des tapes sur la tête quand je ne faisais pas un devoir correcte-ment. J'imaginais alors que j'étais un autre petit garçon dans la classe, regardant le petit Takeshi se faire taper dessus. Je n'étais plus dans mon corps, j'étais soudain un autre. Ma façon, peut-être, de ne ressentir aucune douleur.

Quand je me souviens de toutes ces années, de ces jours doux-amers, il me revient en mémoire un scandale que je n'ai pu m'empêcher de causer. Cela s'est passé juste après le mariage de ma sœur. J'étais alors étudiant en première année à l'université. Ma mère avait caché la dot de ma sœur dans un sac, dans le *tansu*[10] de la maison. Qu'ai-je fait ? J'ai tout volé. Six cent mille yens. Une fortune. Quand elle a décou-vert que l'argent avait disparu, ma mère a piqué une crise mémorable. Elle s'est mise à prier, puis elle a appelé la police. Quand les policiers ont débarqué à la maison, il ne leur a pas fallu beaucoup de temps pour comprendre que j'étais l'auteur du vol. Ma mère s'est alors mise à crier « Il a pris la dot de sa sœur, il a volé la dot de sa sœur… ». J'ai quitté la maison pendant un mois et suis allé m'amuser avec les six cent mille yens. Quand je suis finalement revenu, ma mère était dans une rage folle. Comme toute ma famille

---

9. Téléphones mobiles à trente mille yens, soit 230 euros.
10. Commode traditionnelle.

d'ailleurs. Ma mère a saisi un couteau et s'est mise à hurler : « Je vais le tuer. Puis je vais me suicider. » Sur quoi ma grand-mère paternelle a saisi le couteau en criant « Non, c'est moi qui vais le tuer… ». Les deux se sont finalement chamaillées puis se sont calmées. Mon père, lui, suivait la scène, amusé, en buvant du saké.

Mon père la terreur

A ses débuts, mon père, Kikujiro, était artisan. Il concevait des objets en laque. Plus tard, avec ma mère qui l'assistait, il s'est lancé dans la fabrication d'arcs japonais, mais guère longtemps, car cette activité rapportait trop peu. Je me souviens, le voisinage l'appelait alors *« yumiya-san[11] »*. Alors, dans les quartiers populaires du Japon d'après-guerre, où seuls les plus chanceux décrochaient un travail régulier et un salaire, mon vieux est devenu ouvrier peintre dans le bâtiment. Mais cela ne suffisait pas non plus. Il gagnait difficilement sa vie, même en cumulant divers petits boulots. Aussi, ce n'était guère un secret pour nous, nous savions que sans être un mafieux professionnel, des petites frappes, des *yakuza* du quartier, lui proposaient de travailler pour eux. Il acceptait, peut-être pour arrondir nos fins de mois. Notre famille, comme d'autres, était entourée de *yakuza*. Des types pas bien méchants. Ces mafieux de quartier, plutôt débonnaires, avaient, pour certains, un rôle d'éducateur. Ils étaient les premiers à dire aux enfants et adolescents pauvres : « Eh vous, dites donc, ne traînez pas dans la rue, sinon, c'est sûr, vous allez finir comme moi ! » Cela faisait son effet…

A l'époque, de toute façon, la corporation des peintres en bâtiment était associée aux mafieux, allez savoir pourquoi ! Peut-être parce que beaucoup avaient le corps tatoué ? Mon père, lui, c'est vrai, était couvert de tatouages, mais plutôt à la

______

11. Fabricant d'arcs.

façon des artisans d'autrefois. Disons que mon vieux était plus ou moins proche du milieu, par nécessité. Mais ne croyez pas non plus que cela nous sauvait ! Mon paternel a toujours eu le plus grand mal à soulager notre pauvreté et à nous faire vivre correctement. Parfois, avec mon frère, nous l'aidions. Vêtus de simples loques, on allait avec lui repeindre des murs de commerces, des façades de maison. Une vraie corvée…

Mal fagoté, mon paternel quittait la maison tôt le matin, avec ses pots de peinture calés sur le porte-bagages de sa bicyclette, pour une nouvelle journée plus ennuyeuse qu'éreintante. Il donnait l'impression d'aller travailler dur, mais c'était juste une illusion. Son passe-temps favori restait quand même de boire et de bien s'amuser. Il passait son temps à ingurgiter de l'alcool, dès le matin. Et il était aussi très joueur. Il adorait les jeux d'argent, il jouait beaucoup et cela n'arrangeait pas les affaires de la famille. Il perdait presque toujours ses maigres gains au *pachinko*.

> *Entre flipper, machine à sous et billard automatique à billes, le* pachinko *est un jeu fort bruyant et extrêmement populaire au Japon. Encore aujourd'hui, le pays abrite quelque vingt mille salles et un parc de près de cinq millions de machines. Le principe est simple : en actionnant une poignée, le joueur projette des billes dans une machine verticale vitrée, déviées par une spirale et des picots. Si elles pénètrent dans telle case ou tel logement, le joueur remporte un supplément de billes et ainsi de suite. Depuis quelques années, des écrans à rouleaux (appelés* pachisulo*), qui évoquent davantage les machines à sous américaines, ont remplacé les spirales. Les jeux d'argent étant officiellement interdits au Japon, les billes gagnées donnent ensuite droit à des cadeaux, paquets de cigarettes, briquets, lampes, jouets, peluches, ustensiles électriques, gadgets… que le joueur doit retirer dans le « TUC shop » voisin. Avec un peu de chance, et dans certaines salles de jeux, il est possible de repartir avec quelques yens, malgré tout difficiles à gagner.*

Quand il lui arrivait de gagner, c'était surtout des paquets de cigarettes qu'il planquait, de retour à la maison, dans un placard. Un jour, j'y ai trouvé des chocolats, des chewing-gums, des caramels. Mon vieux ne m'en a jamais offert un seul !

Mon paternel était un homme introverti, très réservé, d'une froideur presque bourrue. A la maison, c'est peu dire que nous le craignions. Ma mère, surtout, craignait ses excès de colère. Nous les entendions tout le temps se disputer. Nous avions un petit chien, Chibi. Quand il aboyait, le soir à une certaine heure avancée, cela voulait dire que notre père venait de rentrer. Aussitôt, nous courions vite nous cacher dans notre chambre. Puis, nous entendions notre mère lui dire : « Les enfants sont couchés. » Souvent, il venait de passer des heures à jouer au *pachinko*. Il avait bien sûr perdu ses maigres gains de la veille. Il se mettait alors à boire et la situation dégénérait aussitôt avec ma mère. Il se montrait très violent, il la battait, lui donnait des coups de poing. Quand il ne frappait pas sa propre mère ! C'était vraiment triste. Presque tous les soirs, nous entendions notre pauvre mère crier, se débattre, pleurer : mon vieux était une terreur. Parfois, après des disputes familiales, à peine honteux, il pouvait disparaître de la maison des journées entières, sans qu'on sache où il était. Nos problèmes étaient bien le dernier de ses soucis. C'était un homme faible

Mon père détestait les Américains. Sa haine était viscérale. Un beau jour, j'avais environ six ans, il a décidé de m'emmener voir la mer avec ses collègues de travail. On a pris le train pour Enoshima, une petite île située à une cinquantaine de kilomètres au sud de Tokyo. La mer, que je découvrais pour la première fois, m'avait beaucoup impressionné. Je ne savais pas nager, l'eau était glacée, les vagues scintillantes, les flux et reflux, l'écume, l'horizon à perte de vue… L'expérience avait été terrifiante. Quant à mon père, voulant m'impressionner à la nage ce jour-là, il a failli se noyer ! Il a été secouru en mer in extremis. Dans le train du retour, bondé, un type différent, un étranger – le premier je crois que je voyais d'aussi près –, était assis en face de nous. C'était un Américain, un militaire, très grand, élégant dans son uniforme, un bel homme. Quand il s'est adressé à moi en japonais, c'est un peu comme si j'avais vu Dieu ! Le plus surprenant, alors, est qu'il s'est levé pour me laisser sa place avant de m'offrir une barre de chocolat. C'était trop pour mon père, qui n'en pouvait plus. Mon vieux bouillait. Il était désemparé par l'attitude de cet étranger inconnu. Il n'a pu s'empêcher de le remercier, de s'excuser presque, avec un certain excès. Je l'ai vu carrément se prosterner devant lui. Mon père ne cessait de lui faire des courbettes. J'ai pensé que ce devait être normal, car cet Américain, qui me fascinait, devait bel et bien être Dieu. Mais au fond, d'autant que je me souvienne, mon sentiment était ambivalent. A la fois j'admirais cet étranger et en même temps, je trouvais que mon père allait trop loin et manquait de retenue et d'amour-propre. Qu'un étranger, de surcroît un Américain, puisse faire plaisir à son fils, c'était trop pour lui... J'étais petit, je ne comprenais pas bien le contexte, la guerre, la fin de la guerre, la défaite, l'occupation, le pourquoi de la présence américaine sur le territoire japonais... Mais il est vrai que depuis ce jour où j'ai vu la mer, pour la première fois à Enoshima, et peut-être grâce à une barre de chocolat, je ne ressens pas d'animosité particulière à l'encontre des Américains.

Mon père avait aussi la santé fragile. Il avait fait beaucoup d'excès avec l'alcool. Il ne faisait guère attention à nous, et pas plus attention à lui. Il est tombé assez gravement malade. Il a eu une attaque cérébrale, le cerveau en partie privé d'oxygène, et a été hospitalisé. Il est resté huit ans sur un lit d'hôpital. Huit années très pénibles. Avec ma mère, mes frères et ma sœur, on se relayait pour aller le voir, presque tous les jours. Parfois, on dormait carrément à l'hôpital, par terre. Car il fallait lui préparer à manger, le matin, le midi et le soir. Et parfois, c'est Maman qui tombait malade, ou l'un de mes frères qui avait attrapé froid. Je devais alors être fort et responsable pour être, le plus possible, au chevet de mon père et l'épauler. Il pouvait à peine bouger. Ce n'était pas simple car j'avais beaucoup à faire de mon côté. Un jour, je me souviens, ma mère a voulu l'aider à faire sa toilette mais il rechignait. Ma mère a insisté. En essayant de laver son torse, elle s'est aperçue qu'il refusait de lever le bras gauche. Elle l'a levé de force. Qu'a-t-elle découvert ? Un tatouage ! Et un prénom : *« Sachiko »*, celui d'une de ses plus proches amies. Vous imaginez la scène ? Mon père s'était tatoué sous le bras le prénom de sa maîtresse, une amie de ma mère ! Sur son lit d'hôpital, mon vieux était couvert de honte. Ma mère a eu envie de le battre. Elle avait tellement de chagrin qu'elle voulait le tuer sur-le-champ.

Je n'adressais jamais la parole à mon père. Lui ne me disait jamais rien. Je me souviens avoir joué une seule fois avec lui, sur cette plage d'Enoshima où il m'avait emmené voir la mer. C'est le seul souvenir que j'ai avec lui d'un moment, disons... heureux, vraiment partagé. Peut-être d'ailleurs est-ce pour cette raison que j'ai toujours conservé en moi cette image de la mer qui apparaît souvent dans mes films... Durant mon enfance, mon père ne m'aura vraiment parlé qu'à peine trois, peut-être quatre fois... Mais le plus étonnant, c'est qu'il a dit qu'il le regrettait sur son lit de mort. C'était un peu tard, vous ne trouvez pas ? Un jour de 1979, le téléphone a sonné. Mon père s'était éteint, dans sa chambre d'hôpital. C'est bien plus tard que j'ai compris ce que nous avions raté.

La fratrie Kitano

Les études, à mes yeux, se résumaient à une chose et une seule : les sciences et les mathématiques. Le reste, je m'en fichais complètement. Je ne lisais pas. Les romans et les magazines – les premiers apparus dans les années 50 – étaient interdits chez moi. Mais lorsque j'étais lycéen, un de mes grands frères, Shigekazu, très brillant, et qui parlait bien l'anglais, travaillait comme interprète sur une base américaine tout en poursuivant ses études. Il étudiait dur à la maison. Dans notre logement minuscule, il passait parfois des heures à travailler sur un cageot d'oranges. S'il le fallait, tel soir, il allait lire dehors sous l'éclairage public d'un faubourg voisin. Il adorait lire, ce qui mettait mon père dans tous ses états. Quand mon vieux rentrait, complètement ivre, il se mettait à hurler et le traitait d'« abruti ». « Arrête de lire, tu nous empêches de dormir » lançait-il. Mon frère aîné dégotait assez facilement des *comics* américains et des romans en anglais. Un jour, je l'ai vu lire *Lady Chatterley's Lover* de D.H. Lawrence. Je me souviens aussi qu'il avait rapporté un petit poste télé à la maison. Je le lui avais volé et l'avais revendu vingt mille yens. Avec cet argent, j'étais allé m'amuser à la plage… Grâce à l'argent qu'il gagnait sur la base, il parvenait à nourrir presque toute la famille, en tout cas ses frères et sa sœur. D'une certaine façon, depuis des années, Shigekazu était l'homme de la maison. Ma mère était fière de lui et parlait toujours de lui avec des superlatifs. Elle disait qu'il était un « petit génie ». Mon autre frère, Masaru, avait lui aussi travaillé très dur pour que la famille ait de quoi vivre. Les subsides qu'il ramenait à la maison avaient aussi aidé à payer mes études.

Moi, j'étais le plus jeune. J'avais un écart d'âge assez important avec Shigekazu ainsi qu'avec mon autre grand frère Masaru – qui avait cinq ans de plus que moi – et ma sœur, Yasuko. Je sentais alors tout l'amour de mes frères et de ma sœur. Je me rendais bien compte qu'ils m'aimaient beaucoup. J'étais leur petit protégé. Et je crois d'ailleurs qu'ils m'aiment toujours autant aujourd'hui. Mon frère et ma sœur ont très bien réussi. Je suis fier d'eux. Shigekazu est chef d'entreprise. Masaru, lui, a toujours été un homme très intelligent. Il est aujourd'hui docteur en sciences et enseigne à l'université Meiji. Quant à ma sœur, je suis aussi très fier d'elle. Plus jeune, elle n'a pu suivre les études qu'elle aurait souhaitées. Mais elle a réussi à force de persévérance. Elle gère aujourd'hui une auberge avec son mari, à Karuizawa.

La tête dans les étoiles

A mon époque, peu d'adolescents allaient jusqu'au bout de leur dernière année de lycée. Beaucoup arrêtaient leurs études en cours de route quand leurs parents n'avaient plus les moyens de financer leur scolarité. Certaines familles ne prenaient même pas la peine de les envoyer à l'école, c'était beaucoup trop onéreux. Pour ma part, j'ai eu de la chance. D'abord, je suis entré au collège et ai fini le cursus, alors que ce n'était pas évident à cause des faibles revenus de la famille. Ensuite, j'ai atterri au lycée et là, il s'est avéré que je n'étais pas si mauvais élève. J'adorais les matières scientifiques, les physiques, la biologie, et surtout le calcul. Je me défendais très bien en mathématiques.

L'assassinat de Kennedy, en 1963, avait eu un très grand retentissement dans notre pays. Le lycée organisait des voyages de classe. On se rendait en groupe et en train dans telle ville. Le *shinkansen*[12] n'existait pas encore et les voyages en train duraient souvent sept ou huit heures. Je rêvais alors de sciences, d'espace, de planètes, de moteurs à réaction, de machines. A cet âge-là, mon rêve était simple : devenir ingénieur mécanicien, et entrer chez Honda[13].

A défaut d'entrer dans une usine Honda, je me voyais bien, également, devenir explorateur, biologiste marin par exemple, afin d'assouvir ma soif de découverte de la planète… La raison de cette autre passion est simple : je ne manquais jamais à la télévision les aventures et les films animaliers du commandant Cousteau. Lorsque je le voyais voguer avec son équipe sur son navire, d'un océan à l'autre,

---

12. « Bullet train », à grande vitesse, apparu en 1964.

13. Symbole de l'industrie nationale, le constructeur automobile a été fondé en 1948 par l'ingénieux Soichiro Honda. La marque est devenue très célèbre, après guerre, avec la commercialisation de l'économique Type A, une bicyclette à moteur – en fait un simple générateur – qui remporta un franc succès. Honda développa par la suite, au fil des années, ses premières motos et automobiles à moteurs.

évoluer dans des paysages somptueux, partir à la rencontre des mammifères marins, de telle ou telle espèce menacée, je me disais : voilà, c'est exactement ce que je veux faire. C'est la vie que je désire. Malgré les aléas, j'ai finalement atterri à l'université Meiji, en filière scientifique, option mécanique, au sein du département des techniques industrielles. Ma mère était heureuse, très fière, que j'accède aux études supérieures. L'université me réussissait plutôt bien. J'obtenais d'assez bons résultats alors que j'étudiais à peine et ne préparais guère les examens, ou alors au tout dernier moment.

A la fin des années 60 et au début des années 70, la guerre du Vietnam est dans tous les esprits. Je traîne beaucoup à Kanda, le quartier des libraires, sorte de Quartier Latin de Tokyo. Ces années tranchent avec la sombre période de l'après-guerre. Au Japon, c'est un moment d'éveil des consciences, de découverte de l'art. J'ai été fasciné alors par le Pop Art et Andy Warhol, ou encore par la sensualité de Marilyn Monroe, dont le visage, le charme, l'allure sexy, ont été comme une révélation. La découverte de ces symboles américains fut un vrai choc pour moi.

L'amour derrière les barricades

A cette époque, nous arrivaient de l'étranger, notamment des Etats-Unis et de France, les grands mouvements étudiants. Autour de moi gravitaient de pseudo-intellectuels, passionnés de philosophie allemande ou française, adeptes de grandes figures. Marx et Lénine, entre autres, étaient très appréciés. Moi, je n'avais jamais lu Marx, encore moins Lénine ou les Existentialistes français. C'était l'époque des manifestations et des mouvements de protestation contre le pacte militaire nippo-américain, ce traité de sécurité entre le Japon et les États-Unis, qu'on appelle aussi « Anpo ». A Tokyo, l'université Meiji était l'un des bastions de la résistance étudiante. Autour de moi, des rebelles prônaient la création d'une « zone libre » pour les étudiants dans le Quartier Latin de Tokyo, à Jinbocho, près d'Ochanomizu. Ou manifestaient contre la hausse prévue des frais universitaires. On jetait des morceaux de boue séchée sur les forces de sécurité qui répondaient à coups de matraques. C'était amusant, mais cela n'allait guère plus loin. Il y avait alors une conscience forte des distinctions sociales parmi certains groupes d'étudiants. Certains critiquaient durement la situation économique et sociale du Japon parce qu'eux-mêmes étaient très pauvres.

J'ai eu très rapidement envie de rejoindre ces mouvements, mais pas pour les raisons que vous croyez. Mes motivations n'étaient pas vraiment d'ordre intellectuel, et encore moins politiques. En fait, je me disais que si je parvenais à y adhérer, j'allais croiser des filles plus facilement... Je ne me sentais proche d'aucune idéologie, mais il était plus simple d'en rencontrer en étant membre de quelques cercles plutôt intellos et de certains mouvements. Quelques sectes et courants bizarres avaient, de même, infiltré les campus. Je ne me sentais aucun lien avec eux. D'ailleurs, je les distinguais à peine. Et si finalement, j'ai rejoint à Tokyo les « barricades » du printemps 68, ce fut pour cette seule raison : parce qu'une rumeur circulait, selon laquelle derrière les barricades, on pouvait faire l'amour librement. Je peux vous assurer qu'il n'y avait pas de meilleur argument pour enrôler la jeunesse ! Du coup, je n'étais souvent pas très loin des barricades. Car après tout, si la rumeur circulait, c'est qu'il devait bien y avoir quelques raisons... En fait, à défaut de filles, on avait plutôt affaire aux forces de sécurité. Un jour, j'avais récupéré des casques de manifestants, issus de trois groupes radicaux différents. En les plaçant devant chez moi, j'avais pensé que le propriétaire n'oserait plus venir m'embêter pour collecter le loyer du mois. Mais à la place, c'est un policier qui est arrivé. Il voulait m'interroger, il m'a lancé quelques mots durs pour m'intimider... Dans ce genre de situation, on ressent brièvement ce à quoi ressemble la politique, de très loin.

On a presque l'impression d'être un intellectuel qui pense et a des idées[14].

A l'époque, j'étais un jeune homme rebelle. Pas conformiste pour un sou. J'avais l'âme bagarreuse, j'étais d'abord un battant, prêt à tout pour atteindre le moindre objectif. Je détestais perdre et finir second, ce qui ne m'a pas aidé à finir mes études... Dans une situation conflictuelle, je n'abandonnais jamais face à mes ennemis. J'étais vraiment une petite crapule !

Pour gagner un peu d'argent, je faisais divers petits boulots. J'ai notamment travaillé à l'aéroport d'Haneda, à quelques kilomètres de Tokyo. J'ai été employé au ménage des avions de la compagnie indonésienne Garuda. Dès que les derniers passagers avaient quitté l'avion, j'embarquais avec d'autres types – comme moi, un peu louches – et on se mettait au boulot. Et quel boulot ! Je ne vous raconte pas. Dans les rangées, sous les sièges, on trouvait de tout : friandises, biscuits, livres, revues porno, vêtements, petites culottes, gadgets électroniques, que certains allaient ensuite revendre à Shinjuku. Parfois, les agents de sécurité de l'aéroport tentaient d'arrêter certains types de notre bande d'*arbeiters (vivant d'*arbeito, *de petits boulots)*. Vous voyez, je rêvais d'entrer chez Honda mais au fond, je n'étais pas un exemple. J'étais un jeune plutôt irrécupérable. Un vrai vaurien...

---

14. Les soubresauts politiques et sociaux du Japon des années 60 et 70 ont été portés à l'écran, avec brio, par le cinéaste engagé Koji Wakamatsu, figure du *pinku eiga* (porno soft). Les films et les créations artistiques de cette époque montrent une jeunesse rebelle qui a le sentiment d'être incomprise, et n'hésite pas à se lancer dans la lutte radicale, tout en se démarquant du parti communiste japonais, un combat d'une rare intensité qui fait des blessés et même des morts. L'extrême violence des « années rouges » du Japon reste méconnue en Europe. La jeunesse de Tokyo réclame alors, elle aussi, « un autre monde », « meilleur », une « société nouvelle », « non polluée », etc. Elle milite contre la guerre du Vietnam, « l'occupation » américaine du Japon (Okinawa ne sera rétrocédé au Japon qu'en 1972), la reconduction du traité de sécurité avec les Etats-Unis, en juin 1970, année marquée par de nombreux attentats contre la police de Tokyo. La révolte étudiante s'associe aussi à la protestation paysanne opposée à la construction du nouvel aéroport de Narita, aux expropriations des terres agricoles. Fractionné en plusieurs groupes reconnaissables à la couleur de leurs casques, le puissant mouvement étudiant Zengakuren (ligne nationale des étudiants) est le principal porte-drapeau de la contestation.

A la recherche du bonheur

« Un vrai vaurien... » C'est l'une des répliques (dans la version française du film) du chef yakuza de Dolls, *dixième long métrage du cinéaste. Takeshi Kitano cumule les petits boulots pendant quelques années particulièrement difficiles. Il est notamment vendeur de meubles à Saitama, au nord de Tokyo, et même chauffeur de taxi !*

Sur le carreau

Je pense que j'aurais pu et aurais dû, comme mes copains de faculté, étudier normalement, de longues années, et peut-être avoir de bons résultats. Mais au fil des mois, j'avais compris que mon tempérament était tout à fait incompatible avec le sérieux requis pour faire de longues études. De même qu'en cette fin des années 60, la plupart des universités de Tokyo étaient déstabilisées par les événements. La plus grande confusion régnait sur le campus. Certes, j'avais un certain nombre de points qui me permettaient d'avancer. Mais encore fallait-il que les classes aient lieu. Ce n'était pas toujours le cas.

Ma mère avait payé d'avance l'argent du tutorat. Mais bien sûr, cela ne suffisait pas. Je manquais de moyens pour acheter les fournitures extrascolaires, les livres... Et puis, je reconnais que je n'étais pas aussi sérieux que les autres étudiants. Avant même de finir leur année et de décrocher leur diplôme, ils entamaient des démarches pour trouver un emploi. J'avais la nette impression d'être sur le carreau, laissé derrière tout le monde. Je n'avais pas d'argent. Je ne suivais plus certains cours parce que l'université était également bloquée par le mouvement étudiant. Je m'ennuyais ferme. Il était clair que je n'avais plus rien à faire à la fac.

Il m'arrivait alors de traîner dans le quartier de Shinjuku, où j'ai vécu un moment et où je fréquentais quelques cafés et des troquets où l'on pouvait écouter du jazz. J'ai même vécu un moment dans ce quartier. Je m'intéressais à certains artistes, je connaissais les musiques de Sonny Rollins, de Miles Davis. J'ai même vu en concert, à Shinjuku, le pianiste Thelonious Monk. Dans la capitale, l'ambiance était particulière. Depuis mai 1968, qui avait mis bon nombre d'universités en ébullition, de nouvelles aspirations populaires s'exprimaient. Le miracle économique des années 1960 avait porté ses fruits. Je ressentais alors chez les gens une vraie soif de changement. Il me semblait que les Japonais avaient envie de passer du bon temps, envie de s'amuser, de rire…

Ainsi, un peu pour toutes ces raisons, alors que j'avais entamé ma quatrième année, j'ai décidé sur un coup de tête d'arrêter mes études à l'université. Cela a beaucoup déplu à ma famille. Ma mère, surtout, était très déçue, très en colère. D'autant que mon grand frère, Masaru, poursuivait, lui, un brillant cursus. Il est aujourd'hui un grand professeur, à l'université Meiji, et je l'admire beaucoup… Arrêter mes études, c'était comme faire une fugue. Et c'était aussi une façon de tuer ma mère. En clair, je coupais le cordon avec elle. C'est ce que j'ai bel et bien fait. J'ai stoppé mes études, et quitté ma famille en fuguant, pour aller vivre ailleurs. J'ai dû abandonner le rêve que ma mère avait pour moi. Et je suis parti vivre seul.

Quitter l'université, c'était aussi pouvoir me raccrocher à une autre de mes passions : le spectacle. Je pouvais ainsi rejoindre mon quartier favori, Asakusa, et passer davantage de temps dans ses salles de spectacles et ses théâtres. Je n'étais pas amer au fond. En vérité, j'étais plutôt heureux de faire mes adieux à l'université. Je trouvais que les couloirs de ma faculté étaient enfumés et j'avais sans arrêt mal à la gorge. L'odeur du tabac me faisait penser à la mort. Or, je ne voulais pas mourir avant d'avoir réalisé mes rêves. Plutôt que de périr les poumons asphyxiés, je préférais me suicider à Asakusa ou crever sur une scène. C'était une plus belle façon d'en finir.

*

* *

2.

Sur les planches à Asakusa

Au tout début des années 1970, quand Takeshi Kitano débarque à Asakusa en plein mois de juillet en short, débardeur et sandales de plage, ce quartier haut en couleur est déjà une sorte de Montmartre-Pigalle, envahi par les théâtres, cinémas, love-hotels, music-halls, bars et cabarets. Loin d'être dévot, Kitano vient pourtant régulièrement implorer les esprits célestes du vieux temple bouddhiste Sensoji, au cœur du quartier. « Je prie toutes les divinités l'une après l'autre pour devenir un artiste célèbre », s'est-il confié un jour à son ami écrivain, Masayoshi Inoue. Asakusa était alors, à ses yeux, l'endroit idéal pour devenir comédien. Aujourd'hui, Takeshi Kitano n'oublie jamais que c'est dans un théâtre de variétés de ce quartier, qu'il a fait, à vingt-cinq ans, ses premières armes dans le monde du spectacle, avant de gagner ses titres de gloire avec le duo comique des « Two Beat ».

Demain, je voudrais vous emmener à Asakusa, dans le *shitamachi*, au cœur des bas quartiers de la capitale. C'est le lieu de mon enfance et de mon adolescence. Je voudrais que nous allions dans le sixième arrondissement voir le vrai Tokyo, sa partie visible et sa société secrète. Car les *yakuza* prospèrent encore à Asakusa. La mafia japonaise… Nous irons notamment là où j'ai grandi et fait mes débuts sur les planches au début des années 70. Deux des théâtres où j'ai joué et monté des numéros comiques sont encore en activité. J'aimerais vous faire découvrir ce qu'est l'art du cabaret et le monde du spectacle. Je peux vous garantir que vous n'allez pas vous y ennuyer !

Vous me voyez aujourd'hui en haut de l'affiche... Je vous montrerai à quel point, à l'époque, j'ai commencé tout en bas.

Le lendemain, rendez-vous est donné devant la demeure de Kitano et je découvre à mes dépens que la ponctualité est chez lui une règle de vie : comme je suis arrivé avec quatre minutes de retard, Kitano et son équipe n'ont pas attendu. Ils ont filé. Le quotidien du cinéaste est réglé à la minute près. Dorénavant, j'apprendrai à arriver à chacun de mes rendez-vous avec au moins dix minutes d'avance. Heureusement, je le retrouve rapidement à Asakusa. Sa Rolls-Royce Phantom grenat vient de se garer au milieu de la Rokku Broadway, une rue piétonne perpendiculaire à la Kokusai-dori, l'Avenue internationale. Une poignée de disciples l'accueillent avec des courbettes polies. Kitano remarque ma présence et me fait signe de le suivre. Une cinquantaine de mètres plus loin, il s'arrête devant un vieux théâtre qu'il montre du doigt : le fameux Furansu-za (ou « Théâtre Français »), l'ex-cabaret comique et de strip-tease où Kitano a fait ses débuts au spectacle.

C'est ici que j'ai été embauché comme garçon d'ascenseur, homme de ménage, assistant aux lumières, régisseur et apprenti comédien, avant de faire mes débuts dans le spectacle. Dans ces murs, j'ai vraiment travaillé d'arrache-pied...

Je suis encore très attaché à Asakusa. C'est un vieux quartier où subsistent des petits coins de paradis. Qui ne connaît pas ces rues ni les quartiers populaires de la capitale ne comprendra jamais rien à Tokyo et à son esprit. Et qui ne connaît pas les arts traditionnels japonais ne peut comprendre véritablement le Japon. Tenez ! Wim Wenders par exemple. C'est un bon cinéaste. Il a du talent. Il est venu plusieurs fois au Japon. Mais si je l'avais rencontré plus tôt, je l'aurais immédiatement emmené à Asakusa sur les lieux de mon enfance, dans certaines ruelles du quartier. Il aurait découvert un autre Japon, à trente minutes du centre de Tokyo. Ce Japon-là, il ne l'a hélas pas vu. Il ne le connaît pas. Il ne peut pas comprendre ce qu'est le véritable Japon...

Asakusa est un minuscule point sur la vaste plaine de Musashino, où survit le Japon de l'époque Edo (1600-1868), nom ancien de Tokyo. Peuplé dès l'époque Heian (794-1192), cet ancien village de pêcheurs, qui jouxte la rivière Sumida, l'un de ses poumons commerciaux, offre l'image du Japon d'un autre âge, authentique, populaire, où survivent encore de nombreuses légendes et croyances. C'est le Tokyo du shita-machi où habitent des familles modestes réputées pour leur hospitalité et leur caractère industrieux. Quelques gangs organisés y tirent aussi les ficelles du monde interlope des jeux et des plaisirs. Le quartier est quadrillé d'innombrables artères et ruelles et traversé de deux longues allées, l'une bordée de commerces (jouets, ustensiles, vêtements, beignets, sembei – galettes de riz traditionnelles...), l'autre de théâtres et de salles de spectacle. Toutes deux mènent au temple Sensoji, élevé en 645 et dédié à Kannon, déesse de la Miséri-corde et double féminin de Bouddha. D'après la légende, la statue de la déesse aurait été trouvée en 628 par deux frères pêcheurs dans la rivière Sumida. La statue a survécu aux siècles, aux incendies qui ont plusieurs fois ravagé le temple comme aux bombardements américains de 1945. Aujourd'hui encore, des milliers de personnes – des dizaines de milliers les dimanches et jours de fêtes – viennent au temple prier Kannon. Après avoir brûlé des bâtons d'encens, les pèlerins bouddhistes gravissent les marches sous l'auvent et pénètrent dans la salle principale à la lumière tamisée, ornée de dorures et de laques d'un rouge éclatant. L'air charrie de fines odeurs d'encens et de bois de santal. Ce « downtown », en partie reconstruit après 1945, s'oppose au Tokyo d'« en haut » qui s'élève sur les collines, moderne et moins pitto-resque, avec ses quartiers d'affaires et ses gratte-ciel.

Chez Mama Saïto

Pour beaucoup de gens, à présent, se rendre à Asakusa, c'est un peu comme aller au zoo ou visiter un parc safari. Le quartier est devenu une destination touristique pour les étrangers de passage et les Japonais de province qui, avant de passer la Porte Kaminarimon, remontent l'artère Nakamise et admirent les échoppes. Les enfants, eux, adorent le parc Hanayashiki[15]. Pour autant, malheureusement, les gens de Tokyo n'y viennent plus beaucoup, voire plus du tout. Ils jugent Asakusa un peu trop rustre ou dépassé. Pas assez amusant, croient-ils. C'est vraiment dommage. Car Asakusa, en vérité, demeure l'un des rares endroits encore authentiques de la capitale. Peut-être le dernier…

Immobile devant l'entrée du « Théâtre Français », plongé dans ses souvenirs, Takeshi Kitano ne dit soudain plus un mot. Il semble très ému. Il reste sans voix un long moment, puis, d'un coup, interrompt la visite et fait demi-tour. Nous revenons sur nos pas. Il montre alors le théâtre Rokku-za (« Théâtre Rock ») où joue régulièrement le jeune Taïchi Saotome, étoile montante de la scène nippone. A deux pas du Rokku-za, nous nous engouffrons dans l'entrée d'un immeuble. Un ascenseur nous emmène au 7ᵉ étage. Nous voici chez Madame Chieko Saïto, quatre-vingt-quatre ans, la seconde « maman » de Kitano depuis le décès de sa vraie mère. Entourée de ses enfants et petits-enfants, Chieko Saïto, grandes lunettes violettes, toujours souriante, a tout d'une grand-mère heureuse. Sauf qu'elle n'est pas une octogénaire ordinaire. Vers l'âge de trente ans, elle décida de se lancer dans des spectacles osés, comme danseuse nue. Elle se souvient : « J'aimais danser. Et pour ce qui était du nu, cela ne me dérangeait pas. » Au début, elle dansait dans un théâtre, après la projection de films. Puis, en 1962, elle acheta son propre club. Moins de dix ans plus tard, elle possédait plus de vingt cabarets à travers le Japon. Un

---

15. Parc forain surnommé le « Disneyland de Shitamachi ».

proche de Kitano m'explique tout dans le creux de l'oreille. « Mama Saïto pour les intimes » est une femme richissime, très influente. A la tête d'un empire immobilier, propriétaire d'une maison à Las Vegas, d'hôtels et de onsen (bains thermaux) dans l'archipel, elle serait milliardaire. En dollars. Une fortune bâtie « en travaillant et en économisant toute seule depuis l'âge de vingt ans » m'explique-t-elle. Son appartement est pourtant simple et rustique. C'est aussi un musée dédié à la mémoire de Kitano. Les murs sont couverts d'affiches originales de ses films, de photographies le montrant en compagnie de personnalités japonaises et étrangères, des souvenirs du Festival de Cannes ou de Venise, ainsi que nombre de ses dessins et peintures naïves. « Kitano est comme mon fils. Depuis que sa mère est morte, c'est moi sa nouvelle maman » précise celle qui fut aussi la coproductrice du film Zatoïchi.

Mama Saïto compte beaucoup pour moi. Elle est ma seconde mère !

Chieko Saïto l'interrompt et reprend : « J'appelle Takeshi "Kantoku" (Directeur). Je l'appelle ainsi pour lui témoigner tout mon respect. Pour un autre cinéaste, je ne le ferais pas. Mais lui est un metteur en scène talentueux, un grand professionnel. Si j'ai tenu à participer à la production de Zatoïchi, c'est parce que je savais que ce serait un film très réussi. Comme beaucoup de gens, ce long métrage m'aura apporté beaucoup de bonheur dans ma vie. » Kitano reprend la parole. Visiblement, les flatteries de Madame Saïto le gênent. Bientôt, il rappelle que fraîchement débarqué de l'université, son seul espoir était de percer à Asakusa.

Un quartier vraiment animé

En 1972, j'étais un jeune type fauché, vraiment sans un sou. Je m'ennuyais sur les bancs de l'université Meiji. J'avais vingt-cinq ans et un seul rêve en tête : devenir comédien. Spécialité : acteur comique. Depuis mai 68, je voyais certains de mes amis s'engager pour des idées politiques. Ils rejoignaient les rangs, parfois très violents, du *gakusei undo*, le mouvement contestataire étudiant.

Moi, j'avais choisi mon camp : le show business. J'ai été le seul, parmi mes proches, à faire ce choix. La plupart d'entre eux étaient persuadés que quelque chose ne tournait pas rond dans ma tête. Ils pensaient que j'étais, décidément, quelqu'un de très bizarre.

A ce moment-là, au début des années 70, il n'y a qu'un seul endroit, à Tokyo, où je puisse espérer réaliser mon rêve : c'est Asakusa, dont je connais toutes les ruelles et venelles, les moindres artères, bon nombre de commerçants, toutes les salles de spectacle. Je n'ai pas quitté les bancs de l'université pour stagner dans la misère. Je passe bientôt tout mon temps dans le quartier de mes rêves avec l'espoir de décrocher un contrat dans le monde du spectacle. C'est peut-être difficile à imaginer, de nos jours, mais à l'époque, Asakusa était un endroit extrêmement animé, « très chaud ». On y croise des danseuses, des strip-teaseuses, des prostituées, ainsi que des geishas qui rejoignent Kisakata – le quartier le plus coquin d'Asakusa – où prospèrent aussi les restaurants traditionnels. Dans les cabarets, les danseuses nues côtoient les artistes comiques. Le quartier abrite aussi des salles de cinéma présentant des films japonais et étrangers – c'est dans l'un d'eux qu'avec mon frère, nous sommes subjugués par *Le jour le plus long*. Le soir, des beuveries interminables animent les bars. Les hommes sifflent des quantités impressionnantes de *chu-hai*[16]. Moi, je vais souvent boire et oublier mes soucis au bar Kamiya ou me soûler à mort au Sakuma. Je passe des soirées animées dans les petits restos du quartier, comme Tsukuchi, prisé des gens de la scène. Asakusa est alors une ville enchantée.

En fait, Asakusa fut ma véritable école de la vie : premiers amis, premiers amours, premiers drames, premiers

------

16. Un cocktail à base de *shochu* – alcool de pomme de terre, de riz, de blé –, de jus de citron, pamplemousse et de soda.

bonheurs... C'est dans les vieilles ruelles du quartier, où certains matins, je titubais ivre mort après avoir avalé la nuit entière des litres de bière et de saké, que j'ai endossé définitivement mon costume de comédien. Rien n'était facile, alors, dans ce quartier fait de bric et de broc, où s'étalait une bonne partie de la misère du monde. Je vivais de chiche débrouille. Mes années de vache enragée !

La faim me nouait l'estomac. J'eus même le culot, un jour, d'emprunter de l'argent à un clochard pour m'offrir une assiette de curry aux crevettes. Quelques jours plus tard, ce pauvre homme est venu me réclamer la somme en hurlant devant des gens, j'ai été contraint de lui rembourser dix fois le montant qu'il m'avait prêté ! Ce sans-abri était une des figures d'Asakusa. Car à ce moment-là, les hommes les plus célèbres du quartier, étaient, tenez-vous bien, des vagabonds. Oui ! Des camelots et des clochards qui erraient sans un yen, mais que tous les gens du quartier connaissaient et respectaient. A l'époque où j'y passais la plupart de mon temps, il y avait notamment – je me souviens très bien d'eux –, deux « grands » marginaux. Tous deux étaient renommés. Ils étaient un peu, à leur façon, les stars du quartier. Parmi eux, il y avait un vieil homme grisonnant, d'environ soixante ans, souvent ivre. Il s'appelait Kiyoshi. C'était un homme misérable mais très apprécié dans le cercle des théâtres. La rumeur disait qu'il avait quitté son Kyushu natal – l'île du sud de l'archipel – assez jeune et avait monté un commerce à Tokyo, avant de tomber éperdument amoureux d'une strip-teaseuse d'Asakusa. Pour elle, il avait dépensé toutes ses économies, tout lâché, avant de sombrer dans l'alcool et la mendicité. Les comiques et les danseuses du quartier l'avaient pris en affection. Ils lui donnaient sans arrêt de l'argent de poche, de quoi se nourrir [17].

---

17. Quand Takeshi Kitano évoque le sort des sans-abri du sixième arrondissement de Tokyo, me revient le souvenir des *Chroniques d'Asakusa* de Yasunari Kawabata, publiées dans les pages du quotidien *Asahi Shimbun* en 1929 et 1930. Le futur prix Nobel de littérature y décrit, avec l'œil aguerri d'un reporter, les ruelles miséreuses d'Asakusa et des quartiers voisins, à la fin des années 1920 :

Des gens ont vu Kiyoshi se soûler avec une autre figure bien connue de ce quartier, le fameux Atsumi Kiyoshi. On m'avait raconté que ce dernier était lui aussi, malgré sa pauvreté, une vedette d'Asakusa. Il était aimé des habitants du quartier parce que c'était un homme droit malgré sa condition de sans-abri, et d'une grande gentillesse, bien que totalement paumé et déboussolé. Rien ne lui avait jamais été refusé. Bien plus tard, la chance lui a souri. Après avoir intégré le théâtre de boulevard d'Asakusa – notamment le « Théâtre Français », à la fin des années 50, lorsque mon maître Senzaburo Fukami n'y travaillait pas encore –, son visage est devenu célèbre pour tous les Japonais après quelques rôles et plusieurs succès au cinéma. C'est le même Atsumi Kiyoshi qui fut choisi pour incarner le héros de la fameuse série télévisée *(tournée en quarante-huit épisodes) C'est dur d'être un homme !*, de Yoji Yamada – un réalisateur, je le dis franchement, dont je ne me sens pas très proche ; au Japon, on dit qu'il est le « dictateur des plateaux de cinéma » ! Plus tard, je me suis renseigné, et effectivement, la rumeur était véridique : c'est assez incroyable, mais Atsumi Kiyoshi était bien l'acteur qui incarnait le personnage de *Tora-san* – en fait l'histoire de sa propre vie. Atsumi Kiyoshi a été l'un des plus jeunes marginaux d'Asakusa avant de sortir de la mendicité grâce à cette série télévisée. Quel destin ! La presse et la télévision se sont emparées de son histoire. Ils en ont fait une icône, sans forcément savoir que l'acteur incarnait dans la fameuse série un rôle qui correspondait au triste quotidien qui avait été le sien, des années plus tôt, dans le fief des bas quartiers de Tokyo [18].

« C'est le fief des condamnés à mort, des tireurs de pousse » ; « Me voilà me promenant avec Yumiko dans l'enceinte du temple d'Asakusa, vers trois heures de l'après-midi, alors que les clochards sont profondément endormis. On entend le cri du coq à intervalles réguliers, et les feuilles de ginkgo tombent à terre... »

18. Diffusée en quarante-huit épisodes, *C'est dur d'être un homme !* fut durant de longues années la série phare du réalisme social dans l'archipel. Né en 1931, son réalisateur, Yoji Yamada, a créé, avec Tora-san, un personnage populaire entré dans la légende. Il reste l'un des cinéastes les plus connus du

Homme de ménage et liftier

Quand je suis arrivé à Asakusa, on me riait pas mal au nez. Des directeurs ou des employés de théâtres se moquaient souvent de moi. Mes tentatives pour trouver du travail comme comique restaient vaines. Et lorsqu'on m'embauchait, l'expérience était de courte durée. C'est à force de chercher, de taper aux portes, que j'ai fini par décrocher un poste qui m'ouvrait de nouvelles perspectives. J'ai dégoté un petit boulot de garçon d'ascenseur au « Théâtre Français », aussi connu pour ses numéros sarcastiques joués entre deux séances de strip-tease. C'était un théâtre de taille moyenne, situé à deux pas du temple Sensoji, et géré par la société Toyo Kogyo. Sa salle contenait à peu près deux cents places. Ce cabaret accueillait des humoristes de talent, mais aussi de drôles de guignols, des comédiens vraiment ringards. On y croisait beaucoup de dilettantes qui présentaient des sketchs d'un goût douteux. On aurait dit que le « Français » était le rendez-vous des gens les plus étranges de Tokyo. Mais le public était fidèle et venait rire de certains sketchs célèbres, parmi lesquels ceux du « Paralysé » et du « Marchand ambulant », des comédies assez vulgaires fondées sur des séries de quiproquos qui provoquaient l'hilarité dans la salle.

Je suis vraiment entré dans le monde du spectacle par la petite porte. Le hasard a voulu alors que le « Français » recherche un liftier. Garçon d'ascenseur ! Vous imaginez un peu ? Je n'aurais pas eu cette chance si je ne m'étais pas accroché un bon moment. Mais une fois embauché, j'ai vite déchanté. Le travail quotidien était épuisant. J'arrivais chaque jour au théâtre deux heures avant l'ouverture des portes à midi. J'astiquais d'abord l'ascenseur, le devant de la porte d'entrée, je balayais ensuite les escaliers, du rez-de-chaussée (*le premier étage japonais*) au troisième, et enfin, je nettoyais

----

grand public dans le Japon contemporain. A plusieurs reprises, Kitano expliquera ne se sentir aucun atome crochu avec lui.

l'ensemble à la serpillière. Toute la journée, je m'occupais aussi des clients, je les montais aux étages puis les redescendais en attendant la fermeture des portes. La vie d'homme de ménage et de garçon d'ascenseur était autrement plus éprouvante que celle de comédien. Dans les murs du « Français », j'en ai beaucoup bavé. Mais j'étais aussi très heureux d'appartenir au monde du spectacle.

> *A Asakusa, tout le monde se connaît ou semble se connaître. On aime autant le jazz que les vieilles ballades nostalgiques. On s'amuse, on s'interpelle dans un japonais émaillé d'argot. Les journées sont plutôt paisibles mais les soirées très animées, et les spectacles enfiévrés. Dans ces rues où Kitano déambule seul ou avec ses amis, règne une évidente frivolité, une ambiance assez kitsch, que les Japonais définissent avec le terme* eroguro, *abréviation (apparue à Osaka) des termes érotique et grotesque. Avant la vague puritaine engendrée par l'occupation américaine (1945-1952), les politiciens japonais parmi les plus réactionnaires des années 30, s'étaient déjà élevés contre la « dépravation des mœurs » et le « laxisme dans la moralité » observés dans certains quartiers populaires. Mais les discours prononcés alors au Parlement, appelant au retour des anciennes valeurs austères, n'eurent aucun effet à Asakusa. Ainsi la fête ne s'est jamais arrêtée dans ce quartier, excepté durant les années les plus conservatrices de l'ère Meiji (1868-1912) coïncidant avec la restauration d'un système impérial influencé par un confucianisme sévère, dont s'est inspirée la loi antiprostitution de 1958, ainsi que lors des terribles bombardements de 1945 qui ont incendié tout le quartier.*

Plusieurs mois après être entré au « Français », je dormais encore sur un futon crasseux, dans une loge minuscule qu'on m'avait attribuée. C'était une pièce triste, aux murs tachés, qui suintait d'humidité. Bien plus tard, le directeur du théâtre m'a proposé d'habiter dans un petit immeuble où lui-même et d'autres artistes du « Français » résidaient, qu'on appelait alors « le village des comédiens ». C'était un taudis, une toute petite pièce avec l'eau courante, le gaz et l'électricité. C'est là que j'ai vécu longtemps, moyennant un loyer de quelques milliers de yens. Je me souviens : comme la porte n'avait pas de serrure, j'avais acheté un petit cadenas à numéro. Lorsque à l'aube, je rentrais complètement ivre d'une tournée des bars, je mettais de longues minutes avant de me souvenir des bons chiffres… Le bâtiment était situé dans le pâté de maisons San-chome d'Asakusa, au début de l'avenue Senzoku, à deux pas du quartier chaud, en plein Koto-ku. C'était un petit édifice très laid, mal éclairé. On aurait dit une prison

Maître Fukami me forme à la scène

Au milieu de ma galère, le vent a enfin commencé à souffler dans la bonne direction. Je m'en suis sorti grâce au propriétaire et directeur du « Français », le comédien Senzaburo Fukami – de son vrai nom Nasoji Kubo. Il avait fait ses débuts au Rokku-za, à la fin des années 50, dont il était devenu le directeur dix ans plus tard, avant de prendre la direction du Furansu-za, en 1970. En débarquant au « Français », par la force des choses, j'assistais aux sketchs que Senzaburo Fukami avait écrits et imaginés. Beaucoup d'entre eux m'amusaient. Peu à peu, je suis devenu son élève. A ses côtés, j'ai vite compris que cet homme était un grand artiste. C'était un humoriste hors pair. Son talent était immense. Il avait déjà passé presque toute sa vie à côtoyer les artistes, dans l'univers des cabarets et des théâtres du Tokyo populaire du sixième arrondissement de la capitale. Il connaissait toutes les salles comme sa poche. C'est peu dire que je lui dois tout, car à Asakusa, au fil du temps, Senzaburo Fukami m'a tout appris. Il est devenu mon maître à jouer et à penser, il m'a enseigné la comédie, le chant, la danse, les claquettes… Il me répétait sans cesse : « Un comédien qui ne sait ni chanter ni danser n'est pas un véritable comédien. »

C'est grâce à lui qu'un jour, par le plus grand des hasards, je suis monté sur les planches pour la première fois. C'était un dimanche. Ce jour-là, la chance a été au rendez-vous. Un comique ne s'était pas présenté au théâtre. Il était malade. Il fallait le remplacer au pied levé. Mon maître m'a tout de suite demandé de jouer son rôle. Là, comme ça… Je n'avais pourtant aucune expérience de la scène à part celle d'admirer les pièces en tant que spectateur depuis les coulisses du « Français ». J'ai donc saisi l'opportunité. Le rôle du comédien malade était celui d'un travesti. Je n'étais jamais monté sur les planches, et là, soudain, voilà qu'il fallait que je joue la comédie déguisé en femme ! Je n'ai cependant pas hésité, j'ai enfilé une robe, je me suis maquillé, et j'ai rejoint la scène après avoir à peine eu le temps de mémoriser quelques dialogues. L'expérience a été assez concluante. Je n'avais pas été trop mauvais. Mon maître m'a même trouvé plutôt bon. Et c'est de la même façon que je suis remonté sur scène une seconde fois, puis une troisième et que, peu à peu, j'ai commencé à interpréter d'autres rôles, parfois très graveleux, sortis tout droit de l'imagination débridée de mon maître.

Le manzaï des « Two Beat »

Les années de vache maigre n'étaient pas tout à fait terminées pour autant. J'ai mis du temps à m'imposer comme comédien. Le milieu était assez fermé. Mais je me suis enfin fait remarquer, grâce à certains gags et numéros virulents et à certains rôles que j'incarnais de plus en plus souvent sur scène. Ce qui me stimulait, à ce moment-là, c'est que mon nouveau « métier » me permettait de tout tourner en dérision. J'adorais cela. Je jonglais avec des styles très différents, m'amusais à pervertir les genres, à me moquer de tout et de n'importe quoi. C'est vraiment pour ce goût exacerbé de la moquerie et de la dérision que les gens venaient nous voir. J'avais compris que les spectateurs sont, d'ordinaire, habitués à des intrigues assez traditionnelles, aux vieux clichés, à un suspense plus ou moins préréglé. J'avais donc imaginé des trucs très particuliers qui, forcément, les faisaient rire.

Dans la plupart des dialogues, je surgissais là où les spectateurs ne m'attendaient pas. Je misais sur l'effet de surprise. Cela amusait considérablement le public.

J'ai perfectionné ma technique de la comédie au « Français ». Puis, après avoir fait mon temps dans ce théâtre, le moment était venu pour moi de passer à autre chose. En 1974, j'avais rencontré celui qui deviendrait mon plus fidèle compagnon de jeu, mon compère et complice, le comédien Jiro Kaneko, arrivé au « Français » avant moi. Un jour, il m'a proposé qu'on fasse équipe et du *manzaï* ensemble.

> *Genre naïf et comico-satirique le plus répandu et le plus populaire du Japon, le* manzaï *met en scène deux comédiens présentant, debout, un sketch court, au gré d'un dialogue rapide et acéré. Cet art en forme de joute verbale, qui repose toujours sur la même formule comique – un personnage interprète le* tsukkomi, *sérieux et rationnel, tandis que l'autre joue le* boke, *distrait et souvent ridicule –, se serait popularisé dans les théâtres populaires de Kyoto, Nara et surtout d'Osaka, entre les VIIIe, IXe et Xe siècles.*

Le problème est que je n'avais aucune expérience dans ce genre. Avant de rencontrer Jiro san [19], je n'en connaissais pas grand-chose. Je n'étais jamais allé en voir à Asakusa et n'avais jamais imaginé qu'un jour, je ferais du *manzaï* et pourrais ainsi devenir un *manzaïshi (comique de manzaï)*. Qu'importe. Le talent n'était pas vraiment ce dont Jiro se souciait le plus, son objectif était de devenir riche et célèbre.

Jiro san voulait que nous quittions le plus vite possible le « Français » avec l'espoir de progresser et de mieux gagner notre vie ailleurs. C'est ce que nous avons finalement fait.

---

19. *San* est un suffixe familier, a priori neutre, teinté d'un sous-entendu affectueux, généralisé dans le langage courant au Japon. Son sens est intraduisible en français ; il ne signifie pas littéralement « monsieur » ou « madame », et peut être utilisé derrière des termes variés, un prénom, un surnom, un nom d'animal, un pseudonyme ou une profession. Le poissonnier du quartier est ainsi nommé *« sakanaya san »*. Takeshi Kitano utilise d'ordinaire ce suffixe. Toutefois, pour faciliter la lecture de l'ouvrage en français, il a été décidé en accord avec Kitano, d'ôter les multiples *san* au fil des lignes qui suivent.

C'est vraiment avec Jiro et grâce au *manzaï* que j'ai gagné mes titres de gloire et que le succès est venu. Sur scène, il y en avait toujours un qui jouait l'idiot de service aux côtés du malin. Ensemble, nous avons fondé le duo des « Two Beat ». Nous étions en 1974. C'est à ce moment-là qu'est né mon nom d'artiste : Beat Takeshi. J'étais Beat Takeshi et lui, Beat Kiyoshi. Alors que Maître Fukami continuait à faire rire les spectateurs au « Français », nous commencions, avec notre *manzaï*, à nous produire dans des théâtres comiques et des cabarets à la mode. Nous étions réputés pour le burlesque et la virulence de nos gags. Nous n'avions pas notre pareil pour répondre du tac au tac. Nous étions comme des machines. Avec lui, sur scène, je pouvais régler mon rythme, maîtriser le temps. Notre duo a vite fait partie des « bons manzaï ».

Au tout début, avant d'expérimenter ce genre, j'avais toujours pensé que le comique de duettiste était un exercice assez facile. Je croyais qu'il s'agissait simplement de raconter des histoires amusantes et absurdes, debout, face au public. C'était en vérité beaucoup plus compliqué et périlleux que cela. Car parfois, certaines histoires ne faisaient pas du tout rire le public, mais alors pas du tout. C'est peu à peu que j'ai appris que le *manzaï* avait toujours été dicté en partie par les gens assis dans la salle, par leurs réactions. Puis j'ai saisi que les seules histoires – celles qui faisaient se tordre de rire les spectateurs – étaient… les bonnes histoires. Nous avons donc appris, avec mon complice, à ne raconter que celles-là, et les associer entre elles. Mais le plus important, sans doute, était que notre *manzaï* était l'un des plus osés à l'époque. Notre culot et notre bagout n'avaient pas de limite. Nos numéros jouaient subtilement avec les tabous. Nous étions censés marcher sur des œufs en abordant les sujets les plus impertinents, mais franchissions allègrement la ligne rouge, et c'est bien cela qui provoquait des rires hilares parmi le public. Nous n'avions absolument pas peur des réactions des spectateurs. Il pouvait m'arriver d'interpeller une vieille dame assise dans les premiers rangs. Je lui lançais : « Eh Baa san *(mamie)*, reste avec nous, ne meurs pas avant d'avoir entendu la fin de notre histoire ! » Je ne craignais pas non plus de tancer un *yakuza*[20] du quartier assis dans la salle, et j'étais capable de lui lancer : « Je suis sûr que tu ne fais jamais de promesses avec tes doigts ! » Je peux vous assurer que la vieille dame et le mafieux riaient tous les deux de bon cœur. Dans la salle, les gens étaient bouche bée.

Tous les soirs, j'avais l'impression d'affronter l'audience en duel. L'unique objectif était de faire rire le public. Je découvrais que le *manzaï* m'allait finalement bien. En tant que comique, l'exercice devenait une part de moi-même. Si j'apercevais dans la salle une seule personne ne riant pas, alors, je ne pensais plus qu'à cette personne. Je déployais tous les efforts nécessaires pour essayer de la faire rire. J'étais à la fois libre, heureux et à l'aise avec ce nouveau style comique. Il faut dire aussi que, de temps en temps, j'étais complètement soûl. Même sur scène, il pouvait m'arriver de jouer dans un état d'ébriété à peine imaginable.

J'étais un jeune comédien, sans aucune limite, incontrôlable. J'ai souvent raconté cette relation particulière qui me liait à mon compère Jiro. Lui était comme un dompteur d'animaux sauvages, et moi, j'étais le fauve. Si mon complice avait été différent, je suis sûr que notre *manzaï* n'aurait pas fait long feu. Mais Jiro ne voulait pas qu'on se quitte car avec moi, il était assuré de manger à sa faim. Quant à lui, c'était un bon dompteur. Notre duo tenait merveilleusement bien la route. Ensuite, tout est allé très vite pour nous. La consécration est venue à nous sans que nous ayons le temps de réaliser ce qui nous arrivait.

Au tout début des années 70, le Japon jouissait de nombreux succès économiques. Il y avait une euphorie évidente

---

20. Au Japon, le terme de *yakuza* désigne les quelque quatre-vingt-cinq mille membres ou apparentés de la pègre regroupés en vingt-deux clans et gangs. Actifs dans d'innombrables secteurs de la société, ils ont longtemps pratiqué l'auto-ablation de leur auriculaire en signe de faute et de repentir envers leur supérieur ou parrain. Oser parler à un *yakuza* de ses doigts, même si ce dernier est un sous-fifre, ne manque pas de piment.

dans le pays. A Tokyo, la classe moyenne commençait à réellement sentir la différence par rapport à la fin des années 60, plus austères. Personnellement, l'argent ne m'intéressait pas du tout. Je n'y pensais pas. Je ne voulais pas particulièrement en gagner. Mon objectif était seulement d'exister et d'être reconnu en tant que comique. Ce n'était pas simple. Plusieurs fois, on m'a fait comprendre que je n'étais pas le bienvenu. Avant de percer, j'ai été souvent mis de côté par les gens de l'industrie du spectacle. En fait, j'ai eu de la chance à un moment où je ne l'attendais pas, et je suis devenu comédien. J'ai réalisé le rêve qui m'avait guidé à Asakusa.

En accédant à la renommée à Asakusa, Takeshi Kitano aura aussi rejoint la famille des artistes et des écrivains qui y ont vécu. Comme Yasunari Kawabata (1899-1972), qui s'y était établi dans les années 20, alors que le quartier était l'un des plus mal famés de la capitale. D'autres fantômes, et non des moindres, hantent les ruelles d'Asakusa. C'est le cas de grands noms de la littérature : Kafu Nagai, Yasushi Inoue – que de vieilles photos montrent entouré de troupes de comédiens et de danseuses de cabarets – ou encore Yukio Mishima. Le réalisateur Yasujiro Ozu, l'acteur Ken Takakura symbolisent aussi ce Tokyo populaire. Ce quartier traditionnel n'en a pas moins été, au siècle dernier, avant-gardiste. La première ligne de métro du Japon et d'Asie y fut inaugurée, en 1927. Elle reliait Asakusa au quartier culturel voisin de Ueno où furent installés de nombreux musées, classiques et Arts-déco, de la capitale.

Bientôt, de nombreuses radios diffusaient de plus en plus souvent nos sketchs. Après notre première télévision, au milieu des années 70, nous étions régulièrement invités sur les plateaux. Les Japonais découvraient notre visage sur leur petit écran. Au début des années 80, j'ai eu l'impression de m'envoler. Comme dans un rêve, je me suis vu devenir, enfin, un vrai comédien.

Avec Beat Kiyoshi, nous continuions d'amuser les gens sur scène. Les étudiants, surtout, adoraient nos sketchs. Ils appréciaient notre style vif et irrévérencieux. Conserver ce lien direct avec la scène et le public des théâtres populaires était un impératif pour moi. Même actif à la télévision, je tenais absolument à garder un pied sur la scène. C'était ce qui me reliait en effet à mes racines du nord de Tokyo. Devenue une figure du petit écran, j'ai donc continué à écrire des sketchs comiques. Et puis un jour, au début des années 80, il s'est avéré que l'aventure des Two Beat était bel et bien terminée. Le moment était venu, pour Jiro et moi-même, de tirer un trait, au moins provisoirement, sur notre aventure. Depuis, je l'ai peu revu – ces choses-là ne s'expliquent pas... On se croise de temps en temps, à l'occasion d'une émission, plus récemment sur des plateaux de cinéma.

Mon maître trinque à ma réussite

Bien plus tard, au début des années 80, j'ai voulu retourner voir mon maître, Senzaburo Fukami. J'allais lui rendre visite à la moindre occasion. Très célèbre à Asakusa et dans le milieu des théâtres de boulevard et de variétés, il était cependant peu connu des grands médias. Je voulais le remercier de m'avoir tant aidé. Après avoir connu le succès, un disciple doit toujours faire quelque chose en retour pour son maître. Quand il a atteint son objectif, un disciple doit rendre hommage à celui qui l'a formé. Moi, je tenais d'autant plus à le remercier que je savais, inconsciemment, qu'il était toujours mon maître. Car en tout, Maître Fukami était imbattable, et je savais qu'il le resterait encore, sans doute, pour longtemps. Je ne jouais pas de la guitare aussi bien que lui. Je ne dansais pas avec des claquettes aussi bien que lui, ni ne maniais le sabre avec sa dextérité. En rien, je ne pouvais espérer atteindre son niveau, et encore moins le dépasser.

En 1983, je suis donc allé le voir et lui ai offert un peu d'argent. J'avais alors atteint une certaine notoriété. Mon maître était si heureux, si fier que son ex-disciple ait réussi à ce point et lui rende, pour ainsi dire, la monnaie, il était si ému et si comblé que je sois devenu à ses yeux un véritable artiste capable de se produire sur scène, et même de passer à la télévision, qu'il est allé, le soir même, crier sous tous les toits du quartier et chez tous les commerçants ce que j'avais fait, et a célébré ma réussite en buvant allègrement dans plusieurs *nomiya*[21]. Mais j'ai gardé en vérité, de cette journée, de terribles remords. Car avec les quelques sous que je lui ai offerts, mon maître s'est acheté de l'alcool et des cigarettes. Il est rentré chez lui très éméché et dans la nuit, ou au petit matin, un incendie a pris dans son petit appartement situé au troisième étage. Un voisin a entendu des cris et appelé les pompiers. Mon maître n'a pas eu le temps de fuir le sinistre. Le pauvre homme est mort brûlé. La police a retrouvé son corps calciné, près de la porte d'entrée. Les enquêteurs ont trouvé un mégot dans la pièce et ont conclu qu'une cigarette mal éteinte était probablement à l'origine du départ de feu. J'ai appris la terrible nouvelle quelques heures plus tard, alors que j'enregistrais un tournage de l'émission *« Oretachi hyokinzoku »* (*« Nous sommes le gang des plaisantins »*) que diffusait la chaîne de télévision Fuji. J'étais terriblement choqué. Abattu. Incapable de prononcer un mot. J'étais totalement abasourdi. Le jour même de sa disparition, les journaux *Yomiuri* et *Asahi* lui ont consacré des articles dans leurs éditions du soir. La nouvelle a fait grand bruit à Asakusa. Je vous montrerai cela, j'ai gardé les coupures. Encore aujourd'hui, je ressens beaucoup de peine, une immense amertume, et un certain sentiment de culpabilité. Je me demande toujours si je ne suis pas la cause de sa mort. Si je ne l'avais pas remercié ainsi, peut-être n'aurait-il jamais bu autant d'alcool ce soir-là, ni acheté de cigarettes… Je crois qu'à mon départ du « Français », mon maître avait dû commencer à se sentir extrêmement seul. Il était mort sous l'emprise de l'alcool, dans la plus grande des solitudes.

---

21. Bistrot japonais.

Sur les planches à Asakusa

Dans l'édition du 2 février 1983, le quotidien Yomiuri Shimbun *annonça en titre la mort de Senzaburo Fukami : « Le maître du rire meurt brûlé vif dans la solitude. M. Fukami avait consacré trente-cinq ans de sa vie au théâtre populaire d'Asakusa. Beat Takeshi était l'un de ses disciples. »*

Depuis des années, presque tous les jours, et en signe de respect à son égard, je travaille les claquettes. Presque tous les jours. Ces dernières années, j'en ai fait tellement que j'ai négligé le piano ! Volontairement, dans mes films, je n'apparais pas dans les scènes de claquettes – comme celle de la fin de *Zatoïchi* –, car je ne suis pas assez bon. J'en ferai au cinéma quand j'aurai le niveau nécessaire.

Quant au *manzaï*, mon maître me disait toujours que ce n'était pas un art. Mais le genre se perpétue grâce à un grand nombre de *kombi* (duos). Beaucoup sont produits par l'écurie Yoshimoto Kogyo[22]. J'ai bien connu l'un de ses plus drôles humoristes de Tokyo. Dans le passé, on ne cessait de se chamailler, lui et moi. J'étais toujours en désaccord avec lui. Maintenant, on est en bons termes. On se salue comme de vieux copains.

*
* *

---

22. Magnat de la variété japonaise, établi à Osaka et à Tokyo, qui contribua à l'essor du *manzaï* à partir des années 1950, à présent à la tête de centaines de duos.

3.

Mon alter ego Beat Takeshi

Des planches au petit écran, il n'y a qu'un pas que Take-shi Kitano va franchir très vite. Il va même y briller. Au Japon, il est bientôt connu comme « Beat Takeshi », vedette du petit écran aux multiples talents, comédien de plateau télé aux réparties sulfureuses. Retour vers les années 80 où, sur les plateaux, il devient vite l'amuseur public numéro un. Un clown social antistress, à l'heure où le Japon tire profit de sa « bulle » économique.

Un millésime est quand même bien meilleur qu'un beaujolais nouveau, pas vrai ? Le cinéma est un art suscep-tible de produire un millésime. Je me le dis à chaque fois que je réalise un long métrage, même si mettre au point un grand cru classé résulte d'un processus compliqué. Idem quand je suis acteur. Je préfère être jugé comme un millésime et, si possible, de caractère. Au petit écran, en tant que Beat Take-shi, c'est un peu différent. J'ai toujours voulu devenir à la télévision ce qu'une voiture classique est au monde de l'automobile. Je ne m'accroche pas à ce qui est fini. Ce que j'aime, c'est passer les vitesses et filer.

La fierté de la famille

La télévision, je l'ai découverte, pour la première fois, en 1956. Ma famille a été la première dans notre quartier à s'équiper d'un téléviseur[23]. C'est mon frère aîné qui l'avait acheté. Très vite, cet appareil en noir et blanc est devenu un objet fétiche, la fierté de la famille et bientôt du quartier entier.

Dès que nous avons eu ce poste de télévision, les voisins ont commencé à passer plus souvent chez nous. Notre maison est devenue un lieu de rassemblement pour tous les habitants du quartier qui venaient moins pour discuter de la vie locale que pour suivre les émissions télévisées. C'est à l'âge de neuf ans, j'étais alors à l'école primaire, que j'ai commencé à mesurer le pouvoir hypnotique du petit écran sur les gens. Pour autant, la culture de la télévision ne paraissait pas majeure à l'époque. Les gens ne restaient pas cloîtrés chez eux pendant des heures à regarder la petite lucarne lumineuse. C'est plus tard, quand je suis entré au collège, que j'ai compris que la télévision avait pris un rôle bien plus important dans la vie quotidienne des gens.

Mes débuts au petit écran

A Asakusa, j'ai donc réussi à monter sur scène. Mais rejoindre les plateaux de télévision, c'était encore une autre histoire. J'avais parfois entendu dire que les Two Beat ne pourraient jamais passer à la télé. Dans les années 70, il n'y en avait, en effet, que pour la chanson. Et quelles chansons !

---

23. Développé par Nec et Toshiba, le premier téléviseur japonais est apparu en 1939. Mais la télévision nippone a fait des progrès dès 1953. Dix ans plus tard, l'archipel comptait déjà soixante-douze stations de télévision gouvernementales et soixante-quatre stations privées, regroupées dans un réseau combiné couvrant quatre-vingt-dix pour cent du territoire.

En voyant certains pousser la chansonnette, je m'étais fixé un objectif : défier le monde de la télé et devenir à mon tour, à ma façon, un *talento (personnalité du petit écran)*. Mais il y avait un couac : les chanteurs de variétés étaient alors les seules stars reconnues dans ce milieu. Je devais au moins réussir à éclipser les moins talentueux, prendre leur place et faire mieux qu'eux, pour imposer mes sketchs. Ils étaient si nombreux qu'après tout, ce ne fut pas si compliqué.

Après mes années à Asakusa, je suis donc devenu un comédien populaire à la télévision, le *manzaï* était de plus en plus prisé sur le petit écran. Avec Jiro, nous avons été repérés et engagés, en 1974, par Ota Pro, une agence de production, dont les responsables avaient adoré nos spectacles. Ils nous ont ainsi engagés sans hésiter, ni pinailler sur les conditions. Ils nous ont confié l'animation d'un talk-show : « *Rival daibakusho* » (« *Les gros rires hilares des comédiens rivaux* »). C'était ma première véritable expérience, inoubliable, sur un plateau de télé. Beat Takeshi était désormais, définitivement, mon nom de scène. J'ai commencé à faire le pitre au petit écran et, vous voyez, je ne me suis plus jamais arrêté. Aujourd'hui encore, je parade sur les chaînes.

Le nombre de nos apparitions télévisées est allé en augmentant. Dans les studios de télé, j'avais l'impression d'être en situation de combat sur les plateaux comme lorsque je jouais sur scène dans les théâtres populaires, à la seule différence qu'il fallait désormais faire rire un public beaucoup plus large, l'audience nous dépassait. Bientôt, jouer le *manzaï* à la télé ne fut plus un duel mais du sport. Dans une émission qui s'appelait « *Le manzaï* », plusieurs duos comiques et quatre à cinq groupes de comédiens s'affrontaient chaque semaine, face aux téléspectateurs. J'avais l'impression d'être sur un ring de boxe. C'était vraiment à ceux qui seraient les meilleurs. Des duos, parfois même des trios de comédiens, interprétaient un sketch sur scène, une courte saynète. Il y avait, entre tous les comédiens, un esprit de compétition inimaginable. Ne pas faire rire le public à l'occasion d'une répartie, louper son coup ou son sketch, c'était l'assurance de ne pas être sur le plateau la semaine suivante. C'était un véritable tournoi qui durait des semaines, où seuls les meilleurs « survivaient ». Avant chaque prestation, j'étais comme un sportif en compétition. Je me disais : « Je suis le meilleur. Je suis le champion du monde dans ma catégorie... » Si un comédien se montrait meilleur que moi, j'étais vraiment déprimé, comme un boxeur mis au tapis, incapable de se relever.

Un prix qui fait chaud au cœur

Deux ans après nos débuts, avec Beat Kiyoshi, un heureux événement est survenu. Nous avons reçu, en 1976, un grand prix de la NHK[24] décerné aux vainqueurs du « Grand championnat national NHK du manzaï ». Pour Beat Kiyoshi, comme pour moi, c'était inespéré, puisque nous tentions d'obtenir ce prix depuis trois ans. Sans compter aussi que la NHK était alors la chaîne de référence. Ce trophée, je dois vous dire, nous a fait chaud au cœur. C'était une reconnaissance importante. Pour nous, c'était vraiment parti.

C'était un moment spécial. Plus nous étions vulgaires, plus le public nous adorait. Plus les critiques nous détestaient, plus nous étions demandés. De son côté, le producteur, qui nous avait lancés sur la NHK, avait été viré, faute d'avoir réussi à contrôler notre langage. Dans les studios de télévision circulaient alors des listes de mots tabous qu'il ne fallait surtout pas prononcer à l'antenne. Or, comme d'autres comédiens, j'aimais braver cet interdit. J'ai été pour cela suspendu d'antenne durant des mois. L'effet des sanctions était pour le moins cocasse. Plus on nous réprimait, plus nous devenions populaires !

Quelques années plus tard, vers 1980-1981, il y a vraiment eu un boom du *manzaï*. Cela a commencé à Osaka. Les duos

---

24. *Nippon Hoso Kyokai*, la chaîne publique nationale.

comiques étaient à la mode. Il s'en créait tous les jours. Les comédiens nageaient dans le bonheur. Quand le *manzaï* a commencé à percer, Beat Kiyoshi et moi avons commencé à bien gagner notre vie. Mon ami s'achetait ce dont il rêvait depuis longtemps. Il s'est offert une nouvelle voiture et une montre de luxe incrustée de diamants. Moi aussi, j'en ai profité. Petit, je voyais souvent des enfants issus de milieux aisés rouler dans de belles voitures avec leurs parents. Je rêvais de ces belles bagnoles. Adolescent, je m'étais intéressé à la mécanique, aux systèmes de propulsion, pas seulement aux moteurs de voiture. Je prenais donc, moi aussi, ma revanche. J'étais assez fétichiste avec les machines en général. Finalement, je me suis acheté ma première voiture. Et pas n'importe laquelle. Je me suis payé un bolide : une Porsche 911. Mais même avec un permis, conduire une Porsche n'est pas donné à tout le monde. Avec ce bolide dans les mains, c'est clair, j'ai déconné dès le premier jour. J'avais l'impression de ne pas savoir conduire. Je suis entré sur l'autoroute en laissant le frein à main à moitié serré. Je ratais souvent les embrayages. Soudain, j'ai entendu un gros boom. Tout laissait croire que j'avais cassé le moteur ou bien la boîte de vitesses, en roulant trop vite. Vous savez quoi ? La voiture a fini par prendre feu. Je l'ai vue partir en fumée sur la bande d'arrêt d'urgence ! J'étais hors de moi et, en même temps, un peu ébahi.

Au fil du temps, ce que je pressentais est arrivé. Alors que la tradition du *rakugo*[25] connaissait déjà un certain succès au petit écran, la vogue du *manzaï* à la télévision n'a pas duré. Le *manzaï* était certes moins demandé, mais pour ma part, tout marchait plutôt bien. Des responsables de chaînes de télévision nous voulaient. Des directeurs de programmes me confiaient de nouvelles responsabilités. Je devenais très confiant. Un peu trop d'ailleurs... Un jour, en effet, je n'ai pas hésité à me soûler la gueule avant de passer à l'antenne. J'ai perdu la tête et osé montrer mon cul à l'écran. Fichtre !

---

25. Histoire comique dite par un conteur.

Imaginez le scandale. On m'a aussitôt congédié. La sacro-sainte NHK ne voulait plus entendre parler de moi. Mais qu'importaient les sanctions. Car à chaque fois, quelques semaines ou quelques mois plus tard, j'étais de retour sur les plateaux avec de nouvelles idées d'émissions. On me rappelait vite à l'antenne.

Cela ne m'empêchait pas de me montrer déraisonnable avec les voitures. Plus tard – c'était bien avant mon accident en deux-roues – je me suis acheté un cabriolet, une Lincoln Continental. J'ai fait améliorer son moteur pour qu'elle aille plus vite. Une pure folie ! J'ai aussi acquis une Ferrari. Puis, les voitures ont commencé à moins m'intéresser. Bientôt, je préférais passer mon temps libre autrement, par exemple en buvant quelques verres avec des femmes...

Consultant en âme féminine

Les femmes sont absolument redoutables. Et j'en sais quelque chose... Avant de me marier, je suis forcé de reconnaître que j'étais quelqu'un de sentimentalement très instable et, du coup, d'assez épanoui. Sorti de l'adolescence, j'en ai connu des histoires... Je crois qu'alors, le ludisme était, pour moi, dans l'excès.

> *Kitano et les femmes : sujet fascinant. Dans ses films, elles sont tantôt amies, sœurs, mères, amantes ou objets sexuels à scandales. Aimées, violentées, délaissées, malades, passionnées... Sauf dans* Getting any ?, Jugatsu *ou* Takeshis', *films dont le héros conquiert sans prendre de gants le cœur des femmes, jamais Kitano ne s'aventure à filmer de véritables scènes érotiques. L'étreinte physique est limitée. Il y a chez lui comme une pudibonderie inexpliquée. Plusieurs fois, comme si de rien n'était, au détour d'une discussion, je tente de le cuisiner sur la question. Par pudeur, par gêne, qui sait, il semble d'abord étonnamment réticent avant*

*d'écarter le sujet. Finalement, après avoir insisté, il consent
à aller un peu plus loin...*

Ma toute première relation s'est très mal passée. J'ai
attrapé une maladie. Une sorte de chaude-pisse. J'ai fini à
l'hôpital, condamné à des injections... Mais cela, rassurez-
vous, ne m'a en rien détourné des filles. Au contraire ! Par la
suite, je suis devenu vraiment du genre coureur. Je multipliais
les histoires à n'en plus finir. Je me faisais aussi draguer.
J'avais beaucoup d'aventures, disons, un certain succès.

Plus tard, devenu étudiant, je suis tombé très amoureux
d'une fille. J'ai eu une longue histoire avec cette étudiante
plus jeune que moi. Une fille d'un rang social plutôt humble.
On était tombés amoureux, et tout de suite sortis ensemble.
Cela va vous surprendre, mais dans un premier temps, notre
relation fut uniquement platonique. Un an s'est écoulé avant
que nous ayons notre première relation sexuelle. On est restés
longtemps ensemble. Sept ans. C'était une fille bien. Après
coup, je me dis que ma relation avec elle ressemble vraiment
à l'idée qu'on se fait du premier amour. Il y avait une lumière
incroyable chez cette fille, une lumière de bon augure, qui
vous porte. Elle acceptait tout de moi. Elle était toujours très
calme. Quand j'ai décidé de quitter le « Français », elle ne
s'est même pas mise en colère. Elle n'aimait toutefois pas
certains de mes amis qui avaient, disait-elle, une mauvaise
influence sur moi. Elle pensait qu'il valait mieux ne pas les
voir. C'était pour mieux me protéger. Elle avait sans doute
raison. J'avais sérieusement pensé pouvoir faire ma vie avec
elle. Mais, peu à peu, cette relation m'a semblé devenir trop
confortable, voire ennuyeuse. Elle et moi, en fin de compte,
c'était trop bien. J'avais l'impression que cette fille finirait
par me faner, que je me dessécherais alors qu'au fond de moi
brûlait la passion de la scène et de la comédie. Alors, je l'ai
quittée...

Après cette longue histoire, par contrecoup, c'est devenu
une habitude chez moi, à la moindre rencontre, de toujours
faire l'amour tout de suite. Disons que je ne pensais qu'à

cela : faire l'amour. Toutes ces années, entre vingt et trente ans, ont été très agitées. J'avais sans cesse un grand nombre d'aventures et de liaisons. Quantité d'amourettes. J'ai rencontré une foule de femmes que je croisais ici et là, à Asakusa et dans d'autres quartiers populaires de Tokyo, dans des bars, des cabarets… Une nuit, j'ai fait un rêve, ou plutôt un cauchemar : les femmes que j'avais connues occupaient toutes les places assises des wagons d'un train. Au fond, cette frénésie amoureuse masquait probablement l'ennui et la déprime. C'était vital chez moi : je devais sans cesse m'amuser. La recherche permanente d'adrénaline me maintenait à la fois en éveil et en alerte.

Pour autant, les femmes japonaises ont ceci de particulier qu'avant d'être fidèles aux autres, elles le sont d'abord à elles-mêmes. Plusieurs fois, je me suis séparé de femmes que j'aimais beaucoup, mais auxquelles je préférais ma vie d'artiste et de comédien. Pour rien au monde alors, je n'aurais sacrifié pour une femme, quand bien même nous nous aimions, ce qui était mon gagne-pain et ma passion : la scène, la comédie… Mes aventures ne duraient donc guère longtemps.

De même, je n'ai jamais voulu sortir avec une fille que tout le monde appréciait *a priori*. Ou avec une fille de bonne famille. Cela m'aurait trop ennuyé. J'ai toujours fréquenté des filles issues de ma classe sociale. Je crois que c'est à cause de mes parents. Ils me disaient toujours : « Il ne faut pas avoir d'envies indignes de son rang. »

Et puis, j'ai rencontré ma femme. Mikiko m'avait découvert sur scène en assistant à mes sketchs de *manzaï*. Mikiko Matsuda, de son nom de jeune fille, était également comédienne. Elle faisait du théâtre, du *manzaï*, entre autres. Elle a cessé de jouer et a commencé à m'apporter de l'aide, du réconfort. Elle a tout arrêté pour moi. Je l'admire encore pour cela. Je l'ai épousée en 1978 et nous avons eu deux enfants, un garçon, Atsushi, né en 1981, et une fille, Shoko, née l'année suivante.

Je dois avouer que ma femme m'a apporté un certain calme, une certaine stabilité. Lorsque la chance m'a souri, et que j'ai commencé à avoir beaucoup de succès, elle a peu à peu pris les choses en main – comme c'est la tradition au Japon, en gérant toutes mes rentrées d'argent, qu'elle investissait au fur et à mesure dans l'immobilier. Cela peut surprendre du point de vue occidental, mais il en est ainsi dans la plupart des couples japonais où les femmes ont un pouvoir considérable qu'*a priori*, on ne soupçonne pas. Depuis longtemps, ma femme sait tout de ma fortune. Moi non ! C'est une femme forte. Elle gère tout. Elle me donne chaque mois les liasses de liquide dont j'ai besoin. C'est mon argent de poche.

Avant de me marier, j'avais l'impression d'être devenu un consultant en âme féminine. Car je ne vais pas m'en cacher : j'aime les femmes, les plaisirs de la chair… Comme tout le monde, non ? Je me sens heureux quand je suis avec une femme, n'importe où ! Les femmes sont pour moi une source d'inspiration. Je me sens très libre de parler d'elles. J'ai toujours eu pourtant un peu d'appréhension en leur compagnie. Même une femme beaucoup plus jeune que moi peut me filer le trac, voire devenir comme une sœur aînée. Ma mère était une femme forte. Elle me donnait beaucoup d'amour. Aussi suis-je sans doute atteint, encore aujourd'hui, d'un « *Mother complex* » qui rejaillit dès que je suis en compagnie d'une femme. Je peux ainsi me retrouver plongé dans des abîmes de timidité.

Un jour, il me semble que c'était en France ou en Italie, un journaliste m'a demandé si j'avais des regrets amoureux, des remords, une culpabilité mal digérée après une aventure qui se serait mal terminée. Je crois lui avoir répondu que toutes les amies que j'avais rejetées et abandonnées devaient sans doute m'attendre quelque part au coin d'une rue avec des peaux de banane ou dans des jardins publics avec des boules de riz empoisonnées.

De toute façon, je n'ai guère confiance en bon nombre de femmes que je rencontre. Je le sais, trop souvent, c'est mon statut de personnalité, mon nom, Beat Takeshi, Takeshi

Kitano, mon image, ma popularité, l'argent que je gagne, qui, d'abord, les attirent et leur plaisent. De toute façon, même si demain je tombe bien bas, je sais que je retournerai toujours vers ma femme. C'est ainsi. Je n'ai pas d'autre choix.

L'affaire du tabloïd

Peu de temps après mes débuts et mes premiers succès à la télévision, j'étais devenu, pour beaucoup de gens, « Take-chan », un personnage de télé, doux et blagueur.

Au milieu des années 80, j'avais acquis une assez grande popularité. Mais j'avais sans doute une double personnalité. Probablement, le succès m'était-il monté à la tête.

Une histoire – une véritable tuile dont j'aurais préféré me passer en vérité – m'est ainsi tombée dessus. En 1986, je gérais plusieurs programmes télévisés, ce qui m'épuisait le plus souvent. Dans l'un de ceux qu'on m'avait en bonne partie confiés, *Oretachi hyokinzoku (« Nous sommes le gang des plaisantins »)*, je m'occupais du planning dans les moindres détails. Je n'avais pas le choix, j'intervenais à tous les niveaux de la réalisation de l'émission et ne pouvais pas échouer. J'étais épuisé, englouti par le travail. C'est à cette époque que l'incident que vous connaissez peut-être déjà, l'assaut à la rédaction du magazine à scandales *Friday*, a eu lieu.

« L'incident Friday *» allait faire beaucoup de bruit au Japon. Le 9 décembre 1986, accompagné d'une dizaine d'assistants, Takeshi Kitano monta une expédition punitive à la rédaction du magazine* Friday *publié par l'éditeur Kodansha, à Tokyo.*

J'avais décidé de casser la gueule à un paparazzi qui avait pris en photo une jeune femme que je connaissais. Ce qui m'avait mis hors de moi, c'était la manière brutale dont les paparazzis de *Friday* avaient accosté cette amie qui n'était pas une star ou une *talento*, mais une femme « ordinaire ». Parce qu'elle avait refusé de répondre à leurs questions, ils avaient insisté, et ils l'avaient heurtée physiquement. Dans ses pages, le tabloïd avait ensuite présenté cette femme comme ma « maîtresse ».

Le plus inacceptable, c'était que cette amie ait pu être agressée par ces paparazzis. Le procédé m'avait mis franchement hors de moi. Et quand je suis en colère, mieux vaut ne pas trop s'approcher… Je peux littéralement exploser ! Cette vulgarité m'avait franchement scandalisé. Les méthodes vraiment indignes de l'hebdomadaire relevaient du mensonge et de la manipulation. Cette photo prise en cachette, comme si on m'avait volé quelque chose, puis sa publication dans le magazine à scandales, avec des légendes fausses de surcroît, tout cela m'avait profondément énervé. La photo est parue dans le tabloïd avec des commentaires déplacés et calomnieux. J'étais si furieux que j'ai voulu aller m'expliquer directement à la rédaction de *Friday*, aidé, il est vrai, par quelques amis, en fait par onze gars choisis parmi mes collaborateurs et élèves. C'est peu dire que notre expédition punitive a fait du grabuge.

Dans sa vie et dans son travail, Kitano n'est jamais seul. Il refuse de l'être. Il est entouré, depuis 1983, d'une véritable cour qui compte, en permanence, quelque trente « serviteurs » loyaux. Ils constituent ce que Takeshi Kitano surnomme son Gundan (« escadron de soldats »), ses disciples qui travaillent tous pour sa maison d'artistes et agence de production, l'Office Kitano, présidée par le fameux producteur Masayuki Mori, un intime, l'homme qui a eu l'idée du terme Gundan et qui connaît le mieux Kitano. Figures du petit écran, tous célèbres, ils sont les coéquipiers cathodiques et talentueux de Beat Takeshi, et souvent de bons comédiens et des acteurs reconnus. Kitano est ainsi presque toujours entouré de plusieurs de ses acolytes. Eux aussi sont issus de milieux modestes et n'ont pu en général faire de longues études, ou d'études tout court. Ils ne viennent pas toujours du milieu de la télévision ; l'un d'eux est, par exemple, un ex-chef de sushi. D'une certaine façon, Kitano les a adoptés et les protège comme des membres de sa famille. Tous ressentent à son égard des liens professionnels et affectifs très forts qui étonneraient tout Occidental peu familier de ce genre de relation. La plupart appellent Kitano « Tono » (littéralement « Seigneur »). Fin 2007, le départ du comédien Kikuchi (qui joue dans le film Dolls) *un proche depuis dix ans, a causé un véritable émoi au sein du cercle.*

Quand nous avons débarqué chez Kodansha, dans les bureaux du tabloïd, nous n'avons pas pris le temps de dire bonjour. Nous avons fait des dégâts dans la salle de rédaction, notamment en aspergeant les bureaux avec des extincteurs.

Mais je vous assure que je n'étais pas fier de moi. Au Japon, peu de gens ont accepté mes excuses publiques. Pourtant même si le public n'avait pas digéré la méthode, c'est-à-dire l'acte de vengeance, il est vrai, assez violent, il semblait plutôt de mon côté. Beaucoup de gens comprenaient ma colère, moins ma réaction. Après coup, bizarrement, au fil des jours, je n'éprouvais plus de ressentiment à l'égard du tabloïd. Je réalisais que cela ne servait pas à grand-chose d'être rancunier. Après la vengeance, il y a la rédemption.

A cause de cette bêtise, j'ai eu affaire à la police et à la justice. J'ai été arrêté, placé en garde à vue pendant vingt-quatre heures. Vous auriez vu la tête des policiers ! Ils étaient stupéfaits de se retrouver face à moi, voire pour certains très ennuyés. Ils m'ont demandé si c'était moi qui avais eu l'idée de cette descente dans les bureaux de *Friday.* Ils voulaient savoir si j'avais décidé seul. Bien entendu, j'étais le responsable principal de ce fiasco et assumais l'incident. Il n'était pas question que quelqu'un d'autre porte le chapeau à ma place. C'est moi que *Friday* avait sali. Après les formalités, un policier m'a demandé un autographe.

Kitano avouera plus tard, dans ses propres livres, avoir perdu son sang-froid et s'être montré violent à l'égard de douze personnes au sein de la rédaction et « cru même avoir tué l'un d'entre eux »...

Il n'empêche, chaque membre de l'expédition a été condamné. L'incident nous a valu, à chacun, une peine de six mois d'emprisonnement avec sursis, transformée en punition professionnelle. J'ai, en effet, été officiellement interdit d'antenne pour une durée de six mois. La punition était sévère. Mais au Japon, toute violence physique est très durement réprimée. En fait, l'affaire *Friday* a empoisonné mon quotidien durant un bon moment.

Autre conséquence de cette histoire : ma femme et moi, nous nous sommes séparés. Ironie du sort, un autre magazine à scandales a révélé quelques mois plus tard l'identité d'une autre jeune femme que j'aimais, jolie et désarmante, encore très naïve. J'étais sous le charme. Pour elle, j'avais laissé tomber l'alcool, les femmes... Avec Mikiko *(l'épouse de Takeshi)*, on est restés éloignés l'un de l'autre un moment, sans divorcer. Plus tard, nous avons réussi à nous retrouver.

Après mon coup de sang et ces sanctions, j'étais persuadé que ma vie de comédien et de comique des plateaux de télé était fichue. Il me semblait alors que j'avais mis aussi peu de temps à briser ma carrière, pour une idiotie, qu'à monter sur les planches du « Français », en remplaçant au pied levé un comédien malade. Cet incident avec le tabloïd ressemblait, quasiment, à un suicide professionnel. J'ai eu des problèmes d'anxiété, des angoisses, j'ai fait des cauchemars... Je me voyais en prison, voire déjà mort. Je vous assure que j'ai passé un mauvais moment. Pendant des jours et des jours, la presse populaire et les médias se sont emparés de cette affaire. Certains magazines et journaux à scandales ne relâchaient pas la pression et écrivaient des bêtises pour maintenir leurs ventes. Au Japon, on ne parlait plus que de moi, des Gundan, des conséquences de notre expédition chez Kodansha...

Des années durant, la prestigieuse maison d'édition Kodansha a mal digéré l'épisode. « L'incident Friday *» est* *resté longtemps, chez Kodansha, un sujet plutôt sensible. Pour preuve de cette probable rancœur, que personne, au sein de la maison d'édition, ne tient à confirmer ou infirmer : l'énorme et magnifique encyclopédie illustrée de mille neuf cent vingt-cinq pages, publiée en anglais, en 1993, par Kodansha et ayant pour titre « Japan ». Alors que toutes les figures des lettres, de la politique, des arts ou du septième art japonais, y sont présentées par ordre alphabétique, Takeshi Kitano semble avoir été oublié entre le poète Kitamura Tokoku et le lutteur de sumo Kitanoumi... En revanche, le sanctuaire shinto « Kitano-Temman-gu », à Kyoto, apparaît bien !*

Mais le plus étonnant de toute cette histoire, c'est qu'après avoir été banni des écrans, je suis revenu à la télévision, six mois plus tard, quasiment comme si de rien n'était, sans avoir perdu un iota de ma popularité. J'en ai été le premier surpris. Selon un sondage effectué alors par la NHK, j'étais encore l'animateur de télévision préféré de son public. J'étais plus populaire encore auprès des téléspectateurs qu'avant l'incident. Après toutes ces péripéties, 1987 a été l'année d'un grand nettoyage dans ma vie. Un moment de changements radicaux. J'ai quitté l'agence Ota Production, qui gérait mes affaires depuis 1974, et j'ai fondé la mienne, Office Kitano.

Après coup, j'avoue avoir quelques remords depuis « l'affaire *Friday* ». Je regrette d'avoir fait preuve de violence. Enfin, dans le fond, mes regrets ne sont pas entiers. Je ne regrette tout cela qu'à moitié.

Mes disciples les Gundan

L'origine sociale des Gundan qui m'avaient accompagné est presque devenue une autre affaire dans « l'affaire *Friday* ». Révélée par les médias, elle est apparue au grand jour et j'ai été le premier surpris par ces révélations. Certains de mes jeunes disciples sortaient de prison. L'un d'eux était même fils de *yakuza*.

Je me suis senti responsable de leur arrestation. J'ai alors décidé de prendre soin d'eux jusqu'à la fin de mes jours. A cause de moi, en effet, certains avaient maintenant un casier judiciaire plus lourdement chargé… J'étais inquiet. Ils étaient nombreux à ne pas avoir de revenus ni de quoi manger, à ne pas savoir où aller. Après l'incident, je me devais de ne pas les laisser tomber.

L'un de mes tout premiers disciples, un ancien comédien devenu très célèbre au Japon, est Sonomanma-Higashi, de son vrai nom Hideo Higashikokubaru. Il a notamment été mêlé à « l'affaire *Friday* ». C'est un cas ! Surprenant comédien, il a joué dans certaines de mes émissions, « *Takeshi jo* » ou « *Super jocky* », où il a fait pleurer de rire le public, en réalisant des gags étonnants, à peine croyables. Sa force est d'être un comédien capable d'animer une émission de télévision et, en même temps, un bon acteur au cinéma. Il est vraiment remarquable dans mon film *Getting any ?*. Figurez-vous qu'il est, aujourd'hui, le gouverneur de la préfecture de Miyazaki ! Je ne blague pas. Il a été élu avec soixante-dix mille voix de plus que le candidat rival. Cette préfecture présente une particularité : tous ses gouverneurs ont été arrêtés un jour ou l'autre pour corruption. Il m'avait rejoint alors qu'il avait vingt-trois ans à peine. Et puis, un jour, il a quitté ma société de production pour mener une nouvelle vie. Qu'il se soit ensuite lancé en politique jusqu'à devenir le gouverneur de Miyazaki est tout de même un événement exceptionnel. Je n'en reviens pas moi-même. C'est incroyable !

Un autre de mes fidèles depuis vingt ans au moins, un comédien, un immense acteur dont les qualités apparaissent bien dans mon film *Zatoïchi*, s'appelle Gadarukanaru Taka. Lui vient d'un milieu disons « tendu ». Son père, un vrai dur, a eu plusieurs femmes. Lui et moi avons beaucoup de points communs. Il va, lui aussi, au bout de ses rêves. Et comme moi, c'est aussi un bagarreur. Il n'abandonne jamais. Il est l'un des comédiens parmi les plus expérimentés et les plus âgés de mon clan.

Autre Gundan incontournable : Tsutomu Takeshige, de son vrai nom Tsuyoshi Nishimura *(bras droit, chauffeur de Kitano et acteur)*, un homme de caractère, très intelligent. Ses parents sont instituteurs. Lui aussi est un cas à part car à la différence des autres, il a reçu une excellente éducation. C'est un homme droit, sur qui je peux toujours compter. C'est aussi un acteur hors pair, plein d'avenir. Son interprétation dans *Dolls* a été très remarquée. Il y a plus de dix ans de cela, il voulait absolument me rencontrer. Alors, il me guettait à la sortie des studios. Finalement, il s'est manifesté auprès de mon entourage. Il voulait devenir un de mes disciples, disait-il.

Parmi mes autres disciples, Aru Kitago *(de son vrai nom Jun Kitago)*. Kitago *(aperçu aussi dans le film* Dolls*)* ne fait rien comme personne. Il n'a pas grandi comme tous les enfants et adolescents. Son père, originaire de Corée, a fini sans-abri au Japon. C'est grâce à une enquête menée par une équipe de télévision qu'on l'a retrouvé. Il était clochard. Il est mort dans la misère. Sa mère, Shimeko, elle aussi d'origine coréenne, est en bonne santé. Il n'est pas étonnant que Kitago n'ait pas suivi une scolarité normale. Il a quitté le lycée en cours de route et est devenu *hikikomori*. Dans notre pays, les *hikikomori* sont des enfants ou préadolescents qui se terrent chez eux et ne rencontrent plus personne. Ils restent cloîtrés des jours, des semaines, voire des mois entiers. Ils sont atteints d'une sorte d'autisme. Ils ne vont parfois plus à l'école alors qu'ils ont du potentiel. C'est une véritable maladie sociale dans notre pays. Des années plus tard, Kitago ne voulait pas que quiconque apprenne qu'il avait été *hikikomori*. Mais sa sœur l'a rapporté à Murakoshi, un de mes disciples, qui bien sûr me l'a répété. Quand j'en ai parlé à Kitago, il a fait une de ces têtes ! Mais attention, il ne faut pas confondre *hikikomori* et *otaku*, terme qui, dans notre pays, désigne des individus eux aussi reclus chez eux pour la plupart, jeunes ou adultes, accros à toutes sortes de « laisses électroniques », jeux vidéo, héros ou héroïnes de manga et *anime (dessins animés)*, entre autres. Kitago n'était pas *otaku*.

Vous savez comment, lui et moi, on s'est connus ? Un jour, il m'a entendu parler à la radio et il a été si ému par ce que je disais qu'il a tout fait pour me rencontrer. C'est dans des circonstances inattendues, comme celle-ci, que j'ai connu la plupart des Gundan.

L'un de mes autres Gundan s'appelle Mimata Matazo, de son vrai nom Tadashi Mimata, un sacré comédien qui sait tout faire. Son père est, officiellement, un docteur à la retraite. Mais je ne serais guère surpris d'apprendre qu'il passe tout son temps à se prescrire et à s'injecter je ne sais quelles substances étranges ! En réalité, Matazo a été adopté petit et ne s'en est jamais vraiment remis. Il en a, sans doute, gardé des blessures psychologiques et des complexes. C'est un écorché vif. Ses parents sont riches mais ce n'était pas suffisant. Il a quitté le foyer familial et a trouvé seul sa voie grâce au théâtre, aux arts de la scène, à la comédie…

Mada-Murakoshi, de son vrai nom Yuji Murakoshi, un autre de mes disciples, est un provincial. Un *country boy* ! Il a l'air placide comme ça, mais il connaît les arts martiaux. Il a fait du kendo à l'université Teikyo. Il a perdu son père. C'est un garçon très vaillant. Il est aussi plein de qualités et de talents. Et il a de nouvelles responsabilités depuis qu'il garde comme un vrai papa ma petite-fille, quand ma fille est occupée. Il assure comme baby-sitter !

Je dois aussi citer Tsumami-Edamame, Matsuo Bannai, Dankan, Rassha-Itamae, Great Gidayu, Ide-Rakkyo, les Asakusa Kid, Shimesaba-Ataru, Nabeyakan, Omiya-no-Matsu, Hotaru Genji, Kenta Elizabeth « the third »…

Je pourrais vous parler pendant des heures de mes Gundan, de Hatoyama-Kuruo – que j'ai nommé ainsi car il ressemble tellement au leader du parti Minshuto et chef de gouvernement Yukio Hatoyama –, Gambino Kobayashi, Ogami-Kuhio, Aka-P-Man, Makita Sports, et beaucoup d'autres encore… Il y a aussi la *talento* Mona Yamamoto et puis Tomomi Eguchi – présentatrice dans le débat télévisé que j'anime chaque lundi –, car mon équipe n'est pas que masculine.

A l'origine, pourtant, quand je suis devenu comédien, je n'avais rien du type désireux de s'entourer ainsi d'une façon qui, au Japon, peut paraître traditionnelle. Mais au fond, je rêvais, j'espérais bien, un jour, avoir mes propres disciples à mes côtés.

Je vais vous confier, honnêtement, pourquoi j'en ai : j'ai toujours voulu, et rêvé de pouvoir constituer une équipe de base-ball. Je vous assure que c'est vrai. Ce n'est pas une blague. D'ailleurs, il y a vingt ans, j'ai eu ma propre équipe de base-ball, « *The Takeshi Gundan* », entrée en ligue amateur. Je me souviens qu'à la radio, j'appelais des équipes de la ligue à venir nous affronter. Il m'arrivait enfant, de me voir plus tard en *pitcher*. Le geste franc et plutôt athlétique du lanceur me fascinait. J'en ai rêvé, mais n'ai jamais pu y penser sérieusement. Aujourd'hui, je n'ai pas d'équipe de base-ball. Mais j'ai des disciples, les fameux « *Takeshi Gundan* », tous des « bad guys », des mauvais garçons – c'est du moins ce que tente de faire croire la rumeur populaire... Je me console à leurs côtés. Je m'amuse et ne risque pas de souffrir de solitude. Je préfère qu'ils m'entourent. Car si je suis seul, je risque de faire des bêtises. De même que si je souffre d'insomnie, je peux leur demander de rester à mes côtés jusque tard dans la nuit, voire jusqu'à l'aube. Avec eux, je peux vraiment m'éclater. Ensemble, on parle fort, on fait du bruit, on peut se défouler. Nous passons beaucoup de temps ensemble. Je crois qu'ils apprécient notre esprit d'équipe. Certaines nuits, je m'endors dans le joyeux brouhaha de mes bruyants disciples éméchés.

La plupart d'entre eux sont venus à moi un peu par hasard, au fil de rencontres imprévues, de présentations aussi... Ils sont une vingtaine maintenant. Je n'ai jamais établi de critères pour les accueillir ou les sélectionner. Pourquoi l'aurais-je fait ? Je les apprécie tous. Je ne voudrais pas les discriminer. Et puis vous savez, je crois que le monde du show business est aujourd'hui leur dernier refuge. C'est l'endroit le plus naturel pour eux, où ils peuvent se sentir bien. En fait, ils ne peuvent pas descendre plus bas ! Et c'est parce qu'ils n'ont nulle part où aller qu'ils sont à mes côtés.

Il fallait que je les récupère. Quelques médias assez malintentionnés ont proféré des bêtises à propos de certains de mes disciples. Souvent, ce qui est écrit est inexact. Même si, c'est vrai, quelques-uns parmi eux ont des antécédents avec la drogue...

Maintenant, si ça se passe bien, depuis des années, c'est parce que j'évite d'avoir une relation trop proche avec chacun d'eux. Nous avons des relations assez simples, entre jeune et vieux, à laquelle vous pouvez vous attendre. Je crois que je suis un peu comme un père pour eux, voire comme un second père. C'est étrange car moi-même, j'ignore ce qu'est une véritable relation entre un père et son fils, n'ayant jamais eu de liens très solides avec le mien. Comme je vous l'avais déjà raconté, j'ai dû lui parler trois ou quatre fois seulement durant toute mon enfance. La plupart du temps, il ne faisait que réprimander ses enfants.

Inversement, avec les Gundan, notre relation est plutôt de ce type, père-fils. Je n'espère et n'attends rien d'eux. Ce qui est finalement assez confortable. Et c'est comme cela que ce doit être, agréable et confortable.

Peut-être que le fait d'avoir les Gundan autour de moi agit comme une thérapie. Je crois qu'à leurs côtés, je tends plutôt à montrer mon bon côté. Il y a cette distance entre moi et eux. Comme entre tout maître et ses disciples. Sans doute ai-je tendance à vouloir leur montrer, souvent volontairement, ce que peut être ou doit être le bien. Et si l'un d'eux devient très célèbre, je ne ressens aucune jalousie. Ils montent à l'échelle que j'ai aussi gravie. Ils doivent réussir avec leur propre style.

Un jour, j'ai osé dire : « J'ai deux enfants certes, mon fils et ma fille, que j'aime, mais, parfois, je sens que j'aime les Gundan plus que mes propres enfants. » C'était une façon de signifier que c'est également grâce à leur existence que ma famille peut manger. Les miens leur doivent aussi beaucoup. Si on me demandait de choisir entre ma famille et mes disciples, il se pourrait que je choisisse les Gundan !

L'éternel recommencement

Après l'épisode *Friday*, je pensais que j'étais foutu, que c'en était fini de ma carrière. Mais non... Après six mois, incroyable, je suis revenu. C'était inimaginable, vraiment inespéré. J'ai bel et bien fait mon come-back à l'antenne, de la même façon que quelques années plus tard, après avoir frôlé la mort lors de mon accident en deux-roues, j'ai une nouvelle fois fait mon retour sur les plateaux en sept mois.

J'étais pourtant dans un tel état après cet accident, si amoché, la tête comme une pastèque, que j'étais encore absolument certain de ne plus jamais pouvoir revenir à la télévision, et encore moins au cinéma où chaque gros plan multiplie par cent ou mille le moindre détail sur un grand écran. Mais là encore, miracle, j'étais revenu.

Après toutes ces péripéties, je ressens une impression étrange que tout recommence de la même façon, une sorte d'éternel recommencement. Je trouve ça plutôt très agréable.

*
* *

4.

Le petit écran, assurance tous risques

La télévision, c'est mon assurance tous risques. J'en fais depuis plus de trente ans, et je pense être, aujourd'hui, au top de ma carrière, comme sur un piédestal. Sur les plateaux, je distrais, depuis tout ce temps, les téléspectateurs et m'en donne à cœur joie. J'informe aussi les citoyens sur d'innombrables sujets de société, tout en jouant à provoquer mes compatriotes avec le mordant qu'on me connaît. Une chose est sûre : j'expose des idées que le public n'accepterait jamais que je dise si j'étais un homme politique.

Une autre chose est certaine : Beat Takeshi est la figure publique la plus connue de l'archipel, LA star de l'archipel, l'unique personnalité à mélanger autant les genres (comédie, télévision, cinéma) et qui ait réussi dans chacun d'eux. Au Japon, pas moins de deux cents livres auraient été écrits sur lui.

La télévision m'offre une réelle liberté, surtout comme cinéaste. Si mon prochain film fait un bide, je ne suis pas pris à la gorge. Grâce à la télévision, je peux alterner les genres et prendre le temps de travailler sur une aventure au cinéma qui me tient à cœur. Car financièrement parlant, la plupart de mes films ne me rapportent souvent quasiment rien – je ne parle pas de *Zatoïchi*, un grand succès au box-office qui a rapporté des milliards de yens, des millions de dollars… Il est vrai que je gagne de l'argent, beaucoup d'argent, mais c'est surtout grâce à la télévision. Je tire ma fortune de mes apparitions télévisées. J'apparais chaque jour, quasiment sans interruption, presque toute l'année, sur les plateaux de nombreuses chaînes de télévision privées. Je ne suis jamais fatigué. Toutes ces émissions, je les anime avec plaisir. Il est vrai, aussi, que je ressens une vraie addiction au travail. Impossible de m'arrêter. La télévision est une drogue qui me permet de ne jamais être angoissé.

D'ailleurs, je ne comprends pas comment on peut partir en vacances ! Envoyez-moi une semaine au bord de la mer, sur une plage, je m'y ennuierai très vite. Au deuxième jour, je retournerai travailler en maillot de bain à un scénario ou un projet sur le balcon de ma chambre d'hôtel.

Mon emploi du temps est très simple : une semaine de télévision, suivie d'une semaine de réalisation, de tournage – soit je tourne, soit je joue – ou de travail cinématographique quelconque. C'est ainsi que je vis et passe la plupart de mon temps depuis une vingtaine d'années. Alterner mes activités, entre télévision et cinéma, n'est pas du tout incompatible. D'ailleurs, je n'ai jamais l'impression de travailler, plutôt de m'amuser. Et pour tout vous dire, je me fiche, pour une bonne part, de la télévision ! Je n'y accorde pas toute l'attention que les gens pourraient croire.

J'ai remarqué que depuis que je réalise des films et surtout depuis que j'ai remporté un Lion d'or et un Lion d'argent à Venise, les gens de la télévision, au Japon, me respectent davantage. Peut-être parce qu'ils ont un complexe d'infériorité par rapport aux gens du cinéma ? Quant aux producteurs de la télé, c'est pareil, ils me vouent d'autant plus de respect que je réalise également des films pour le grand écran.

En fait, j'anime mes émissions de télévision un peu comme on pratique un sport. La télé me maintient en forme et je passe du bon temps. Je garde mon esprit en éveil. Je m'amuse. Enfin, pas toujours... Car parfois, sur un plateau, après avoir peu dormi la veille d'un enregistrement ou d'un direct, et quand les propos tenus par mes invités égalent le comble de l'ennui, je somnole en douce.

Bien entendu, m'occuper chaque semaine d'autant d'émissions, les présenter et les produire, demande un minimum d'organisation et beaucoup de discipline. Car je travaille tous les jours. Toute l'année, je n'ai pas un jour de repos. Ma vie quotidienne est dictée, décidée, réglée, de longs mois à l'avance. Elle est rythmée selon le calendrier de mes nombreuses émissions enregistrées en studio ou retransmises en direct. Au printemps, mon emploi du temps quotidien est toujours bouclé jusqu'en décembre. En hiver, mes journées d'été sont déjà préprogrammées. C'est ainsi.

Grâce à la télévision, il est clair que j'ai bâti un pouvoir qui peut fasciner, qui dérange certains en tout cas et attise de la rancœur, de l'hostilité, voire de la jalousie. Lorsqu'une institution, au Japon, souhaite me remettre un prix, voudrait me décorer pour l'une de mes productions ou réalisations télévisées, il arrive souvent que quelques puissants jugent que cela n'est pas nécessaire, prétextant que je suis déjà assez connu et que le prix serait plus utile s'il était attribué à quelqu'un d'autre. Cela ne m'affecte pas du tout. J'ai trop l'habitude. Je m'en contrefiche. Parfois, dans mon pays, certains me considèrent comme un homme influent – l'un des plus influents, croit-on. Alors que mon influence, en vérité, est sans doute plus limitée qu'on ne le pense, même si j'anime et produis aujourd'hui, avec mes équipes de production, huit émissions télévisées hebdomadaires.

Ce sont toutes des émissions d'un genre différent : divertissement, variété, rire, discussions, débats, où les invités, parmi lesquels des *talento*, commentent à bâtons rompus toutes sortes de sujets... D'autres émissions sont davantage des talk-shows ou des shows ludiques ou irrévérencieux. Dans l'une de mes émissions, longtemps l'une de mes favorites, *« Daredemo no Picasso »* (*« N'importe qui peut être Picasso »*), j'aimais bien inviter, de temps en temps, des magiciens, des illusionnistes. Parce qu'ils ont l'art de divertir et de relaxer les gens. La magie m'a toujours beaucoup amusé. Enfant, je voyais souvent, dans la rue, des pseudo-magiciens faire des tours d'illusion qui m'impressionnaient. Ce qu'il y a de formidable avec la magie, c'est qu'il est toujours possible de la mettre en scène dans un théâtre comme dans un palace à Las Vegas, ou bien, plus simplement, autour de la table de la cuisine, dans un contexte plus intime. Or, tous ces cadres s'adaptent parfaitement à un plateau de télévision.

Chacune de mes émissions est regardée, en moyenne, par dix à quinze millions de téléspectateurs. En général, l'audience de chacune varie autour de douze à quinze points, ce qui est très correct aujourd'hui dans notre pays, un point correspondant à environ un million de téléspectateurs. Parfois, il arrive que l'audimat atteigne vingt millions de téléspectateurs, voire davantage, ce qui est très bon, vu qu'il existe aujourd'hui, m'a-t-on dit, quelque cent cinquante chaînes au Japon, câblées comprises. De tels scores, vous savez, sont très honorables. Ils rappellent la grande époque : l'âge d'or de la télévision japonaise, dans les années 80 et au début des années 90, quand mes émissions étaient suivies, régulièrement, par vingt à vingt-cinq millions de téléspectateurs.

En fait, maintenant, cela ne me gêne pas qu'il y ait autant de chaînes et de concurrence dans notre paysage audiovisuel. Car je ne ressens pas, directement, cette profusion. Peut-être, d'abord, parce que mes émissions ont toujours été, et restent très éclectiques. Et le public qui les suit est bigarré. Il n'y a pas «un» public mais «des» publics, fidèles et attentionnés : des jeunes, des adultes, des hommes, des femmes – fort nombreuses d'ailleurs – qui ont plaisir à suivre ce que je fais à la télévision. Je crois que c'est vraiment aussi simple.

«Ces» publics attentionnés ont pourtant de très nombreuses possibilités de se détourner de mes émissions. Les distractions et les loisirs sont plus nombreux que par le passé. Les téléspectateurs ont aussi de plus en plus de choix en matière d'offre. Et puis, la télé japonaise a beaucoup changé. L'audience s'est diversifiée, aujourd'hui fractionnée en d'innombrables segments. Il est de plus difficile de se fier aux seuls taux d'audimat pour juger de la qualité d'une émission.

Mais mes spectateurs les plus fidèles – qui ont constitué des fans-clubs –, n'ont pas l'air franchement impressionnés par les programmes concurrents. En revanche, s'ils venaient à bouder l'une de mes émissions, je n'hésiterais pas : je la supprimerais. Si un taux d'audience devait baisser de façon trop sensible, j'y mettrais fin !

*

* *

5.

Délires télévisés

Depuis plus de trente ans, Takeshi Kitano est une bête de télévision, sous le nom de Beat Takeshi, animateur vedette d'un grand nombre d'émissions : talk-shows sérieux et spectacles kitsch à paillettes. Il s'impose comme le maître incontesté du rire et du politiquement incorrect. Les Japonais l'ont vu défiler en danseur hawaïen, chevalier, paysan, vieille dame et même en sous-vêtement ou sans... tout nu – en continuant d'affirmer qu'il est un « grand timide ». Le public se tord de rire en voyant un comédien immergé de force par Kitano dans une piscine remplie d'eau bouillante. Dans l'émission « Tensai Takeshi no genki ga deru terebi » (« La télé du génie Takeshi qui donne la pêche »), restée célèbre, Beat Takeshi métamorphosé en marionnettiste géant, manie sa propre marionnette dans un théâtre aux dimensions réduites. Il blague et réussit encore – comme Orson Welles en son temps à la radio américaine – à faire croire pendant des semaines à de nombreux Japonais que les extra-terrestres ont débarqué. Un œuf géant, pondu par une créature mystérieuse venue de l'espace, que Beat Takeshi et ses équipes traquent en direct dans les provinces nippones, cause une certaine panique dans tout le pays.

Beat Takeshi s'arrange toujours pour surprendre... Il est devenu, ces vingt dernières années, la star du petit écran nippon, un as de l'audimat, expert dans l'art de la distraction, des flatteries et des railleries. Il ne tient pas compte, en général, de la critique des médias intellectuels ; ces derniers jugent son style « vulgaire », « honteux », « indigne ». Il s'en émeut d'autant moins que ses émissions sont extrêmement populaires. Depuis une dizaine d'années, Beat Takeshi s'est calmé et multiplie en prime time des émissions plus sérieuses sur des thèmes sociaux, pédagogiques, médicaux, scientifiques – toujours pour le grand public, condition sine qua non pour attirer les annonceurs, et il ne s'en cache pas. Hiérarchisée à l'extrême, la société japonaise ne manque ni d'obligations ni de règles strictes, parfois très contraignantes. Mais la télévision privée est paradoxalement l'une des plus libres d'Asie. Et le présentateur vedette sait jouer sur les deux tableaux et en profiter. Sa liberté de ton, son insolence n'ont pas d'égal dans l'archipel. Pour l'heure encore, il est si populaire que les grilles de programmes nippons se l'arrachent. Beat Takeshi anime huit émissions par semaine sur des chaînes différentes. Au Japon, l'animateur est davantage qu'un visage ou une voix. Il a imposé son style, une manière de voir, de commenter, d'être. Et à le suivre d'une chaîne à l'autre, un fait surprend : sur ses plateaux, il ne regarde presque jamais la caméra. Ses yeux sont rivés sur ses invités. Il fixe parfois le sol ou les moniteurs TV tout en parlant très vite, s'attardant par moments dans le vague. Lorsqu'il lui arrive de regarder la caméra, sa timidité reprend le dessus. Cette timidité et la provocation font son charme. Un soir, chez lui, Takeshi Kitano convie son Gundan et quelques amis à venir visionner sur un écran géant quelques DVD, une sorte de séance « Best of » de ses anciennes émissions télé. Très vite, c'est le fou rire général. Mais Takeshi semble aussi très ému, submergé par les souvenirs...

Au début des années 1980, j'apparaissais à l'antenne déguisé en toutes sortes de personnages : ninja, poussin, vampire, marmotte, bébé, radis géant, samouraï, bonhomme des neiges jouant de la guitare... Régulièrement, je débarquais dans les émissions avec les accoutrements les plus délirants. Aucune parodie ne me faisait reculer. Certains disaient que j'étais fou. D'autres étaient choqués. Mais la plupart des gens se marraient comme des baleines devant leur écran.

A l'antenne, après mes aventures dans le *manzaï*, j'ai d'abord été un super-héros télévisé en cape et collants, dans la peau de mon personnage, « *Takechan-man* », titre d'un feuilleton créé en 1981, inspiré de symboles de notre culture « pop-corn ». J'étais une sorte de Superman nippon, mais en beaucoup plus kitsch ! J'affrontais des mutants tous aussi risibles les uns que les autres. Tous des héros connus et adorés des enfants.

Au fil des années, un style d'émissions comiques, différent de ce que l'on voyait jusqu'alors, est apparu sur nos petites lucarnes, une marque de fabrique, un genre nouveau, proche dans sa forme de la « comédie alternative » à l'anglaise des années 80 – à cette époque, Benny Hill triomphait en Grande-Bretagne. Je ne compte plus le nombre d'émissions que j'ai pu animer par la suite, des talk-shows, des quizs, toutes sortes de jeux.

Oretachi hyokinzoku
(« Nous sommes le gang des plaisantins »)

Avec mes acolytes, nous avons ensuite lancé une émission légère, très amusante, « *Oretachi hyokinzoku* » (« *Nous sommes le gang des plaisantins* »), sur Fuji TV dans laquelle apparaissaient de nombreux comédiens qui se sont plus tard imposés à la télévision, comme Akashiya Sanma, Kuniko Yamada… Le public était très fidèle. Les familles suivaient l'émission chaque samedi soir, à l'heure du dîner, tout le monde riait de bon cœur.

Tensai Takeshi no genki ga deru terebi !
(« La Télé du génie Takeshi qui donne la pêche »)

Je crois qu'avec mon émission *« Genki TV »* (*La Télé qui donne la pêche)*, extrêmement populaire dans les années 80, entouré de fidèles compagnons, de Gundan, d'invités réguliers – comme l'actrice Midori Kiuchi, les *talento* Yuki Hyodo, Junji Takada, le célèbre acteur de *chambara*[26], Hiroki Matsukata, je dépassais à chaque fois les bornes. Son succès était tel que je l'ai présentée pendant dix longues années, de 1985 à 1996… Je peux vous assurer que le public, qui pouvait assister aux enregistrements en studio, ne loupait aucune émission à la maison.

Nous imaginions les gags les plus dingues, les plus idiots et bouffons, les plus invraisemblables. Plus c'était choquant, plus les gens regardaient, et plus c'était provocant, plus ça payait en terme d'audience. Plus c'était idiot et ridicule, plus les gens riaient. Je crois bien que nous n'avons jamais reculé devant la moindre idée délirante. J'osais tout ce qui me passait par la tête. Je ne craignais pas de me ridiculiser. La production de chaque émission coûtait beaucoup d'argent.

Nous aurons vraiment tout osé dans cette émission, comme réveiller chez eux, au petit matin, des comédiens japonais plongés dans leur sommeil avec l'aide d'une bande de rock heavy metal, ou forcer deux équipes de comédiens à jouer au football avec des jumelles collées sur les yeux, ou encore, dans une station de ski, à faire croire à des inconnus nus qu'ils allaient entrer dans le bain chaud d'un *onsen* à l'aide d'une luge qui partait aussitôt en trombe à travers un faux mur et dévalait sur cent mètres une piste pleine de skieurs au beau milieu de la station.

Un homme âgé, très apprécié du public, apparaissait assez régulièrement dans nos numéros. Tokujiro Namikoshi, c'est son nom, était connu pour avoir une santé de fer. Un

---

26. Film de sabre.

jour, à l'âge de quatre-vingt-un ans, il avait accepté de monter à bord de la montagne russe du parc forain Hanayashiki à Asakusa, avec une petite caméra fixée juste devant lui qui permettait au public de suivre les expressions de son visage. Les téléspectateurs ont ri de le voir devenir de plus en plus blême. Sauf que pendant l'enregistrement, nous avions surtout peur que son cœur lâche ! Les gens se sont esclaffés de plus belle en découvrant son sourire à l'arrivée. C'était assez sadique, je le reconnais, mais franchement, tellement amusant. Pour la petite histoire, Namikoshi était ostéopathe et chiropracteur de profession, et s'il est devenu si célèbre dans notre pays, c'est parce qu'il a eu la chance, un jour, de masser Marilyn Monroe de passage à Tokyo.

Les chaînes du câble américaines et européennes achètent depuis des années des jeux télévisés japonais, certains en version originale. Parmi les plus connus figurent « Ninja warriors » (« Les guerriers Ninja »), diffusé en France sur W9, ou encore « Hole in the wall » (« Le mur infernal »), repris par TMC et adapté par Coyote, société de production de Christophe Dechavanne – c'est le jeu de télé japonais le plus vendu au monde. Autres émissions phares : « Dragon's den », qui met en scène des patrons d'entreprise finançant des projets de créateurs fauchés, non sans les humilier au passage, et « Takeshi jo » (« Le château de Takeshi ») – une émission produite par Beat Takeshi, à la fin des années 80, devenue un grand classique à l'étranger.

Tsukai nariyuki bangumi fuun ! Takeshi jo
(« L'émission du jeu de hasard, joyeux ! Le Château de Takeshi »)

Aux États-Unis, une chaîne câblée diffuse l'émission *« MXC » (Most extreme elimination challenge)* inspirée directement de mon émission *« Takeshi jo » (Le Château de Takeshi)*, que j'animais il y a une vingtaine d'années. Je crois bien qu'au milieu des années 80, c'était l'une des émissions de télévision les plus populaires au Japon. Elle accumulait des records d'audience. On m'a rapporté que « *MXC* » a atteint une popularité quasi culte auprès des téléspectateurs américains. Cette émission a été également adaptée dans plusieurs pays européens, en Grande-Bretagne, où elle était présentée par le célèbre comédien Craig Charles, en France, sur M6 je crois, en Grèce où elle est adorée des jeunes, et depuis la fin des années 80, également, en Italie, sur Italiano Uno TV. On m'a rapporté que cette émission fait beaucoup rire les Italiens.

> *Le concept de l'émission était simple. Beat Takeshi et ses partisans exerçaient un pouvoir absolu sur un Japon en crise. Pour le renverser et démonter ses plans machiavéliques, un Général avait mis sur pied une garde combattante, un commando d'élite composé de cent volontaires recrutés dans l'archipel. Mais le malin Beat Takeshi avait pensé à tout. Il s'était retiré dans sa citadelle et avait disposé partout autour des pièges et des gardes chargés de sa protection. Il pouvait aussi compter sur le soutien de son âme damnée qui se délectait, sur des kyrielles d'écrans, des malheurs et supplices des candidats.*

Mon rôle consistait à martyriser les participants ! Il faut dire que le fond de l'émission était plutôt cocasse et pour le moins sadique. De malheureux candidats, une centaine au total, tous volontaires, devaient accéder à mon château en traversant des épreuves physiques difficiles. Ceux qui réussissaient, une dizaine au total, avaient gagné le droit de m'affronter en personne. Le jeu se finissait bien pour l'heureux élu qui était allé jusqu'au bout.

Les épreuves étaient toutes assez décalées. Les candidats devaient par exemple se lancer dans le vide comme Tarzan au bout d'une liane, pour atterrir sur un minuscule rocher au milieu d'une mare. La plupart finissaient dans l'eau[27].

---

27. Dans une chronique parue dans *Libération* (« Les jeux japonais ont la niaque », 12 avril 2008), Isabelle Roberts et Raphaël Garrigos revenaient sur le

Beat Takeshi no TV Takkuru
(« *Le débat télévisé de Takeshi* »)

Le talk-show dont j'aime peut-être le plus m'occuper est
« *Beat Takeshi no TV Takkuru* » (« *Le débat télévisé de Beat
Takeshi* ») que je présente depuis plus de vingt ans sur TV
Asahi, et qui reste extrêmement populaire. Deux émissions
de débats politiques sont enregistrées tous les quinze jours, le
samedi, avant d'être diffusées chaque lundi soir. C'est l'émission phare du début de semaine à la télé japonaise. Elle peut
rassembler jusqu'à vingt millions de téléspectateurs, parfois
plus. Sur le plateau, des hommes et des femmes politiques,
d'anciens ministres, des conseillers, des professeurs d'université, des chefs d'entreprise, des commentateurs indépendants et des journalistes, débattent de l'actualité. A mon côté,
comme modérateur, est aussi présent l'élégant Makoto Otake
qui travaille avec moi depuis longtemps. Il joue dans mes
films *Brother* et *Achille et la tortue*.

Il est beaucoup question, sur le plateau, d'économie et
d'emploi, des réformes du gouvernement, de la politique du
Premier ministre, de la vie des partis politiques, d'éducation,
de l'actualité nationale et internationale, de la Corée du Nord,
de l'Afghanistan, de l'Irak, de la Chine et des Etats-Unis, de
l'Europe, d'affaires de corruption et de scandales... Le ton
est incisif. Aucun invité n'est vraiment épargné par les
remarques ou les critiques. Participer à cette émission comporte donc des risques. Tous savent pertinemment qu'ils font

---

succès des jeux télévisés japonais sur les chaînes de télé occidentales, et
notamment sur l'écho du jeu inventé par Kitano : « Le véritable fer de lance de
la déferlante des jeux japonais en Occident, c'est le cinéaste Takeshi Kitano et
son "Takeshi's Castle". Plutôt sobre comme un chameau au cinéma, Kitano est
totalement dingo à la télé et son "Takeshi's Castle" a de quoi vous faire passer les
vachettes de Guy Lux pour une réunion du Modem. L'émission, diffusée au
Japon entre 1986 et 1989 et reprise un peu partout depuis, est une accumulation
d'épreuves physiques, si possible dans la boue, si possible plus débilos les unes
que les autres. L'idée n'étant pas tant de gagner que de se prendre une porte dans
la tronche. »

sur le plateau de la « télé-confession » et jouent le jeu. Pour les hommes et les femmes politiques surtout, l'occasion est unique de communiquer directement avec le grand public, avec les électeurs. Je peux vous assurer que le *« TV Takkuru »* est très prisé des politiques en difficulté, désireux de changer leur image et de faire passer des messages aux citoyens. Si les échanges s'enveniment sur le plateau, mon rôle consiste à sortir une bonne blague, détendre l'atmosphère. Parmi les intervenants les plus réguliers figure notamment un homme âgé – il a plus de quatre-vingts ans si ma mémoire est bonne –, très expérimenté sur de nombreux dossiers, Koichi Hamada, dit Hamako. Cet ancien député, proche du parti conservateur, est un politologue subtil, surtout très calé sur les questions de politique étrangère et de défense ainsi que sur les sujets de sécurité intérieure. Il a aussi le don, très rare, de captiver et même d'amuser les téléspectateurs. Il se fait toujours respecter. Si un invité le cherche ou le tance, il peut décocher des flèches et le ramener au silence, avec une attaque perfide du type : « Qui es-tu toi pour parler ainsi ? Je ne sais pas qui t'a invité sur ce plateau, mais tu parles comme un marchand de tissus ! » Parmi les autres fidèles invités de mon débat politique du lundi, il faut aussi compter avec le politologue, universitaire et homme politique Yoichi Masuzoe, parlementaire et ancien ministre de la Santé et du Travail. La rumeur le voyait bien sur la liste de nos futurs Premiers ministres… Une fois, j'ai reçu sur le plateau Shoko Asahara, le fameux ex-gourou de la secte Aum Shinrikyo aujourd'hui en prison, inspirateur de l'attentat au gaz sarin dans le métro de Tokyo en 1995. J'ai été accusé de tous les maux. Certains se sont même demandé, carrément, si je n'étais pas un membre d'Aum. J'étais stupéfait.

24 février 2007. Avant le début des enregistrements de « TV Takkuru », Beat Takeshi est dans sa loge, serein, assis en tailleur sur un tatami. Sur une table basse, il fait des calculs mathématiques, dessine des figures géométriques.

Quinze minutes plus tard, il arrive sur le plateau, salue en coup de vent les invités et s'installe. Lors du premier enregistrement, il semble s'ennuyer. En écoutant le long monologue du fameux Yoichi Hamada sur la Corée du Nord, Beat Takeshi somnole, pendant que ses invités, dont un ancien ministre des Finances, dissertent sur des questions de défense ou de révision de la Constitution... Avant le début de la seconde émission, dans les coulisses, Yoshio Unno, coiffeur occasionnel de Kitano à la télé, accepte de répondre à quelques questions. « Je le coiffe de temps en temps, depuis vingt-quatre ans. Je suis de ceux qui l'appellent Tono *(« Seigneur »), d'autres, au sein de son équipe, l'appellent* Kantoku *(« Réalisateur »)* ». *Quelle est sa coupe de cheveux préférée ? « Blond platine, dans son film* Zatoïchi. » *Sachiko Ichimura, habilleuse de Kitano depuis vingt ans, pour ses interviews et programmes télévisés, intervient : « Le plus surprenant chez lui, c'est son énergie. Il ne s'arrête jamais. Cette énergie, c'est le résultat et la symbiose d'un tas de choses. Parfois, il semble fatigué. Mais la plupart du temps, il pète la forme. On dirait un jeune homme de vingt ans, voire un enfant qui ne peut s'arrêter de jouer. » Quels sont les costumes d'un film de Kitano qu'elle apprécie le plus ? « Ceux de* Zatoïchi... *Ils ont été dessinés, conçus et choisis par le fameux styliste Yohji Yamamoto. C'était une idée de Kitano* san. *Et Yohji Yamamoto* san *les a faits spécialement pour lui. Tous deux se connaissent depuis leur collaboration autour du film* Brother (Aniki mon frère). *Je sais que Kazuko Kurosawa, la fille du grand cinéaste Akira Kurosawa, a elle aussi contribué à la conception des costumes de* Zatoïchi. *Yohji Yamamoto est également à l'origine des costumes du film* Dolls, *conçus avec un textile professionnel de Kyoto, très rare, très beau. »*

Koko ga hendayo, Nihonjin !
(« Gens du Japon, cela n'a aucun sens ! »)

Dans l'émission « *Koko ga hendayo Nihonjin !* » (« *Gens du Japon, cela n'a aucun sens !* »), qui était diffusée sur la chaîne TBS[28] entre 1998 et 2002, j'invitais sur le plateau des dizaines d'étrangers, cent exactement, vivant au Japon et parlant bien japonais pour donner leur avis sur la société japonaise, sur les Japonais et leur vie quotidienne dans ce pays. Ce n'était pas triste, je peux vous le garantir ! Les sujets de débats étaient *a priori* sérieux, mais avec tant d'invités, il arrivait que l'émission dérive, finisse en huées ou en disputes. Etaient conviés à l'antenne des Chinois, Coréens, Africains, Arabes, Européens, Américains et des gens originaires de l'océan Pacifique... Tous racontaient dans le détail les déboires et les misères de leur vie quotidienne au Japon, le racisme ordinaire, les problèmes de communication, les différences d'ordre culturel, l'exploitation au travail, l'ostracisme, les cauchemars avec l'administration... Du coup, il était aussi question de l'histoire du Japon, des inégalités entre hommes et femmes, de nourriture, de mode, des us et coutumes des uns et des autres...

Cette émission avait beau être critiquée, son succès était inimaginable. Elle atteignait des audiences tout à fait considérables. Un peu trop d'ailleurs aux yeux de certains ! Car j'ai subi des pressions. J'ai même entendu parler de coups de fil ennuyés de quelques annonceurs à la direction de la chaîne. L'émission faisait scandale. Elle choquait de nombreux Japonais, mais elle en amusait aussi beaucoup. Vous avouerez qu'une émission de télé qui donne, en direct, la parole à des étrangers qui peuvent critiquer librement le pays où ils vivent est plutôt une première, n'est-ce pas ? Cela a été possible, durant quatre ans, pour une seule raison : parce que j'y tenais.

Aux dires de beaucoup, cette émission a aidé à faire évoluer les mentalités dans notre pays. Depuis, il y a eu des progrès en matière d'accueil et d'intégration des étrangers, de compréhension aussi. Ces dernières années, l'effort de cohabitation est meilleur dans notre pays. Même si bien sûr, tout n'est pas parfait, loin de là... Le racisme, et certaines discriminations perdurent. Les étrangers, venus de l'extérieur

---

28. Tokyo Broadcasting System.

ou nés au Japon, comme beaucoup de Chinois, ou encore ceux qu'on appelle les *Zainichi Chosenjin* et les *Zainichi Kankokujin* ne sont d'ailleurs pas les seules victimes d'ostracisme[29]. Des Japonais descendants lointains de la catégorie sociale dite des *eta*, apparue il y a plus de dix siècles, qu'on appelle les *burakumin*, sont encore discriminés chez nous. Depuis notre Moyen Age, ils demeurent associés à l'idée de « souillure » : est ainsi « souillé », dans la conscience collective, celui ou celle qui est en contact avec le sang, la mort, la peau des bêtes, le cuir... Il faut savoir qu'au Japon, il y a des siècles de cela, fut popularisé le concept même de *hinin*, littéralement de « non-humains »... Les discriminations sociales étaient si ancrées dans le Japon ancien qu'elles semblaient juste naturelles. Il en fut ainsi jusqu'à la Restauration de Meiji. A l'époque d'Edo, jusqu'à la fin du XIXe siècle, au début de l'ère Meiji, il existait des classes, castes, subdivisions sociales, plus ou moins marquées selon les régions, celle des seigneurs, des marchands, ou comme dans le Kyushu – la grande île du sud de l'archipel –, telle caste dite des « sous-hommes », composée d'individus alors considérés comme des esclaves. Toutes ces discriminations ont-elles totalement disparu de nos jours ? Il n'en est rien.

Finalement, *Gens du Japon* a pris fin. Je crois bien que si j'avais poursuivi cette émission, l'extrême droite japonaise aurait tout fait pour m'assassiner. Ce n'est pas une blague !

Sekai marumie ! TV Tokusobu
(« Le Monde fantastique »)

Souvent vêtu de costumes bizarres, je présente également, depuis vingt ans, chaque lundi, sur la chaîne 4 Nippon TV,

---

29. *Zainichi Chosenjin* : Nord-Coréens de souche, nés au Japon. *Zainichi Kankokujin* : Sud-Coréens de souche nés au Japon. On estime à cinq cent trente mille le nombre de Coréens du Japon.

« *Sekai marumie* » (« *Le Monde fantastique* »), une émission dont le concept n'a pas varié depuis ses débuts et qui a toujours eu pour objectif de commenter des reportages sur toutes sortes de sujets étranges et fascinants, parfois émouvants, sur des cultures et civilisations étrangères : pyramides d'Egypte, mythes aztèques et mayas, rumeurs sur les extra-terrestres comme, par exemple, l'affaire « Roswell ». Il ne s'agit pas de proposer au grand public des destinations touristiques, mais plutôt de dépasser les stéréotypes. Dans notre pays, un célèbre égyptologue, Sakuji Yoshimura, présente ainsi l'Egypte comme une ancienne civilisation arabe. Je ne pense pas que ses recherches soient réellement scientifiques, car nombre d'égyptologues, à travers le monde, sont depuis très longtemps persuadés que la civilisation des pharaons était noire africaine – ce que notait déjà en son temps Hérodote !, les mixités s'étant produites plus tard avec les migrants venus de Mésopotamie. Il faut d'ailleurs toujours rappeler qu'aucun peuple n'est supérieur à un autre – je hais le comportement des gens qui se croient supérieurs. L'émission tord aussi le cou à certains prétendus « mystères » et clichés un peu simplistes.

Ces sujets, en général, ont toujours été sélectionnés et achetés à des chaînes ou à des maisons de production étrangères. Ce sont en général des vidéos qui surprennent les spectateurs. L'émission a également souvent diffusé des séries sur les urgences médicales.

Très souvent, dans ce talk-show, comme c'est le cas dans mes autres émissions, je débarque sur le plateau sans avoir rencontré au préalable mes invités. On ne peut d'ailleurs pas dire que je me sois toujours comporté en gentleman avec certains d'entre eux. J'avoue que je n'ai pas toujours eu beaucoup de plaisir à participer à cette émission, comme à tant d'autres… Mais ne l'oubliez pas, travailler à la télévision, c'est mon devoir. Pas Le choix ! Il fatut bien que je gagne ma vie pour nourrir tous les miens !

Takeshi no daredemo Picasso
(« *Le n'importe qui peut être Picasso de Takeshi* »)

Lors d'enregistrements en studio de cette émission phare puis du talk-show « Takeshi no TV Takkuru », je constate à quel point Beat Takeshi se tient, par moments, horriblement mal. Il est plutôt bien vêtu, costume foncé de préférence. Mais dès qu'il s'assied, il s'affaisse sur un côté, le dos courbé, se penche à droite, puis à gauche, se tient la tête d'une main, ou cache les traits de son visage des revers de la main droite, paume face à la caméra, comme si une vague de timidité le submergeait. Ses tics nerveux lui donnent un air torturé. Il se tord le cou d'un côté, puis de l'autre, pince fréquemment sa joue en partie paralysée. Aucun malaise dans le public n'est perceptible, les invités, les assistants et les techniciens sur le plateau et en régie sont tous habitués.

Mon émission fétiche, celle qui, je crois, m'a procuré le maximum de plaisir, pendant plus de dix ans, était « *Daredemo Picasso* » diffusée sur la douzième chaîne, TV Tokyo Corporation. C'était vraiment l'une des émissions les plus populaires de notre télévision, elle était suivie par environ quinze millions de téléspectateurs.

« *Daredemo Picasso* » sensibilisait le public à toutes les pratiques artistiques. Avec mes invités, j'essayais de faire passer des messages, des idées fortes sur le monde de l'art.

Curieusement, après l'avoir animée pendant des années, j'ai réalisé qu'avec mes producteurs, nous n'avions jamais consacré de sujet à Pablo Picasso, alors que le nom de l'émission rend hommage à l'un des plus grands peintres du XXe siècle. Fin 2008, nous avons réparé cet oubli avec un programme spécial. Et j'ai été assez fier des séquences diffusées. L'émission s'est penchée sur les sept femmes et muses de Picasso. Nous avons montré comment les femmes l'avaient aidé à concrétiser plusieurs de ses idées clés et quelques grandes œuvres. L'une des femmes qu'il aimait a

été à l'origine de son abandon du cubisme et de son rallie-
ment au néoclassicisme.

> *23 février 2007, Kitano enregistre son « Daredemo Picasso » dans les studios du TMC (Tokyo Media Center), à Seijio-Gakuen, à trente minutes à l'ouest du centre de la capitale. Des téléspectateurs ont été invités à assister aux enregistrements, le public est composé de femmes en majorité. Avant l'arrivée de Beat Takeshi, deux de ses disciples, les comédiens Aka-Piman et Aru Kitago, font patienter l'audience avec des numéros comiques. L'assistance rit aux éclats. Les émissions sont enregistrées avec Mister Maric, un des plus célèbres magiciens et illusionnistes japonais – qui se considère comme un « amuseur psychique » –, dont les tours fascinent Beat Takeshi. Quand Maric réduit à distance la taille d'une cigarette, Kitano l'apostrophe, en blaguant : « Hé Maric, faites attention ! Le fabricant va nous traduire en justice ! »*

Et puis, début 2009, la décision a été prise de mettre un terme à *« Daredemo Picasso »* pour laisser la place à une toute nouvelle émission, intitulée *« Takeshi no Nippon no mikata »* (*« Le point de vue nippon de Takeshi »*), diffusée le même jour, à la même heure, en présence d'invités de tous horizons, japonais et étrangers. Pourquoi avoir stoppé *« Daredemo Picasso »* ? Il nous a semblé, les producteurs de l'émission et moi-même, qu'avec la violente crise économique partie des Etats-Unis fin 2008 et ses effets ravageurs au Japon sur l'économie et au sein de la société, notre temps d'antenne devait servir à autre chose, de plus concret, qui traite de la vie de tous les jours. Il nous a semblé, en fin de compte, que l'art ne pouvait plus être l'unique fil conducteur pour rester proche des gens.

Et puis, c'est très bien de changer. Je déteste le confor-
misme. Je n'aime pas les choses qui se répètent indéfiniment. Il faut savoir se remettre en cause, se poser les bonnes questions, évoluer avec son temps.

Beat Takeshi presents kiseki taiken ! Unbelievable
(« Beat Takeshi présente l'expérience miracle ! Incroyable »)

« *Unbelievable* » me tient aussi très à cœur. Dans cette émission de Fuji Television, la chaîne 8, que j'anime depuis longtemps, il est beaucoup question de dépassement de soi, de sport, d'efforts physiques, en particulier quand le corps ne suit plus et doit s'en remettre au mental. L'émission présente des personnes devenues handicapées après un accident, des sportifs victimes d'une paralysie à la suite d'une maladie, des individus nés avec une malformation et qui doivent vaincre les difficultés. C'est surtout une émission sur l'entraide, la solidarité, et qui rencontre un fort écho auprès des téléspectateurs.

Saishu keikoku ! Takeshi no honto ha kowai katei no igaku
(« Ultime avertissement ! La médecine familiale de choc
de Takeshi »)

Quant à cette émission, lancée en 2004, diffusée chaque mardi soir, dès 20 heures, sur la chaîne TV Asahi, on pourrait la qualifier de « variety show médical ». Elle est très populaire. Le pic d'audience a été atteint deux ans après son lancement, avec une part de 20,8 %, soit environ vingt millions de téléspectateurs. C'est en fait une émission médicale, à vocation pédagogique, mais aussi à sensations ! On va assez loin dans les explications, d'où son côté parfois assez gore…

On a déjà vu, sur le plateau, des médecins donner des cours magistraux au profit du grand public. Des spécialistes parlent des risques de tel problème de santé, de traitements adéquats, ou, tout simplement, des conséquences d'une migraine… En suivant cette émission, n'importe quel citoyen souffrant d'un mal particulier, et qui n'a pas forcément les moyens ni les connaissances pour se soigner correctement, peut s'informer de façon utile, mieux comprendre les problèmes relatifs à sa santé, comparer les traitements possibles…

Takeshi no komadai sugakuka
(« La faculté de mathématiques de l'université Komă de Takeshi »)

Vous vous souvenez que j'adore les mathématiques ! Du coup, je produis et présente aussi, depuis le printemps 2006, une autre émission, éducative et scientifique, qui étonne tout le monde, intitulée *« Takeshi no komadai sugakuka »* *(« La faculté de mathématiques de l'université Komă de Takeshi »)*. Ce n'est pas la première fois que j'anime une telle émission éducative. Depuis les années 90, je m'occupe également, sur la chaîne Fuji TV, de *« Heisei kyoiku »*. *(« L'Education de la période Heisei »)*.

Diffusée le jeudi soir, *« Komădai »* est une émission qui me tient à cœur, que je présente généralement avec des professeurs d'université, ou, parfois, avec une étudiante africaine, très douée en maths, originaire du Bénin, qui a fait de rapides progrès en japonais. On travaille sur des problèmes mathématiques qu'on explique aux étudiants d'université, en s'assurant, si possible, qu'ils passent un bon moment devant leur écran. Le principe est simple. En studio, des élèves de Todaï, l'université de Tokyo, invités pour l'occasion, et moi-même tentons de résoudre les problèmes posés par les professeurs, tandis que quatre Gundan, eux, piètres matheux, se débrouillent à l'extérieur, en ville, pour tenter de résoudre « physiquement », de manière moins abstraite, les questions posées. Cette émission plaît beaucoup au public et à tous les fans de mathématiques. Des quizs entre étudiants ou personnalités originaires du Japon et d'autres pays sont organisés. Fin 2008, un jeune chanteur sud-coréen, Kim John-hoon, particulièrement doué, a remporté la compétition d'une édition spéciale.

Cette émission a valu à Beat Takeshi de décrocher, en 2007, un trophée très prisé au Japon : celui de la Mathematical Society of Japan. « Komădai » a été également nominée aux Emmy Awards internationaux 2007, qui récompensent chaque année, aux États-Unis, les meilleures émissions de télévision américaines et étrangères – sportives exceptées – et les meilleurs professionnels du petit écran.

Cette émission a été nominée par l'Académie internationale des Arts et des Sciences à la Télévision, aux Emmy Awards internationaux 2007, dans la catégorie « émissions éducatives ». Pour ce prix, des émissions argentine, espagnole et anglaise étaient aussi en lice. Finalement, c'est celle de la BBC qui a été nommée, non sans un certain favoritisme de la part des jurés. La BBC a remporté ce soir-là sept des neuf prix en compétition ! Une des distinctions suprêmes – le Prix des fondateurs des Emmy – est revenue à Al Gore pour son film critique sur le réchauffement climatique : *Une vérité qui dérange.*

Kitano a apprécié ce soir-là le discours, bref et percutant, de Robert De Niro. L'acteur américain a fait sensation en déclarant que l'avenir du monde « dépend aussi, pour beaucoup, à un niveau qui peut surprendre, de la démocratisation de la télévision ».

Jyoho 7 days newscaster
(« Les actualités de la semaine de Takeshi »)

Beat Takeshi ne s'arrête décidément jamais…

Depuis mi-2008, j'anime aussi, sur TBS, une nouvelle émission dans laquelle mes invités commentent en direct les nouvelles principales de l'actualité de la semaine écoulée et des news people du moment. Les producteurs de la chaîne étaient à la recherche d'une émission faisant davantage d'audience durant le prime time, le samedi soir, entre vingt-deux heures et vingt-trois heures trente. Ils m'ont proposé de la mettre au point avec eux.

Le concept est particulièrement intéressant. Pendant une heure et demie, des invités réagissent à l'actualité nationale et internationale, retransmise en direct. Ce qui laisse place à l'imprévu, à la spontanéité. Je souhaitais depuis longtemps monter et animer une émission de ce genre, très libre dans sa forme, avec une fraîcheur que ne permet pas un enregistrement en studio.

C'est clairement l'une de mes plus grandes réussites au petit écran et la première émission dans laquelle j'apparais plutôt dans la peau d'un journaliste indépendant que d'un animateur. La part d'audience de cette émission a déjà franchi le seuil des vingt pour cent. Plus de vingt millions de téléspectateurs ont suivi les deux premières émissions, en deuxième partie de soirée. C'est dire l'intérêt qu'elle suscite !

*
* *

6.

Une télévision qui ne vole pas haut

On entend souvent dire qu'au Japon, la télévision, de piètre qualité, c'est d'abord de la distraction. Le niveau de la télévision japonaise est assez bas, très bas même, dès lors qu'on le compare avec celui de certaines télévisions étrangères. C'est flagrant en matière de traitement de l'information. Il faut le reconnaître, les standards de notre télévision ne volent pas haut.

« La culture du Japon, après 1945, a été ridiculisée par Beat Takeshi. Il a rendu cette culture morose et malade », a écrit un jour un magazine japonais à propos d'une de mes émissions, me faisant ainsi porter le chapeau de la médiocrité de nos programmes télévisés. Écrire cela, c'était malgré tout oublier une vérité plus générale : depuis longtemps, depuis des décennies, les Japonais n'apprécient plus leur brillant héritage culturel à sa juste valeur et beaucoup préfèrent passer davantage de temps prostrés devant le petit écran plutôt que d'aller au théâtre assister à des pièces de kabuki, de *nô*, de théâtre populaire ou moderne... Le week-end, un grand nombre de Japonais préfèrent se détendre, du matin au soir, devant le poste de télévision. Notre pays n'a même pas de véritable politique culturelle – ni même de véritable ministère de la Culture –, pour les inciter à davantage de curiosité…

La cible « Beat Takeshi »

J'ai souvent lu et entendu toutes sortes d'opinions négatives à mon égard. Car au Japon, sachez-le, j'ai beaucoup de détracteurs. Certains critiques, sûrs d'eux, ne m'épargnent jamais. Il y a des gens qui vraiment ne m'aiment pas du tout et qui détestent ce que je fais – et ils ont pour cela leurs raisons –, à la télévision comme au cinéma. C'est le cas, surtout, au sein de la presse japonaise et de quelques intellectuels. Depuis le début des années 90, ils me considèrent comme le responsable de beaucoup de dérives à la télévision.

On a fait circuler, au Japon, des rumeurs insensées sur mon compte. Certains ont écrit que j'étais un mauvais garçon, « un voyou » par exemple. J'ai été présenté, par exemple, comme un homme ayant une mauvaise influence auprès des jeunes.

L'argent coulait à flots dans notre pays, dans les années 80 surtout. Notre « bulle », financière et immobilière, avait déjà éclaté mais il était difficile de le reconnaître. Car notre pays continuait d'enregistrer de grands succès économiques. Alors, dans les milieux du pouvoir, de tous les pouvoirs, politiques, économiques et financiers, médiatiques et publicitaires, on préférait vivre avec un bandeau sur les yeux et ne pas écouter certaines voix discordantes qui mettaient en garde contre trop d'excès. Il y avait une forme d'arrogance généralisée dans beaucoup de milieux, dont celui des médias, et surtout à la télévision. Mon avatar télévisé, Beat Takeshi, était une cible rêvée, la proie idéale de certaines rédactions de journaux et chaînes de télé, pour qui je symbolisais une forme de décadence. Mais je n'ai jamais été dupe, ni n'ai jamais vraiment été touché ou blessé par ces critiques. Elles n'avaient pas d'impact sur moi. Elles étaient toujours proférées par des gens qui pensent de façon trop simpliste.

Information biaisée

La situation de notre chaîne de radio-télévision publique NHK constitue un problème épineux. Outre sa santé financière, je crois que la grande difficulté de cette chaîne d'État et grand public est de ne pas connaître de concurrence interne. Elle n'évolue pas selon des principes de compétition saine. Quelqu'un peut facilement y passer trente ans de sa vie dans divers bureaux et sections, à ne réaliser que deux ou trois émissions, et trois ou quatre films documentaires, avant de partir à la retraite. Combien y a-t-il de véritables réalisateurs parmi ses producteurs ? Comparons la NHK avec une chaîne publique étrangère telle que la BBC par exemple, que je regarde tous les jours : les programmes de la chaîne britannique sont mille fois plus intéressants que ceux de la NHK. Le traitement de l'information et des actualités quotidiennes favorisé par la NHK est incomparable avec celui de la BBC ou même de CNN que je regarde souvent. Pourquoi ? Parce qu'au sein de la chaîne japonaise, les journalistes sont trop formatés selon les règles et le moule maison. Ils n'ont pas suffisamment de pouvoir, sans doute parce qu'on ne le leur donne pas, ou bien peut-être parce qu'ils ne le prennent pas, par excès de conformisme aux règles et recommandations. Il semble que la plupart d'entre eux s'en accommodent, et façonnent, par leur discipline, l'autoritarisme.

A la NHK, le pouvoir demeure évidemment entre les mains des hautes autorités de la chaîne, mais aussi de quelques bureaucrates et politiciens qui confondent un peu trop communication et journalisme – je rappelle que le budget de la NHK est débattu et approuvé chaque année par le Parlement... Certes, de temps en temps, à l'antenne, sur des chaînes satellites *(BS-1 et BS-2)*, il y a de bonnes choses, en particulier d'excellents documentaires. Mais ils sont, hélas, souvent diffusés à des heures impossibles, tard dans la nuit. A mon avis, et bien que la NHK enregistre de bonnes parts d'audience de ses *news* du soir de 19 h, la chaîne manque de souffle. Elle souffre d'apathie[30]. Mais c'est ainsi, elle sera toujours, malgré tout, une chaîne de référence pour le grand public. En cas de crise grave, d'actualités chaudes, de séismes majeurs par exemple, tout le Japon zappe sur les infos de la NHK. Pour beaucoup, tout ce que dit cette chaîne est forcément juste...

Il n'empêche, c'est un fait avéré, la télévision japonaise est victime non pas directement de censure, mais « d'autorégulation ». Tous les professionnels de la télévision au Japon le savent et pas seulement au sein de la NHK. Dans notre pays, un producteur ou un réalisateur du petit écran n'a pas toute la liberté de sélectionner l'information. Les décisions viennent d'en haut et sont ensuite passées au crible par des sous-chefs qui font le tri et nettoient ce qui gêne les intérêts des annonceurs publicitaires – je parle là des chaînes privées – ou n'est pas fidèle à certains principes ou à la ligne éditoriale de la chaîne. Cette ligne est définie de telle façon que la chaîne n'ait pas à affronter de plaintes des groupes de pression, des extrémistes politiques, des lobbyistes, de certains individus bruyants et gênants. Recevoir des plaintes est en effet tabou. Tout est fait pour les éviter.

Je suis moi-même, parfois, censuré dans mes émissions, encore aujourd'hui. Il y a des choses, certains de mes commentaires, qui ne passent pas. Qui censure ? Qui coupe ? Les responsables de la vente liés aux annonceurs, pardi ! Parce

---

30. Depuis une dizaine d'années, la NHK n'a plus les moyens de ses ambitions et connaît une sérieuse crise : gestion défectueuse, scandales à répétition, démissions de ses présidents, détournements de redevances, fausses factures, délits boursiers... Ses grilles de programmes sont également controversées. Si près de trente-cinq millions de foyers s'acquittent de la redevance (équivalente à quelque cent vingt euros par an), qui constitue quatre-vingt-quinze pour cent de son budget annuel (proche de six cents milliards de yens, soit près de cinq milliards d'euros), des centaines de milliers de téléspectateurs, jugeant la somme « trop élevée », critiquant la « médiocrité des programmes » ou le « manque d'indépendance de la chaîne », refusent d'honorer la redevance. En 2006, le gouvernement japonais avait proposé à la NHK une cure : abandonner deux de ses chaînes satellites (BS-1 et BS-2), leurs programmes étant jugés « redondants ». A défaut d'obtempérer, les responsables de la NHK ont imposé au groupe une sérieuse réorganisation censée lui faire économiser quatre-vingts millions d'euros. Un millier d'emplois ont été supprimés.

que ces annonceurs – les grandes marques en général – paient des fortunes pour que leur nom surgisse à maintes reprises, bien en évidence, dans les génériques de début, de fin d'émission et durant les plages publicitaires. Et il n'est pas question de vexer les annonceurs, à cause d'un mot de trop. Les chaînes ont trop peur de leurs plaintes… C'est la réalité au sein de nos chaînes de télévision.

Si j'étais président d'une chaîne, je peux vous assurer que je bouleverserais tout. Je ferais voler en éclats les conservatismes, tous les corporatismes, et m'attaquerais à l'esprit de régulation et d'autocensure, cette maladie contagieuse des médias japonais. Je pourrais vous parler, pendant des heures, des combats parfois très durs que j'ai dû mener, croyez-moi, pour protéger le contenu de mes émissions. Souvent, j'ai dû feinter, nuancer mes propos, pour que des messages, ou certains mots, puissent passer à l'antenne.

Tabous

Comme il n'existe pas de réelle liberté d'expression chez les journalistes et les reporters, et qu'ils ont peur d'enquêter, l'information télévisée est souvent – je ne dis pas systématiquement – biaisée et peu digne de foi. J'ai souvent l'impression que l'information ne peut pas être prise telle qu'elle nous est donnée. Dans l'industrie de la télévision japonaise, au sein de ce qu'on nomme l'« *entertainment* » et, pire, dans les *news*, on considère que l'investigation est trop risquée. La vérité est qu'au Japon, les professionnels de la télévision ne sont pas des journalistes. Du coup c'est la responsabilité de chacun, et même un devoir, de vérifier le contenu des informations, en diversifiant, par exemple, les sources d'information.

En vérité, dans notre pays, l'information est polie, adaptée pour satisfaire un public ciblé, voire le « grand public », sans heurter les sensibilités. Les sujets tabous sont soigneusement mis de côté… Je peux vous assurer que certaines affaires très gênantes sont volontairement passées sous silence par un bon nombre de médias de notre pays.

Vous connaissez probablement l'histoire de Sagawa, le « cannibale japonais » qui a tué et découpé en morceaux une jeune Hollandaise à Paris. Son crime particulièrement horrible aurait dû être sévèrement puni. Mais ses avocats, aidés par des responsables japonais, ont fait croire à la justice française que cet homme était tout simplement « fou », et qu'il devait être suivi au Japon par des spécialistes japonais. Personnellement, je suis persuadé qu'au moment de son acte, Sagawa n'était pas du tout fou. Je pense que des politiciens japonais ont fait pression pour qu'il soit finalement ramené au Japon. Il fallait absolument l'extirper des mains de la justice française. D'autant qu'en France et en Europe, l'image du Japon en avait pris un sérieux coup avec cette incroyable affaire… Finalement, Sagawa a pu être rapatrié. Sa liberté a-t-elle été négociée ? Le fait est, Sagawa était, en tout cas, bien protégé. J'ai entendu dire que son père est milliardaire, il serait l'une des grandes fortunes du pays.

Mais à son retour au Japon, croyez-vous que Sagawa ait été jugé ? Croyez-vous qu'il ait été interné dans les services d'un hôpital spécialisé ou dans des services psychiatriques comme il l'aurait dû l'être ? Croyez-vous qu'il ait été de nouveau jugé, emprisonné ? Sagawa n'a jamais été véritablement puni. Imaginez l'émoi de cette pauvre famille hollandaise… Depuis son retour au Japon, Sagawa est peut-être en liberté surveillée, il n'en est pas moins un homme qui peut marcher librement. Or, après son retour au Japon, certains de nos médias ont fait de Sagawa une célébrité, et pire encore, un « expert en cannibalisme ». Certains l'ont surnommé « l'étudiant français » et se sont bien amusés avec lui. Ils l'ont invité et interviewé, par exemple, dans un *yakiniku*[31], alors qu'il dégustait de la viande crue ! C'est lamentable ! Les choses ont à peine évolué depuis. Voilà où nous en sommes.

---

31. Restaurant japonais où l'on grille des viandes au charbon de bois ou au gaz sur une plaque chauffante.

Une télévision qui ne vole pas haut

On se souvient de cette terrifiante affaire. En juin 1981, Issey Sagawa, trente-deux ans, étudiait la littérature comparée à Paris, lorsqu'il tua à la carabine son amie Renée Hartevelt, Néerlandaise de vingt-cinq ans, avant de « faire l'amour avec son cadavre » et de commettre des actes de cannibalisme. Au fond de « la forêt intérieure de son cœur », Sagawa voulait, expliquera-t-il, assouvir un rêve qui le poursuivait depuis l'enfance : goûter les fesses d'une Occidentale. Il conserva ainsi la chair de la jeune femme durant trois jours dans son réfrigérateur, avant de se débarrasser de sa dépouille, cachée dans deux valises, dans le bois de Boulogne, où il fut toutefois découvert par un couple de passants – une des deux valises s'étant renversée et ouverte sous leurs yeux effarés. Il fut arrêté par la brigade criminelle de Paris, et revendiqua aussitôt son crime en tant qu'« acte artistique ». Il fut placé en détention préventive, soumis pendant douze mois à une expertise psychiatrique qui conclut à l'« irresponsabilité pénale », mais recommanda son internement en raison de sa « dangerosité ». Le 30 mars 1983, le juge d'instruction Jean-Louis Bruguière prononça un non-lieu. Sagawa fut interné un an à l'hôpital Villejuif, avant d'être transféré au Japon. Là, un collège d'experts le déclara « responsable de ses actes », mais le non-lieu prononcé en France (condition sine qua non de son rapatriement) avait un caractère définitif – au regard des procédures judiciaires nippones –, qui empêcha de le juger une fois de plus au Japon. Sagawa fut ainsi libéré, en août 1985. Il vit depuis sous surveillance policière. Il n'a jamais récidivé mais a, une fois, menacé de mort par téléphone une journaliste française établie à Tokyo...

Privatisations tous azimuts

Presque tous les médias japonais, à commencer par la télévision, partagent la même culture du profit et connaissent cette déchéance. Je n'exagère pas. Les agences de publicité ont gagné. Elles peuvent crier victoire. Le système est fait de telle manière que les publicitaires dégagent des profits exponentiels grâce au petit écran. L'opinion publique est contrôlée à cette fin. Les irresponsabilités, à tous les niveaux, le laisser-aller causé par la volonté de tout privatiser – seul moyen de s'assurer des profits incessants –, a encouragé cette situation. Notre empire médiatique a été privatisé à coups de milliards sous l'effet d'un puissant rouleau à compresser le cerveau.

Cette privatisation généralisée est désormais aux médias japonais ce que l'*enjo kosaï*[32] est à la prostitution, ou encore ce que les *bosozoku*[33] sont à la violence. Même l'*owaraï*[34] a été privatisé. Il m'arrive de critiquer notre télévision publique à cause du conformisme et de la pauvreté des programmes, mais je suis plus sévère encore avec les programmes des chaînes privées, rongées par la culture du profit qui déteint sur la qualité de l'information.

Au Japon, les annonceurs publicitaires contrôlent indirectement les programmes d'information et le contenu de certains journaux télévisés. Les publicitaires préfèrent que soient diffusées des images consensuelles avant ou après leurs propres spots. Nous en sommes arrivés au point où les publicitaires dictent le contenu des émissions. Cette situation est malsaine et très risquée. Il faudrait la corriger d'urgence.

Ce type de pression commerciale met en péril la qualité et l'existence même des programmes. Qu'une crise économique frappe, comme c'est le cas au Japon depuis vingt ans de manière cyclique, et les gros annonceurs, Sony, Toyota et les autres, coupent brusquement leurs budgets publicitaires, provoquant des coupes dans les budgets et du coup des licenciements chez les interprètes des émissions ou des maisons de production. C'est ce qui se passe au Japon depuis plus d'un an. Un nouveau modèle économique est sans doute à trouver pour qu'apparaissent des émissions de meilleure qualité, moins dépendantes de la publicité. Mais à dire vrai, je ne

---

32. Prostitution lycéenne au Japon.

33. Jeunes voyous, au Japon, circulant sur des motos trafiquées extrêmement bruyantes, souvent proches de groupes mafieux.

34. Expression désignant le rire à la télévision.

suis pas très optimiste sur les chances de changement. Cela me rappelle le système d'assurance de certains bijoutiers victimes de vol au Japon qui sont trop heureux de se faire dérober leurs biens ; ils sont toujours remboursés.

Je m'amuse comme un fou

Après une telle critique de notre « système médiatique » et de la mauvaise influence de notre télé sur notre culture, je dois dire que j'assume paradoxalement ce que je fais. Ce qui a de quoi étonner…

Je vais même vous dévoiler mon véritable secret professionnel : quand je suis à la télé, je ne travaille pas. Je n'ai jamais l'impression de travailler, mais plutôt de toujours m'amuser. En fait, je suis comme un footballeur sur le terrain pendant un match. Il ne pense à rien d'autre qu'à son jeu. Car il a perdu toute notion du temps. Et puis, pendant le match, dans chaque émission, j'ai le sentiment de tout le temps prendre mon pied. Même quand je suis crevé, j'adore ce que je fais.

Je m'amuse comme un fou. Je suis heureux que certaines de mes émissions remportent, d'une chaîne à l'autre, parmi les meilleurs taux d'audimat dans notre pays. Le jour où j'en aurai assez, et les téléspectateurs aussi, je le dirai. Je partirai et ferai autre chose, comme réaliser toujours plus de films ou consacrer davantage de temps à la peinture… Mais pour l'heure, l'idée même de m'arrêter de créer et d'animer des émissions et de ne plus passer de bon temps à la télé est totalement impensable. Une telle idée me terrorise !

Mes programmes favoris

Quand j'ai le temps, je regarde souvent la télévision. J'adore les documentaires animaliers. J'ai un faible pour

Discovery Channel, et pour les chaînes National Geographic et History Channel. D'ailleurs, j'aimerais bien avoir un animal domestique, mais je ne pourrais pas supporter de voir un animal en captivité chez moi. Je peux aller au zoo, observer des animaux dans la forêt ou sur mon écran de télévision, mais voir un animal domestique enfermé entre quatre murs, je ne peux pas. A ce propos, nos sociétés riches et développées ne devraient pas uniquement nourrir leurs millions de chats et de chiens domestiques, mais s'intéresser un peu plus aux millions d'enfants qui meurent de faim dans le monde...

Un soir, rendez-vous chez Kitano. Le cinéaste regarde un documentaire de National Geographic sur les baleines, c'est l'occasion de lui demander ce qu'il pense du débat sur la pêche à la baleine au Japon.

Je n'accuse pas nécessairement les pro-chasseurs, mais c'est un sujet qui me dépasse. Je ne comprends pas toujours les critiques des organisations écologistes comme Greenpeace, et de certains pays. Le Japon n'est pas le seul pays à pratiquer la chasse à la baleine. La Corée du Sud, par exemple, est un autre Etat chasseur et consommateur. On trouve de la viande de baleine dans des restaurants de Taiwan et elle ne provient certainement pas des prises japonaises... Des pays nordiques sont eux aussi concernés. Certes, c'est une question difficile et, assez vite, les esprits s'échauffent. Tous les États sont en vérité critiquables pour la façon cruelle dont ils traitent ou liquident certaines espèces. Ce « deux poids deux mesures » me chiffonne davantage. Pour faire court, je trouve qu'on emmerde beaucoup le Japon avec les baleines et un peu moins l'Espagne avec les taureaux ou encore l'Australie avec les kangourous – même si les kangourous ne sont pas, il est vrai, une espèce menacée...

Je vais vous raconter une anecdote. Un jour, les Américains ont dépensé cinq millions de dollars pour sauver une baleine qui s'était égarée dans leurs eaux. Fallait-il dépenser autant d'argent pour sauver cette pauvre baleine ? Personnellement, je pense que cette somme aurait dû être allouée, en priorité, à des enfants malades ou qui n'ont pas de quoi manger. Je remarque bien souvent que des gens mobilisés pour défendre des animaux, protégés et menacés, ne sont pas pressés de voler au secours de leurs semblables en difficulté.

*
* *

7.

Comment je me suis fait mon cinéma

La vocation de Kitano pour le cinéma a germé après une rencontre avec le cinéaste Nagisa Oshima, réalisateur du film Furyo. *Arrivé presque par hasard à la réalisation, par la petite porte et sur le tard, Takeshi Kitano a rapidement fait des étincelles derrière la caméra. Vingt-cinq ans après avoir débuté comme homme de ménage et apprenti comédien au « Théâtre Français » d'Asakusa, son film* Hana-bi *a triomphé à la Mostra de Venise en décrochant le Lion d'or, avant que* L'Été de Kikujiro, *dont Kitano a été le scénariste, le réalisateur, l'acteur principal et le monteur, soit à son tour sélectionné en compétition à Cannes en 1999. A Hollywood, certains cinéastes, comme Quentin Tarantino, louent son style cinématographique. L'acteur britannique Jude Law lui a envoyé, en 2007, une lettre d'admiration que Kitano me fera lire un soir. Kitano reste pourtant très critique à l'égard de ses propres films. Il admet du bout des lèvres que son meilleur film est peut-être* Hana-bi. *Même s'il apprécie aussi, sans ambiguïté, son autre coup de maître – et de sabre –,* l'étonnant Zatoïchi.*

Les téléspectateurs qui me connaissent et suivent mes émissions, depuis vingt ou trente ans, sont d'abord habitués à me voir faire rire. Aussi, quand j'ai percé comme

117

réalisateur, il y a plus de vingt ans, les gens avaient du mal à imaginer que je puisse aussi réaliser des films. Certains ne voulaient pas même que je sois réalisateur. Ils ne pouvaient pas l'accepter. Ils s'y sont résignés après le succès de *Hanabi...*

Et encore ! Mon personnage de comédien du petit écran, de comique satirique, d'animateur a toujours été si ancré dans leur esprit qu'ils n'ont jamais été vraiment prêts à me voir interpréter des rôles dramatiques ou de durs au cinéma...

En fait, au Japon, les gens ont oublié que j'ai toujours fait du cinéma, à la fois comme réalisateur et comme acteur. Beaucoup de téléspectateurs ne l'ont d'ailleurs toujours pas accepté. Certains rigolent encore et pensent que j'interprète une saynète quand ils me voient jouer dans un film. Ils refusent de me prendre au sérieux.

Le choc *Furyo*

Je me suis imposé comme acteur, à trente-six ans, en 1983 dans *Furyo*, une importante production de Nagisa Oshima. L'histoire se déroule en Indonésie, sur l'île de Java, en 1942, dans un camp de prisonniers de soldats anglais détenus par des soldats japonais sûrs de ce qu'ils prennent pour leur bon droit d'occupants. Ce film a eu, dès sa sortie sur les écrans, un fort retentissement dans de nombreux pays. Qu'on me propose un rôle dans ce film fut pour moi une vraie surprise. Tout est allé très vite. On est venu me chercher, et tout d'un coup, sans avoir eu le temps de réfléchir, voilà que j'interprétais un rôle clé dans *Furyo*.

Je suis arrivé sur le plateau non pas comme assistant, ni comme technicien, régisseur ou homme de ménage, mais comme acteur, dans un rôle sérieux. J'y suis arrivé en dilettante. On m'a présenté à un certain Bowie, un chanteur glam-rock anglais dont j'avais vaguement entendu parler. Oshima m'avait convié à une rencontre avec Bowie et Ryuichi Sakamoto, tous deux déjà très célèbres dans leurs pays respectifs. Je connaissais plus ou moins le nom de Bowie, mais pas le moindre de ses tubes. Ryuichi Sakamoto interprétait un autre personnage principal clé du film. Au Japon, ainsi que dans plusieurs pays, Sakamoto était alors au sommet de la gloire. Je le connaissais comme membre du groupe YMO[35]. Ryuichi Sakamoto a d'ailleurs aussi composé la très belle musique, envoûtante, de *Furyo*.

C'était la première fois que je voyais Oshima dans son rôle de metteur en scène sur un plateau. Il était étonnant. Je l'imaginais comme un empereur commandant une armée. Des dizaines d'acteurs et de techniciens étaient à ses ordres. J'étais très impressionné. Nagisa Oshima était, pour moi, comme un maître. A l'étranger, chacun de ses films était très attendu. Il était déjà alors considéré comme une sorte de dissident intellectuel.

> *Nagisa Oshima avait déjà réalisé, il est vrai, en 1960, son film considéré comme le plus politique,* Nuit et brouillard au Japon *(produit par la Shochiku), œuvre unique, fulgurante et troublante, qui lui a valu dans son pays de nombreuses inimitiés.*

A vrai dire, au début du tournage de *Furyo*, je ne savais pas trop où j'étais. Je ne comprenais rien. Je ne savais pas pourquoi j'étais là. Je suivais le scénario, mémorisais mes dialogues et les répétais entre les prises. Puis une fois devant la caméra, il fallait bien jouer. Je faisais ce qu'on me disait de faire. Je ne comprenais pas du tout pourquoi c'était à moi que revenait le privilège de jouer ce rôle. J'interprétais un soldat japonais, le sergent Hara, un homme étrange et brutal, au caractère sombre et violent, sadique sur les bords mais qui, finalement, n'est pas si inhumain que ça. Un antihéros par excellence. Hara est un soldat qui se pique

---

35. Yellow Magic Orchestra.

de sentimentalisme et a du vague à l'âme quand il a un peu trop bu. C'est dans ce film que je donne la fameuse réplique finale : « *Merry Christmas, Mister Lawrence.* » C'est avec *Furyo* que les Japonais ont commencé à se rendre compte que je pouvais être méchant…

> *Ce que Takeshi Kitano ne précise pas, c'est qu'en inter-prétant le (second) rôle de cette brute épaisse que seul l'alcool réussit à calmer et grâce à la fameuse réplique, il a réussi à se faire au moins autant remarquer par les specta-teurs et les critiques que David Bowie dans le rôle du major Jack Celliers ou que Ryuichi Sakamoto, en brillant interprète du capitaine Yonoi.*

Nagisa Oshima

Nagisa Oshima a été quelqu'un de très marquant dans ma vie. Il reste l'un des hommes les plus importants à mes yeux. Avant de le rencontrer, je n'étais qu'un simple comédien, qui avait eu la chance de le devenir un peu par hasard, puis un animateur à la télé qui avait eu de la chance pour s'y faire une place. Après notre rencontre, de voir travailler Nagisa Oshima m'a influencé et aidé à comprendre le cinéma et l'écriture de script. Son rôle a été essentiel. C'est lui qui m'a appris que cela pouvait être merveilleux de réaliser des films et d'être acteur.

> *La petite histoire veut qu'à l'époque, Nagisa Oshima avait tenu à éloigner Takeshi Kitano du seul registre de la comédie car il voyait en lui un tueur né au grand écran… Ce que l'intéressé confirme.*

Nagisa Oshima m'a donné beaucoup de conseils. Il avait des idées bien arrêtées à mon sujet. Il pensait que je n'étais pas fait exclusivement pour faire rire les gens et que se cachait aussi en moi un homme au cœur dur. Un parfait criminel ! Et, grâce à lui, j'ai obtenu un rôle absolument pas comique en incarnant un dangereux meurtrier dans une série télévisée qui a connu un certain succès.

Encore aujourd'hui, je me rends compte que je parle souvent d'Oshima. Peut-être n'ai-je jamais cessé de parler de lui. C'est peu dire en effet que je l'admire. Il me revient en mémoire des moments tellement amusants passés avec lui. Un jour, sur le tournage d'une scène particulière de *Furyo*, Oshima était très concentré, le moteur tournait. Dans cette scène, un lézard posé sur une roche devait se mettre à courir et Oshima devait le suivre à la caméra. Mais, pas de chance, le lézard ne bougeait absolument pas. Les techniciens qui étaient autour de Nagisa Oshima ont tout essayé, ils ont employé tous les moyens, rien à faire, le lézard ne bougeait pas. A chaque tentative, la prise était fichue et il fallait tout reprendre. Le lézard était immobilisé et prenait un malin plaisir à tout gâcher. Vous auriez dû voir la tête d'Oshima ! Il était fou de rage. Cela ne l'amusait pas du tout. Et je l'ai vu hurler sur le lézard, un peu comme s'il avait gueulé sur un technicien. J'étais tordu de rire.

En fait, les coups de gueule d'Oshima lors des tournages sont bien connus. C'est son style. Il a toujours eu besoin de crier sur les techniciens. Sauf que moi, ce n'est pas mon truc. Je n'ai jamais trop apprécié les gens qui crient. Et sur mes tournages, il est même carrément interdit de se crier les uns sur les autres. Les tensions sont telles sur un plateau qu'il est inutile d'en rajouter. Aussi, quand on m'a proposé de jouer dans *Gohatto*, autre film réussi d'Oshima, j'ai fixé mes conditions. Nagisa Oshima était déjà dans son fauteuil roulant. Je lui ai lancé : « Si vous criez, je rentre à la maison ! Si vous gueulez trop fort, je quitte le plateau ! »

Je me souviens aussi d'un autre moment inoubliable sur le tournage de *Furyo* : un personnage principal devait être filmé avec un angle bas, presque au ras du sol. Oshima a dit à son équipe : « Nous allons creuser, j'installerai la caméra dans le trou ! » Une idée plutôt compliquée. Comme le décor n'était pas prioritaire, je lui ai dit : « Mais pourquoi ne surélevezvous pas le personnage ? » Stupeur ! Oshima s'est alors tourné vers son assistant et lui a lancé : « Imbécile, pourquoi n'y as-tu pas pensé plus tôt ? » Oshima ne bougeait plus. J'ai vu son sang tourner.

Si j'avais l'opportunité de le voir, ces temps-ci, je lui poserais des questions. Son avis m'intéresserait. Alors que le cinéma mondial est envahi par les dessins animés, les films en trois dimensions et conçus en images de synthèse, je lui demanderais ce qu'il pense de l'avenir du cinéma. Je lui poserais cette question : « Selon vous, où va le cinéma ? » Et puis, parce qu'Oshima est célèbre pour ses films sexuels très explicites, ses œuvres érotiques et sociales[36] qui ont connu la censure, je lui demanderais aussi : « Où va, d'après vous, la liberté d'expression ? Va-t-on davantage vers une plus grande liberté au cinéma ? Ou bien, au contraire, vers des créations portées par le politiquement correct ? Le Japon d'aujourd'hui accepterait-il vos films les plus osés ? » Je lui poserais ces questions car Nagisa Oshima est non seulement un cinéaste immense, mais aussi un visionnaire.

La subversion des genres

Je réalise des films d'abord pour m'amuser. Peut-être ma manie du bricolage... Je considère chacun de mes films un peu comme un jouet, un objet. Je trouve qu'il n'y a rien de plus plaisant que de réaliser un film, et je me revois, enfant, à jouer à la toupie.

Dans mes premiers films, j'avais envie de faire l'éloge de ceux que la société contemporaine néglige. Je veux parler de ces individus décalés, marginalisés, trop facilement, trop simplement mis de côté, sans se poser de questions, un peu

---

36. Comme le célèbre *Empire des sens*, coproduction franco-japonaise de 1976, dont le titre d'origine est *Ai no corrida (La Corrida de l'amour)*. Le film choqua, à sa sortie, les esprits prudes.

comme on balaie le pas de la porte. Dans les années 90 surtout, le cinéma est devenu pour moi un moyen d'expression et de réflexion : réaliser des films m'a permis d'exercer mon sens critique.

J'ajoute que l'une de mes préoccupations, comme réalisateur, est aujourd'hui de parvenir à établir une relation entre le cubisme et le cinéma. Objectif que je n'ai pas encore complètement résolu, mais auquel j'ai commencé à répondre avec mes films les plus barrés, *Takeshis'* et *Glory to the filmmaker !* Je m'applique à travailler sur le lien entre ce qui est filmé et ce qui est vu et semble vrai. Comme dans un plan, il y a plusieurs séquences, il y a plusieurs stades dans un film. Or, le cinéma pris dans sa perspective cubiste consiste, selon moi, à ne pas forcément coordonner entre elles toutes les séquences lors de la réalisation et du montage, un véritable casse-tête pour le cinéaste.

Dans *Achille et la tortue*, un film d'aventures intimiste, j'ai voulu mettre l'accent sur le lien entre cubisme et cinéma. Lien qui peut à mon avis, le cas échéant, aider à briser la dictature de l'image : en dévoilant ce qui est réel et véridique derrière l'apparence, en révélant la césure entre ce que l'on voit et croit être vu, et ce qui est vrai. A l'écran, cela ne retient certainement pas l'attention des spectateurs, mais parvenir à établir ce lien est un rêve que je tiens absolument à réaliser.

Je crois que ce qu'on appelle le show business, qui touche à ce qu'il y a de plus émotionnel chez les gens, n'est pas un business sale, ou malsain, comme on l'entend parfois. Ce n'est qu'un business, parmi d'autres. Les comédiens, les cinéastes, les grands réalisateurs comme Akira Kurosawa, ou les acteurs de films pornographiques, sont finalement tous les mêmes. Tous se déshabillent à leur façon. Tous mettent à nu leurs émotions. Je ne me suis jamais moqué des acteurs de films porno : je suis comme eux.

Dans *L'Été de Kikujiro (1999)*, je fais face à ma propre enfance, à ma mère, à mon père. A mes pères : à mon maître Senzaburo Fukami qui m'a enseigné les arts de la scène, à

Oshima qui m'a offert mon premier rôle important au cinéma… Dans *Dolls (2002)*, je révèle mon idée de l'amour et de la mort. Presque dix ans après mon accident, *Zatoïchi (2003)* illustre une résurrection, ainsi que mon idée de l'accomplissement en tant qu'artiste et comédien.

Si j'ai réussi à mener une seconde carrière dans l'industrie du cinéma, c'est d'abord, je crois, parce que je suis né au Japon, un pays bien étrange. En effet, contrairement aux pays occidentaux, où il faut logiquement avoir vu de nombreux films et étudié le cinéma dans une école d'art ou de cinéma pour espérer devenir cinéaste, au Japon, on peut le devenir sans aller à l'école, et quel que soit son talent. En tant qu'animateur à la télévision, mon métier a toujours été de divertir. Et je n'ai jamais étudié le cinéma. Pourtant, depuis de longues années, je réalise également des films qui font des entrées et s'exportent *(au Japon,* Zatoïchi, *distribué dans près de six cent quatre-vingts salles, a attiré quatre cent cinquante mille spectateurs)*. Et ce n'est pas tout, j'ai même enseigné le cinéma à l'Université des Beaux-Arts, à Yokohama. Ce n'est possible que dans un seul pays : au Japon.

Je suis venu au cinéma un peu comme on vient au monde. Par hasard. A l'âge de quarante-trois ans. Je ne peux pas dire que le cinéma soit une passion. C'est seulement vers l'âge de douze ou treize ans que j'ai pris conscience que le cinéma et les mangas existaient. Avant cet âge, j'ignorais tout de ces loisirs, ou comme disent les Américains, de ces *« entertainments »*. Mes parents ne nous permettaient pas, à mes frères et à moi, d'aller voir des films – il y avait de toute façon très peu de salles dans les quartiers du Tokyo populaire où j'ai grandi, dans les premières années de l'après-guerre…

Ce qui est certain, c'est que mon premier métier d'acteur comique a eu une influence évidente sur la suite. Je réalise depuis des années des films avec le même goût pour la subversion des genres, avec le même désir de tout tourner en dérision. Comme dans mes sketchs auparavant, j'aime dérouter, faire surgir le suspense là où on s'y attend le moins.

Aujourd'hui, ce qui me fascine encore, avec le cinéma, c'est cette capacité qui nous est donnée, le temps d'une histoire, en tant que metteur en scène, acteur, voire spectateur, à nous extraire du temps, à être hors du temps. Pendant une heure, deux heures, trois heures, voire quelques minutes dans le cas d'un court métrage, chaque film – quel que soit le genre –, raconte un bout d'histoire parallèle à la vie humaine, et déroule ses images plan par plan. Je crois que ce qu'il y a de synchrone entre le temps universel des humains et celui, en mouvement mais artificiel, de l'image cinématographique, explique la capacité du septième art à produire du rêve.

Dans mes films, je m'efforce souvent d'illustrer de la façon la plus simple, la plus évidente, le temps perçu différemment selon mes personnages. Le cinéma permet cela. Le réalisateur dispose du pouvoir de dévoiler la relativité des situations. On peut se concentrer sur un détail, filmer sous plusieurs angles et un peu plus longtemps un acteur plutôt qu'un autre alors que tous deux se parlent. Montrer qu'une situation filmée est subjective me plaît.

De même, lorsque j'écris un film, puis l'adapte au grand écran, je me considère, d'une certaine façon, comme un artiste de bunraku, ce théâtre de marionnettes traditionnel japonais, dont est inspiré mon film *Dolls*. Dans mon film *Takeshis'*, on aperçoit une métamorphose. A l'écran, une larve se mue en papillon. Or, mes personnages se transforment eux aussi à l'écran. C'est comme cela que je les vois. Ils sont tels des insectes qui se métamorphosent.

Je préfère désormais m'éloigner du genre que j'affectionnais à mes débuts. Certains amis, cinéphiles ou critiques me le reprochent. Ils appréciaient les litres d'hémoglobine de mes polars mélancoliques et ultraviolents. De nombreux fans citent encore l'un de mes tout premiers films, *Violent cop*. C'est ainsi… Même si mon prochain film sera très probablement violent, j'ai pris la décision de ne plus forcément réaliser des films d'action dans l'avenir. D'ailleurs, je viens tout juste de finir le tournage de mon prochain film, qui n'a pas de titre, du moins pas encore. C'est ordinaire, pour moi, de débuter le tournage d'un film sans avoir de titre. Sur le papier, ce long métrage s'appelle encore *Takeshi's film Volume 15*.

Violent cop
(Sono otoko kyobo ni tsuki/Cet homme est une brute)
1989

Takeshi Kitano fait ses débuts au cinéma derrière la caméra, dans un film policier exceptionnel aux allures de Dirty Harry nippon : Violent cop. Nulle hésitation, Kitano a décidé de boxer en dehors du ring, peut-être pour mieux secouer le cinéma japonais. Dans ce film produit par Kazuyoshi Okuyama, il incarne Azuma, un flic brutal, rancunier et secret, un écorché vif en prise avec sa hiérarchie qui combat la corruption au sein de la police. Azuma fait justice lui-même, n'hésitant jamais à recourir à la violence qu'il est censé combattre. Bientôt, le voici plus proche des brutes qu'il poursuit que du citoyen ordinaire. Il découvre qu'un gang de yakuza est responsable de la mort de son meilleur ami et du viol de sa petite sœur. Azuma les venge sans état d'âme. Malgré ses défauts flagrants, le long métrage est porté par l'excellente performance de Kitano. Film à la sécheresse de trait rare, le résultat surprend les cinéphiles et plus encore ceux qui n'imaginaient pas Beat Takeshi, le comique de la petite lucarne, incarner un tel rôle. Le film est bien accueilli par les critiques. Takeshi Kitano a réussi son pari. Violent cop va faire date dans le polar noir.

Violent cop (1989) fut mon tout premier et vrai défi au grand écran. C'est peu dire que sa réalisation a été rocambolesque. Quand je me suis attelé à ce film, c'était à l'époque un pari extrêmement risqué. Je jouais comme acteur depuis un certain moment mais je n'avais jamais réalisé de long métrage, tout seul. A l'origine, ce n'était pas moi qui étais pressenti pour la direction mais le réalisateur Kinji Fukasaku. Il était seulement question que je tienne le premier rôle de

Violent cop. C'est alors que Fukasaku san a exigé soixante jours de tournage. Or, je n'en avais que quarante à lui offrir – et encore, sur des semaines alternées en raison de mes émissions de télévision. Fukasaku a refusé mon calendrier. C'est alors que je me suis permis de dire tout haut ce que je pensais, en me parlant à moi-même, et face à lui. J'ai dit que moi, je serais capable de faire ce film en deux mois. Fukasaku s'est aussitôt retiré du projet. Pour autant, la volonté des producteurs de faire le film était toujours intacte. Au Japon, on était à un moment nouveau où l'on voyait des gens étrangers à l'industrie du cinéma rejoindre le grand écran. Des écrivains se mettaient à écrire des scénarios, d'autres s'essayaient à la réalisation. Avec *Violent cop*, c'est Kazuyoshi Okuyama, le principal producteur de la Shochiku, qui a imaginé la suite. Il a probablement pensé que ce serait un événement que le Beat Takeshi de la télé réalise *Violent cop* ! Pour lui, finalement, que je sois ou non capable de diriger le film n'était peut-être pas si important, car il le savait, je m'en tirerais de toute façon avec un assistant-réalisateur très compétent. Il n'empêche, lorsqu'on m'a présenté l'idée, j'ai d'abord hésité. Certes, l'idée était très séduisante sur le papier, mais en étais-je vraiment capable ? En vérité, je crois que parfois, le fait de ne rien connaître à quelque chose peut s'avérer un point fort, voire un avantage. Sur un coup de tête, j'ai donc accepté, en pensant : « Ne sois pas inquiet, ça va aller ! » J'ai succédé à Fukasaku, comme ça, au pied levé. Je me suis lancé dans cette aventure à l'aveugle, sans aucune préparation, ni ressentiment au fond du cœur.

Après tout, c'était un nouveau défi. Je voulais le relever, tenter ma chance. L'une de mes conditions était toutefois de pouvoir remanier le scénario. Ce que j'ai fait. J'ai modifié le script original, en ne conservant que la trame, et en me concentrant sur les personnages principaux : Azuma et sa sœur. Je voulais, en effet, donner davantage d'épaisseur à leur relation, une des clés du film. On a pu penser que *Violent cop* – peut-être à cause du titre – était un énième film sur la violence, les *yakuza*, la police... Mais, à mon avis, c'est d'abord un film sur le sang, les liens du sang. Au Japon, parler du « sang familial » est un tabou culturel. Or, dans ce film, la sœur d'Azuma est malsaine, un peu folle. Azuma le sait. Au final, s'il la tue froidement, c'est par peur d'être atteint de la même folie qu'elle. Le *yakuza* qu'il combat ose lui dire : « Tu es fou, aussi fou que ta sœur ! » Azuma l'élimine mais ne peut s'empêcher d'abattre aussi sa sœur.

Ce film a été l'occasion de faire mes débuts comme réalisateur. Le tournage fut une épreuve. Au Japon, une malédiction pèse sur les tout nouveaux réalisateurs durant les tout premiers jours de tournage d'un film : une tradition tenace de bizutage. Mais je n'avais pas oublié la leçon d'autorité qui avait été celle d'Oshima sur le plateau de *Furyo*. Sur celui de *Violent cop*, j'ai donc tenu, à ma façon, à me faire respecter. Au tout début du tournage, j'enregistrais encore une émission de radio, « All Night Nippon », et l'équipe devait donc se déplacer jusqu'au studio radiophonique.

Le premier jour, les techniciens de *Violent cop* m'ont vu arriver sur le plateau en tenue de kendo, un *shinaï*[37] à la main ! Ce qui a fait de l'effet dans l'équipe, notamment parmi les techniciens les plus expérimentés tentés de ne pas faire certains efforts ou de me piéger. Ils n'avaient dès lors plus trop envie de me chercher des noises. En fait, je bénéficiais d'un avantage : j'avais, de mon côté, une expérience de direction des plateaux de télé, qu'eux n'avaient pas. Ainsi, pour *Violent cop*, malgré mes craintes, je crois que les techniciens ressentaient encore plus d'appréhension à mon égard que je pouvais en avoir envers eux ! De toute façon, j'ai rapidement mis de côté mes idées préconçues. J'ai alors réalisé que le cinéma n'avait absolument rien à voir avec la télévision. Dans mes émissions du petit écran, j'utilisais pas moins de cinq caméras et multipliais les angles selon mon bon plaisir. Au cinéma, il n'y avait plus qu'une caméra principale, qui devenait le moyen de multiplier les angles à l'infini. Quel choc ! Jour après jour, je brûlais d'envie d'en savoir davan-

---

37. Bâton de kendo en bambou.

tage. Je voulais apprendre à maîtriser tous les nouveaux outils techniques qui étaient sous mes yeux, à ma disposition. Voilà que je découvrais les profondeurs de champ, les jeux de lumières, la complexité d'une mise en scène de plateau de cinéma. Pour *Violent cop*, je commençais à multiplier ces séries de plans fixes, aussi stoïques presque que mon personnage, qui sont devenus, m'a-t-on dit, une de mes marques de fabrique. Avoir aussi un certain nombre de scènes silencieuses aidait à accroître, me semblait-il, la tension du film.

> *Et quelle tension ! Takeshi Kitano semble à peine mesurer l'impact que son style a causé auprès d'un grand nombre de cinéphiles... Lors d'une conférence sur l'œuvre de Takeshi Kitano organisée en 1996 au Festival international du film de Tokyo, le cinéaste taiwanais Hou Hsiao Hsien, fan de* Sonatine, *a comparé sa vision et celle de Kitano, ses films à ceux du réalisateur japonais – les deux hommes se connaissent et s'apprécient. « Ses films, a-t-il dit, demeurent froids à la réalité. Kitano se garde bien de s'épancher avec outrance sur des sentiments tels que la tristesse ou le désir. »*

Le résultat, le film en tant que tel, à mon avis, est mitigé. C'est un film raide. J'étais assez nerveux au moment de le réaliser. Et si *Violent cop* apparaît au final comme un polar très sombre, c'est parce que j'avais tenu à accentuer ce sentiment de noirceur, d'angoisse, à travers le tempérament excessif et les névroses d'Azuma, policier solitaire qui n'a d'intérêt pour l'action que si la violence l'accompagne. C'est un film assez réaliste mais sa structure est plutôt rare. Aucun cinéaste n'oserait réaliser un tel long métrage désormais. Il est composé de très longs moments, extrêmement calmes, de silences presque dérangeants, puis soudain d'explosions de violence. Une violence terrible. Le rythme est le même du début à la fin, assez infernal. *Violent cop* est un film mal fichu au fond, qui n'évite pas certains écueils – que l'on apprend d'ordinaire à éviter dans les écoles de cinéma –, mais qui secoue.

Dans ce film, on se trouve pris, finalement, dans un Japon que l'on ne connaît pas très bien, que personne ne côtoie vraiment. Les décors sont ceux de villes dortoirs de banlieues, d'immeubles grisâtres, d'usines dont on ne sait plus trop si elles sont encore en activité. Il en est d'ailleurs souvent ainsi dans les films noirs japonais. Inversement, j'ai souvent remarqué que les films hongkongais multipliaient les images de vastes espaces urbains et naturels – comme dans les longs métrages de Wong Kar-wai par exemple –, à l'inverse du Japon, où nos lieux de tournage sont souvent bétonnés ou dépendent de je ne sais quel hangar. Au passage, c'est un fait, selon les quartiers, vouloir tourner dans telle ou telle rue de la capitale ou dans tel arrondissement de Tokyo peut se faire au terme d'une véritable négociation avec un gang de *yakuza* gérant le territoire. Il faut avoir montré patte blanche et payer un « droit », qui peut s'élever à trois cent mille yens *(deux mille quatre cents euros)* pour à peine quelques heures de tournage. Je suis d'autant plus heureux dès que je peux aller planter ma caméra en pleine nature, dans des paysages où il devient possible de remplir ses poumons d'un air vivifiant, celui de la mer si possible…

3-4 x Jugatsu
(Boiling Point)
1990

Jugatsu *dévoile avant l'heure quelques-uns des thèmes et sujets chers à Kitano : une violence sèche, silencieuse, angoissante, la passion pour le base-ball, l'intérêt pour les* yakuza, *un humour corrosif, le jeu, la mer, les îles et paysages naturels d'Okinawa…* Jugatsu, *c'est d'abord l'histoire d'une équipe junior de base-ball malchanceuse, les Eagles, entraînée par un patron de bar, ancien membre du gang Otomo aux mains d'un violent chef mafieux. Les joueurs sont aussi ringards que maladroits, autant sur le terrain qu'en dehors, et confrontés à la dure réalité des obligations envers les* yakuza *et des règlements de comptes, que ce soit à Tokyo ou Okinawa. A l'écran, dans le rôle du malfrat Uehara, dit*

« l'Aîné », arrogant et machiste, Kitano est comme à son habitude : personnage ambigu, masque figé, expressions réduites au minimum. Le film est remarqué par les critiques à l'étranger. Jugatsu reçoit une mention spéciale au festival de cinéma Giovani de Turin.

J'avais à peine – et difficilement – fini *Violent cop*, que j'ai débuté sans avoir eu le temps de souffler, en 1990, mon second long métrage, *Jugatsu*, un autre film de gangsters. J'avais alors d'autant plus confiance dans ce nouveau projet que je bénéficiais du soutien indéfectible de tous ceux qui m'entouraient et de mes producteurs. Il me semblait que j'avais un parfait contrôle du scénario – une histoire compliquée, à rebondissements –, et de la réalisation. Au tout début du projet, quand j'ai présenté l'histoire du film, la société de distribution a montré des signes de désapprobation. Ses responsables étaient inquiets. Leur verdict était clair. Ainsi présenté, le film ne connaîtrait, selon eux, aucun succès commercial. Les distributeurs m'ont aussitôt lancé qu'il devait y avoir à l'écran un rôle principal de *yakuza*. Je n'avais pas l'intention de tenir ce rôle. Mais ils ont insisté. Si je ne le faisais pas, disaient-ils, il serait difficile de réaliser et sortir le film. Je me suis donc créé ce rôle sur mesure. Pauvre de moi ! Avec le recul, j'ai compris mon erreur. Je me suis mis en scène comme on répond aux caprices d'un enfant. Et je crois qu'au final, le résultat est ambivalent.

D'un point de vue technique, l'expérience était toutefois enrichissante. J'ai écrit le film, je l'ai mis en scène, monté, et interprété. J'ai choisi des angles précis, j'avais l'impression qu'on me donnait enfin la possibilité de mettre au point mon propre style. Dans ce film qui use de procédés empruntés à la comédie, voire au burlesque, je crois que les éléments dont on peut dire qu'ils cimentent mon style étaient déjà réunis : des dialogues, des situations absurdes, le sarcasme, la violence, un humour à double tranchant, décalé et noir, des scènes de tueries absurdes, et la mer comme décor, qui amplifie l'impression de la petitesse, de la misère humaine...

Pendant le tournage, j'avais jugé préférable de manœuvrer le moins possible la caméra. C'est ainsi que j'ai multiplié les plans fixes, des compositions de cadres statiques, avec l'objectif de coller le plus possible à mes personnages, et de refléter un certain fatalisme.

Finalement, bien que ce film soit l'un de mes préférés, parmi ceux que j'ai réalisés, il s'est avéré être un échec commercial. Les coûts de production ont été à peine amortis. Peut-être que certains spectateurs ou critiques n'ont pas apprécié de me voir apparaître dans un rôle aussi détestable à l'écran. Le personnage que j'incarne, Uehara, un méchant *yakuza* qui finit par tomber, est vraiment un sale type.

A Scene at the sea
(Ano Natsu, ichiban shizukana umi)
1991

Dans son troisième film, Kitano rompt avec la violence de Violent cop *et de* Jugatsu, *ainsi qu'avec son image télévisuelle de bavard invétéré. Il ne joue pas, mais son style s'impose sous les traits de son personnage principal.* A Scene at the sea *est une œuvre sentimentale dramatique, dans laquelle il est d'abord question de bonheur et de tristesse. Le cinéaste a imaginé l'histoire de Shigeru, un jeune éboueur, sourd, qui après avoir découvert une planche cassée dans une poubelle, se prend de passion pour le surf. L'amour de sa petite amie, sourde elle aussi, semble le protéger de l'écume des vagues. D'entraînements épuisants en compétitions éprouvantes, le jeune homme progresse. Mais bientôt, la mer sépare les deux amants... Le film reçoit un bon accueil au Japon. Il est sélectionné en compétition au Festival international du film de Tokyo et remporte de nombreux prix dans plusieurs festivals au Japon et à l'étranger.*

Après un deuxième film violent, j'ai changé de registre et tenu à réaliser une histoire d'amour pur. Ce fut *A Scene at the sea*, un film que certains critiques ont jugé « mystique », alors que je crois qu'il est plutôt « initiatique ». C'est un film qui parle aussi de la mort. Mais ce long métrage m'a laissé, finalement, un goût plutôt amer, même si pour la première fois, j'étais mon propre producteur. Je ne suis pas allé au bout des choses. Encore maintenant, je ne sais pas pourquoi. L'ennui peut-être...

Il n'empêche que des critiques n'en ont pas moins jugé ce film plastiquement maîtrisé. Des chroniqueurs, des fans, des spectateurs, ont loué la beauté des images. J'ai fait vraiment l'effort de soigner au maximum la perfection des cadres, dans lesquels je m'étais autorisé des travellings assez rares, originaux, pour filmer les déplacements des personnages. Lors d'un tournage, il peut m'arriver, même fréquemment, de prendre une certaine liberté avec le scénario. J'aime bien privilégier l'improvisation.

Quand je suis derrière la caméra, je chasse du champ les éléments qui ne m'intéressent pas. Tout va très vite. Je filme de façon assez rapide, presque déterminée je dirais... J'aime multiplier les plans fixes et longs. Pas de recours au zoom, ni trop de plongée.

C'est assez évident dans *A Scene at the sea*, pour lequel j'ai beaucoup filmé par plans fixes successifs, et jamais zoomé, pour ne pas donner trop de détails sur une situation ou sur un personnage, sur l'expression de son visage, son état d'esprit. Pendant le tournage, les techniciens voulaient manœuvrer davantage la caméra, je n'y tenais guère. Je tenais à mes cadres statiques. Je pense qu'un plan fixe amène au contraire une part de mystère, une restitution brute que j'apprécie. Je crois que chacun de mes plans est le résultat « d'une équation psychologique ». Au fil des scènes, je m'arrange surtout pour laisser au spectateur le soin de se faire sa propre idée, celle qui va lui sembler la meilleure et lui amener le maximum de réconfort, de plaisir. La recherche du divertissement est une obsession.

Dans ce film, la mer, l'écume, le rythme des vagues en arrière-plan, le ciel bleu ou nuageux, ainsi que la lenteur recherchée de l'action ont pu bercer et emballer quelques spectateurs ; ce sont de toute évidence des effets esthétiques susceptibles d'émouvoir.

*
* *

8.

La mort en face

Kitano continue à parler de ses films puis revient subite-ment sur son accident en scooter, en 1994. Au Japon, cet événement a suscité les rumeurs les plus insensées. Kitano m'expliquera s'être fracassé la tête sur une rambarde, en pleine nuit, alors qu'il était sous l'influence de l'alcool. Conséquence de son accident, la partie droite de son visage est, depuis, paralysée et barrée d'une cicatrice. Impossible de ne pas remarquer ses tics nerveux, stigmates d'une angoisse intense. Par moments, il semble mal avec son corps. Une à deux fois par heure, la tête à la renverse, il injecte du collyre dans ses yeux. Il ne peut fermer correctement l'œil droit et se pince régulièrement la joue droite, visiblement sous le coup d'une douleur diffuse.

Sonatine
(1993)

Sonatine *marque un tournant. C'est l'heure de la reconnaissance pour Kitano. Le film est sélectionné en France au Festival du film policier de Cognac.*

A sa sortie, *Sonatine* avait reçu un bon accueil d'un certain nombre de critiques et du public qui avait apprécié mes films précédents. Ce n'était pourtant pas un film facile, en tout cas pas vraiment destiné à tout le monde.

J'aime bien *Sonatine*. Avec *Sonatine*, j'ai compris que je franchissais une étape importante en tant que cinéaste. D'ailleurs, dans l'apprentissage du piano, lorsqu'on commence à jouer une sonatine, n'est-ce pas le signe que l'on commence à avoir de bonnes bases ?

Sélectionné en compétition au Festival de Cannes, dans la section « Un Certain regard » – deux ans avant la sortie du film en France –, lauréat du Prix de la critique au Festival du film policier de Cognac en 1995, Sonatine, *quatrième long métrage du cinéaste, marque un « acte de reconnaissance » en Europe (en France,* Les Cahiers du cinéma *parlent de « la découverte de l'année »). Film sulfureux et décalé dont les héros sont* yakuza, Sonatine *est un monument de violence et de burlesque, une farce à balles réelles. Sauf que sous la pochade, affleure, de nouveau, la noirceur du cinéaste, à travers le désœuvrement des gangsters qu'il met en scène, des « bad boys » mus par une peur panique, auxquels la vengeance tient lieu de morale. Le film raconte l'histoire de Murakawa, bras droit de Kitajima, chef d'un clan* yakuza, *qui n'hésite pas à éliminer tous ceux qui se dressent sur son chemin. Mais ce* yakuza, *lassé de tant de violence, décide de changer de vie. Sur une idée de Takahashi, numéro deux du clan, il accepte d'aller prendre l'air à Okinawa, prétextant venir en aide à un gang ami en guerre avec un clan rival. Au premier coup de feu, la situation dégénère. Jusqu'à ce que Murakawa et ses acolytes se réfugient dans une maison isolée près de la mer. Le film prend alors un tour inattendu. Dans ce décor paradisiaque, les* yakuza *s'amusent comme des enfants, passent du bon temps, tirent des feux d'artifice, jouent dans le sable, simulent des combats de sumo et se prélassent au soleil. Les malfrats retrouvent l'innocence perdue. Malheureusement, Murakawa est attiré dans un piège et n'a bientôt plus d'autre choix que de reprendre les armes pour une question d'honneur. Au Japon, avec ce quatrième long métrage, Takeshi Kitano s'impose définitivement comme réalisateur : un style épuré à l'extrême, presque jusqu'à l'abstraction. La grande famille du cinéma s'incline, le réalisateur autodidacte a dynamité avec succès les codes, toutes les recettes du genre. De plus, son jeu d'acteur frise la perfection.* Sonatine *va connaître un succès important, très mérité, et d'excellentes critiques à l'étranger. Au Japon, toutefois, c'est une surprise, l'accueil est mitigé, voire négatif.*

En réalisant ce film, je n'imaginais pas une seconde qu'il connaîtrait un tel accueil, si favorable, dans de nombreux pays, en particulier en Europe. Je crois aussi que la bande originale, composée par Joe Hisaishi, doit beaucoup à son succès. Au Japon, malheureusement, *Sonatine* n'a pas été très apprécié par les critiques spécialistes du cinéma. Alors qu'il a reçu une série de prix dans des festivals à l'étranger. Il a aussi été sélectionné dans une liste des « Cent meilleurs films des soixante dernières années » établie en 1993 par la chaîne britannique BBC – et, honneur que je n'ai pas mérité, au côté, notamment, du *Ran* de Kurosawa…

Sonatine dresse un portrait au vitriol des gangsters traditionnels et vrais antihéros. L'approche était volontaire, je voulais que les membres des gangs qui s'affrontent aient l'air de gamins candides à l'écran. Et c'est vrai que sans trop forcer la mise en scène, dans la scène où Murakawa, le caractère principal, et ses acolytes, jouent sur la plage, ils sont plutôt ridiculisés. Après la sortie de *Sonatine*, je n'ai jamais reçu de menaces de tel ou tel groupe mafieux. Mais vous pouvez être sûrs que les *yakuza* – du moins un bon nombre d'entre eux – ont vu le film. D'après quelques échos, certains l'auraient même beaucoup apprécié !

Un jour, un journaliste anglais m'a demandé si *Sonatine* était une comédie ou un cauchemar. Je lui ai répondu que pour moi c'était « une comédie dans un cauchemar », et c'est exactement cela. Dans *Sonatine,* il n'y a pas de surprises : la mort est au rendez-vous. Dans un souci d'harmonie, de cohérence, de logique – des choses très japonaises –, le héros se fout en l'air comme prévu. *No way to fool around !* Si

Murakawa ne disparaissait pas, le public n'y trouverait pas son compte. Vous savez, le public japonais aime bien qu'on lui donne ce qu'il veut. Il préfère qu'une histoire se termine comme il s'y attendait, avec un certain fatalisme, et un minimum de taches de sang.

Dans *Sonatine*, les malfrats sont plus vrais que nature. Ce sont des gens qui après avoir commis des méfaits et des crimes n'hésitent pas à se donner la mort, sans broncher, comme une évidence, selon les us et coutumes. C'est de cette manière que la société japonaise leur pardonne. De ce point de vue, on peut dire que *Sonatine* est un film intrinsèquement... japonais. En tout cas, pour moi, il a marqué un tournant. D'une certaine façon, un cycle était bouclé. Il était temps de passer à autre chose. Je voulais tout casser...

Vous savez, les Japonais, contrairement aux Occidentaux, n'ont jamais pensé que le suicide était un acte négatif, c'est-à-dire une faute. C'est le cas, notamment, au sein de la mafia. Ce jusqu'au-boutisme me fait penser à l'intégrisme des fondamentalistes musulmans. L'islamiste mettant fin à ses jours au nom d'Allah est persuadé de gagner la vraie vie. Il se tue en implorant des textes sacrés du Coran, mais, à mon avis, ce n'est pas une forme de courage. Quant au Japonais extrémiste qui se suicide, il le fait en général par respect envers sa hiérarchie ! Durant la Seconde Guerre mondiale, ceux qu'on nomme les kamikazes se tuaient au nom de l'Empereur. De toute façon, je ne pense pas que celui ou celle qui se suicide est une personne courageuse.

Au début de ma carrière de cinéaste, les Anglais étaient très sensibles à ma façon de faire du cinéma. Ils réservaient un excellent accueil, parfois dithyrambique, à mes films les plus décalés. Je me souviens avoir présenté *Sonatine* en Angleterre, au Festival de Londres. En entrant dans la salle de projection, j'ai été accueilli par de longs applaudissements, très chaleureux. Un moment inoubliable !

Getting any ?
(1995)

Après le succès d'estime de Sonatine, Kitano signe Getting
any ?, *comédie légère et déjantée. Le film choque. Au Japon,
des critiques, de nombreux médias, quelques intellectuels
crient au scandale. Kitano a imaginé le rôle d'Asao, un
homme infréquentable, obsédé par le sexe, qui doit à tout
prix rencontrer de nouvelles femmes, où qu'il soit, et faire
l'amour, quelles que soient les conditions. Parce que son
rêve est d'avoir des rapports sexuels dans une voiture, Asao
cambriole des banques et commet des délits pour s'offrir un
véhicule. Pour draguer et exercer son voyeurisme et ses pen-
chants lubriques plus facilement, il rencontre un savant fou
qui veut l'aider et le rendre invisible. Bientôt, son nouveau
fantasme est de forniquer dans un avion en first class.*

Après *Sonatine*, je suis passé de l'autre côté de la caméra
pour ma première comédie, *Getting any ?*, un « ratage »,
dirait-on de façon objective. C'est peu dire que ce film a été
très mal reçu au Japon et méprisé par la critique de Tokyo.
Son accueil a été purement et simplement catastrophique.
J'ai été littéralement descendu. En Europe, les critiques
étaient plus polis, mais aucun distributeur n'a pris le risque
de le sortir en salles.

Personnellement, pourtant, ce film me tient à cœur. Bien
que je dise souvent que je n'apprécie pas mes longs métrages,
celui-là, je pense qu'il est assez réussi, et surtout très culotté.
J'aime d'autant plus ce film qu'à peine sorti sur les écrans, il
a été détesté par les critiques les plus conservateurs. Ce film
n'a incontestablement aucun sens. C'est une comédie lou-
foque, masochiste, sens dessus dessous ! Sans compter qu'au
Japon, sa sortie sur les écrans s'est faite dans des conditions
particulières : je l'avais réalisé avant mon accident et il est
sorti après, alors que j'étais en convalescence.

Comme vous le savez, j'ai eu mon accident un an avant la
sortie de *Getting any ?*, le 2 août 1994. Apprécié par la

critique européenne et anglo-saxonne, mon précédent film, *Sonatine*, avait été descendu au Japon par certains journaux et chroniqueurs influents. L'accueil réservé à ce film était féroce, et m'avait blessé. Profondément triste et perplexe, j'avais sombré dans la dépression.

L'envie d'en finir

Avec le recul, je crois également que j'étais épuisé, surchargé de travail, énervé, laminé par un excès de projets. J'avais l'impression de tourner en rond, d'être incapable de me renouveler. Je reproduisais des schémas créatifs déjà utilisés par le passé. J'étais en quête de nouveauté et d'air frais. Je cherchais du neuf chez les autres, mais je ne trouvais rien. Petit à petit, j'ai atteint un seuil critique. Un état extrême. La suite, cela se passe cette nuit-là sur mon scooter. L'accident, la chute…

Je n'ai pas de souvenirs précis de l'accident. Tout est allé si vite. Ce dont je me souviens, c'est que le soir précédant l'accident, j'étais dans un *izakaya*[38], entouré d'amis. C'était aussi un moment de ma vie où j'étais assez souvent coursé par des paparazzis. Alors, pour les semer, je n'hésitais pas à utiliser mon deux-roues. Cette nuit-là, j'étais parti à un rencard, à trois heures du matin, puis ce fut l'accident. Je me suis écrasé contre une rambarde. On m'a retrouvé si défiguré, le visage si amoché que, d'après ce qu'on m'a dit, les docteurs avaient conclu que c'était comme si j'avais roulé volontairement, désespérément, vers la mort, comme si j'avais accéléré sans jamais utiliser les freins, comme si je m'étais tiré une balle dans la tête. Je n'en suis plus tout à fait certain, mais un instant avant le choc fatal, j'ai peut-être crié « Go ! », et foncé. Il me semble que je n'avais pas bien attaché mon casque demi-bol. Ma tête a fini encastrée dans l'acier de Tokyo.

---

38. Brasserie populaire.

On m'a récupéré en piteux état. Couvert de sang. La tête en morceaux. Avec de multiples fractures. J'étais totalement défiguré, mon visage à moitié broyé. J'avais la mâchoire brisée et plusieurs fractures crâniennes. Un œil avait été atteint. Je n'étais pas beau à voir. J'étais si abîmé que les ambulanciers ne m'avaient pas même reconnu !

Peu de temps après mon transport à l'hôpital, les médecins ont constaté que ma vie n'était plus en danger, malgré mon coma. J'ai quitté le service des urgences. Plus tard, il y a eu un projet d'opération au niveau du crâne, une craniotomie, qui ne s'est pas faite. Car après mon réveil, je l'ai simplement refusée. J'avais jugé qu'une telle intervention comportait trop de risques. Les docteurs pensaient que mon système nerveux fonctionnait encore, mais ils voulaient en avoir le cœur net pour recourir à la chirurgie. De simples procédures, pas si graves. La routine… Lorsque j'étais encore dans le coma, certaines personnes, au Japon, étaient persuadées que j'étais sur le point d'y passer. Même parmi mes proches, on croyait que j'étais fini, si gravement blessé que ma convalescence ne serait que trop dure, extrêmement pénible. Finalement, je m'en suis tiré. Après deux jours dans le coma, j'ai fini par me réveiller.

Je me souviens de ce réveil… en douceur. J'ai ouvert les yeux. Le plafond était blanc. Je ne savais pas si je rêvais. Un instant, j'ai cru que j'avais atterri chez une femme durant la nuit, et qu'en tournant la tête, j'allais apercevoir son visage. Mais à côté de moi, il n'y avait personne.

J'ai appris plus tard qu'à mon arrivée au service des urgences de l'hôpital, à l'aube, dans le quartier de Shinjuku, il n'y avait pas grand monde pour s'occuper de moi. Quand le personnel hospitalier a réalisé que le blessé ensanglanté et méconnaissable qu'ils avaient sous leurs yeux était Takeshi Kitano, leur attention à mon égard a redoublé. Toujours plus de médecins, de chirurgiens et d'infirmières accouraient. J'étais si défiguré que mon visage a été opéré sans perdre une minute. Si je suis très reconnaissant, aujourd'hui, à chacun des membres du personnel médical qui m'a livré ces premiers soins, je ne peux m'empêcher de penser que, décidément, quelque chose ne tourne pas très rond dans nos hôpitaux et notre système de santé. Car si ne j'étais pas Takeshi Kitano, mais un citoyen inconnu arrivé aux urgences dans le même état, je n'aurais pas bénéficié aussi rapidement de la même attention, d'une qualité de soins qui fut, il est vrai, très professionnelle, exemplaire. Parfaite.

Dans un premier temps, après ma sortie du coma, je n'allais pas bien du tout. Je n'avais plus aucun contrôle de mon corps. Je n'avais pas la force de tenir quoi que ce soit dans la main. J'ai vécu un calvaire. Au lit, je me sentais tout près de la mort. Je sentais bien que je pouvais y échapper. Mais en même temps, j'étais malheureux, je ne savais plus trop si j'avais encore envie de vivre.

Il a fallu beaucoup de temps avant que j'aille mieux. L'amélioration de mon état de santé a été lente. Au fond de moi, je ne voulais pas me laisser aller. Je faisais donc les efforts nécessaires pour remonter la pente. Mes associés, dont mon partenaire, Masayuki Mori, étaient très inquiets. Je ne les reconnaissais pas. Je confondais leurs noms. Cela a duré longtemps. Puis, je me suis amusé à faire exprès de ne pas les reconnaître. Nous avons bien ri avec ça aussi, une fois les mauvais moments passés !

J'ai survécu, mais j'ai gardé de cet accident de nombreuses séquelles. Quand j'ai quitté l'hôpital, j'ai compris que je devais accepter l'idée que la partie droite de mon visage reste à jamais quasi paralysée, qu'il me faudrait vivre avec ce nouveau visage. Au fil des semaines, j'ai réalisé que je n'étais plus le même. L'accident avait bouleversé beaucoup de choses en moi, pas seulement d'un point de vue moteur : le mental en avait aussi pris un coup.

J'ai souvent perçu mon corps comme une marionnette. La marionnette de Takeshi avait également eu un accident. La souffrance physique élève, vous fait prendre de la hauteur. Les douleurs peuvent être telles que l'esprit décroche et flotte dans un autre monde. Certains jours, j'avais l'étrange impression que quelque chose s'était déréglé en moi. C'était un peu comme si j'affrontais en duel l'ADN de mon corps. Pour autant, éreinté et épuisé par l'épreuve, je ne voulais pas que le cours des choses soit modifié. Si je devais mourir, pensais-je alors, ainsi en aurait décidé mon ADN.

Mon cerveau fonctionnait pourtant très bien, il était même très actif, mais j'étais terriblement anxieux. Je désirais affronter au plus vite les défis qui m'attendaient. J'angoissais à la seule idée de ne plus être celui que j'étais auparavant, avant mon accident : un homme de télévision, de cinéma… C'était dur.

Professionnellement, c'était un autre cauchemar. Je ne pouvais pas faire tourner correctement ma société sans rentrées d'argent. Je ne voulais pas non plus laisser les gens croire ou dire que je n'étais plus bon à rien. Mon objectif était donc de revenir au top de ma forme. Je ne pouvais pas abandonner en me disant : « Voilà c'est ainsi… Cet accident a brisé net ma carrière. Au revoir tout le monde… » Impossible.

Je faisais le bilan de mes nombreuses bêtises, les comportements insensés ou suicidaires, et j'en supportais les conséquences, notamment la critique et le rejet des autres. J'assumais. Même après l'incident avec le tabloïd *Friday*, j'étais revenu sur des plateaux de télévision. Mais cette fois-ci, après l'accident, les choses étaient bien différentes. Je souhaitais reprendre le boulot comme si de rien n'était, ou presque. Or, en réalité, je n'étais pas prêt à rebondir. Physiquement, je ne le pouvais pas. J'avais survécu. J'étais vivant et je reprenais vie. Mais il y avait des limites.

Que devais-je faire ? Être courageux et patient, m'accrocher pour pouvoir, tôt ou tard, réaliser un nouveau film et reprendre mes occupations à la télévision. C'est ce qui s'est passé.

Une part de ma vie

Souvent, mon entourage tente de trouver diverses explications à mon accident. Je crois qu'il n'y en a pas. Ce fut au mieux un accident déguisé, peut-être, en vérité, un suicide raté. J'y ai survécu, tout simplement, alors que j'aurais dû y passer. Certains proches me disent qu'après cette expérience traumatisante, j'ai découvert d'autres mondes, salutaires. Ils pensent que ma vie, en quelque sorte, est devenue meilleure. Je ne le crois pas. Je ne pense pas que ma vie soit aujourd'hui meilleure. Au contraire ! J'ai quand même une sacrée gueule depuis… Quand je la vois dans le miroir, il m'arrive souvent de rigoler.

Depuis ce fichu accident, je bois moins. Mais je me souviens qu'en pleine rééducation, il m'est arrivé, certains soirs, de boire deux fois plus qu'avant l'accident. Parfois, j'étais même malade du foie à force de boire mais qu'importe, je buvais sans arrêt. Et je me disais : « Takeshi, ne t'inquiète pas, je te tue à petit feu… » J'étais très mal en point physiquement. Ce qui se répercutait sur mon état psychologique. Je crois aussi que c'était une réaction à l'encontre de mes proches. Je voulais retenir leur attention, sans qu'ils aient non plus pitié. Je voulais leur montrer, leur prouver qu'au fond de moi, j'étais resté le même. Mais c'est vrai qu'après l'accident, j'avais moins le choix, j'ai dû revoir à la baisse ma consommation d'alcool.

Je dois désormais prendre soin de mes troubles physiques qui sont devenus une part de ma vie. Jusqu'au cinéma. L'accident a évidemment modifié complètement mon jeu en tant qu'acteur. A cause de l'accident, il m'a fallu apprivoiser et maîtriser de nouvelles expressions faciales et corporelles. De plus, je boite légèrement, ayant une jambe un peu plus courte que l'autre.

Et puis, à cause de la paralysie de la moitié de mon visage, je ne peux pas parler correctement. Il m'est impossible de bien prononcer certaines syllabes, par exemple « pa pi pu pe po », ou bien certains mots. Mais c'est comme ça. J'ai accepté tout cela et, malgré tout, je continue à travailler.

De toute façon, je ne me soigne pas en pensant au travail. C'est le travail qui me soigne. J'ai toujours fait en sorte de ne jamais reculer devant le travail. C'est la meilleure façon, selon moi, de bien organiser et équilibrer ma vie. J'ai ainsi réussi à conserver un niveau d'activité semblable à celui que j'avais avant l'accident.

Il se peut même que cet accident ait bouleversé mon existence d'une façon, disons, positive. Un peu comme le Japon à la fin de la guerre en 1945. A terre, il ne pouvait que repartir… Certes, après l'accident, j'ai mis un frein à la boisson. J'ai arrêté le golf que je pratiquais de temps en temps. Mais après la période de réhabilitation, j'ai commencé, par exemple, à reprendre activement les claquettes, pas à la manière d'un sport rééducatif, mais plutôt comme un véritable plaisir. Si je ne m'étais pas attelé de la sorte aux claquettes, je n'aurais sans doute jamais eu l'intention de réaliser *Zatoïchi*. Les claquettes m'ont ainsi guidé dans la bonne direction et aidé à garder la forme, à la fois comme acteur et comme réalisateur.

Et puis, j'aime travailler. Je détesterais perdre mon temps à me relaxer sur une plage, à boire, jouer au golf et finalement être là à ne rien faire, à Hawaï par exemple. C'est le type de situation qui me rend très nerveux et peut m'irriter au plus haut point. Dans ce que j'entreprends, j'ai besoin de résultats concrets autant que de rapidité et d'efficacité.

*
*   *

9.

Rédemption et feux d'artifice

Hommage à la boxe, le film Kids return *est aussi l'œuvre du retour après l'accident en scooter. Le cinéaste filme les doutes de l'adolescence et les problèmes inhérents à la jeunesse japonaise des quartiers populaires. Le cinéaste raconte l'histoire de Shinji et de Masaru, deux camarades de classe en échec scolaire qui préfèrent sécher les cours. Subtilement, Kitano s'attache aux différences entre ces deux copains à la dérive qu'en réalité, tout sépare. Masaru est beau parleur, directif, bagarreur, alors que Shinji est très réservé. Après une altercation avec un élève du lycée qui le met à terre, Masaru décide de se venger et s'inscrit dans un club de boxe. Shinji le rejoint et, ironie du sort, s'avère le plus doué au milieu du ring, au point de s'engager dans une carrière professionnelle. Masaru, quant à lui, rejoint un gang de yakuza. Les deux anciens amis fêteront plus tard leurs retrouvailles. Le film est acclamé à la Quinzaine des réalisateurs du Festival de Cannes.*

Kids return
(1996)

Kids return est le genre de film, d'expérience, qui vous marque. Quand je l'ai réalisé, c'est comme si j'étais monté dans une machine à remonter le temps. Après mon accident et l'immobilisation qui a suivi, *Kids return* a été le film de ma réadaptation à la société.

Pause, réminiscences, long sourire évocateur...

Avant *Kids return*, je venais de boucler *Getting any?*, comédie absolument déjantée réalisée avant mon accident, mais sortie sur les écrans après mon rétablissement. L'accueil de ce film avait été cinglant, assez dur à avaler. *Kids return* a symbolisé ma sortie de cette période difficile. J'avais réussi à faire ce film. Or, certains croyaient que j'étais fini, que je ne pourrais plus jamais revenir à la télévision, et encore moins au cinéma. C'était ma revanche.

Dans ce film, il est, je crois, beaucoup question de vie et d'amour. Mon producteur, Mori san, voulait que j'écrive seul le scénario, un peu comme on écrit un livre. Il préférait que je n'apparaisse pas à l'écran, et que je le réalise uniquement. C'était le second, après *A Scene at the Sea*, film dans lequel je ne joue pas, mais le premier pour lequel j'ai appliqué ce qu'on peut appeler « la théorie », des méthodes de réalisation plutôt orthodoxes – je n'ose pas dire professionnelles, car je n'aime pas trop ce mot. Je ressens une certaine crainte, de la timidité, à l'idée d'être « professionnel » ou essayer de l'être. Jusque-là, sur les plateaux, je crois que je n'en faisais qu'à ma tête. Je n'avais jamais étudié sérieusement le cinéma. Je jonglais avec mes intuitions. J'appliquais mes propres théories. J'avais déjà vu beaucoup de films. Pas assez certes, mais j'estimais que cela me suffisait.

Je possède une approche très naïve de l'art cinématographique. Mon film précédent, *Getting any ?*, était sans doute raté, probablement trop mauvais aux yeux de certains cinéphiles. Je le reconnais, c'est un film moyen. D'ailleurs, au moment de le réaliser, je me souviens des dissensions, sur le plateau, avec l'équipe de tournage. Les techniciens n'étaient pas avec moi. Ils me suivaient mais ils ne partageaient pas mes émotions, ni tous mes choix. L'humour décalé de ce film à double tranchant ne faisait pas l'unanimité. Je m'en rendais bien compte, et cela me gênait. Je me sentais seul, mais ne pouvais pas non plus m'arrêter. J'ai donc foncé, tout droit, dans le mur. Un peu comme sur mon deux-roues, lorsque je suis parti dans la rambarde. Je me suis planté.

Kids return a donc été le film du salut, de la rédemption. Je voulais faire un film simple, marquant un nouveau départ. Le but était qu'il divertisse, tout en atteignant un certain niveau artistique, afin, si possible, d'être apprécié par la critique internationale. Pari réussi, puisque *Kids return* fut mon second film, après *Sonatine*, présenté au Festival de Cannes. Il a bénéficié par la suite d'une bonne distribution dans plusieurs pays, d'un accueil chaleureux. C'est un film que j'affectionne.

Après mon accident, je me suis rendu compte que je ne pouvais plus me comporter comme le comédien que j'étais auparavant. J'avais honte. Il était trop tard, bien sûr, je n'étais plus si jeune. J'ai alors décidé de me fixer de nouveaux objectifs, une nouvelle direction à suivre. J'ai essayé de me remettre au piano, aux claquettes, aux études. Physiquement, je n'étais plus le même, mais je ne pouvais plus rester là où j'en étais avant l'accident. Il fallait rebondir. Je devais aussi gagner ma vie. C'est exactement ce que j'ai fait.

Durant la réalisation de *Kids return*, j'étais déjà revenu sur les plateaux de télé. Mais dans les studios des grandes chaînes, je me demandais si ma fin n'était pas arrivée, à cause de l'audimat en baisse de mes émissions. Cette situation a duré jusqu'au début du tournage de *Hana-bi*, film qui est un condensé de crises antérieures et de problèmes personnels.

Hana-bi
(1997)

Hana : la fleur. Bi : le feu. Hana-bi : feu d'artifice. L'amour et la mort. Hana-bi est assurément le grand film de l'œuvre de Kitano, un coup de force, un film culte, le plus dense et le plus abouti. Inutile de débattre du bien-fondé ou non de l'euthanasie avec Takeshi Kitano. Dans Hana-bi, l'inspecteur de police Yoshitaka Nishi tue son épouse Miyuki (brillamment interprétée par Kayoko Kishimoto), condamnée par une maladie incurable. Il la serre tendrement dans ses bras avant de l'abattre. En plus de cette histoire d'amour poignante, entre les inserts et plans fixes de tableaux de Kitano – représentations de fleurs fanées et de feux d'artifice –, le film raconte la descente aux enfers de ce détective bourru, réservé, calme, et sa lutte à mort contre des malfrats. Traumatisé par la maladie de sa femme, choqué par la paralysie soudaine de son collègue Horibe (brillamment incarné par l'acteur Ren Ohsugi, un fidèle du cinéaste), blessé lors d'une fusillade avec un criminel en fuite, Nishi quitte les rangs de la police pour faire justice à sa façon... Ce film évoque le yakuza eiga (film de yakuza), genre subversif apparu à la fin des années 50, sans en être un, car Kitano a élaboré son propre genre. Présenté dans de nombreux festivals internationaux, comme ceux de New York et de Pusan, Hana-bi obtint d'innombrables distinctions. Kitano reçut le 6 septembre 1997 en clôture de la 54e Mostra de Venise, le Lion d'or pour ce film dans lequel apparaissent certains stigmates de l'accident survenu trois ans plus tôt. Hana-bi fut également désigné Meilleur Film des critiques au Festival du Film de São Paulo. L'enthousiasme de la critique était unanime, auquel s'ajoutait bientôt celui de nombreux réalisateurs étrangers. Magistrale, la musique de Joe Hisaishi envoûte et accompagne chaque scène de bout en bout. Elle élève d'autant plus que le réalisateur a multiplié les plans aériens et les travellings latéraux. Jamais, jusqu'alors, Kitano n'avait réalisé un long métrage aussi profond, sophistiqué et poétique. Œuvre figurative, Hana-bi va connaître un triomphe, tant au Japon qu'à l'étranger.

Dans *Hana-bi*, la violence est le symbole de la mort. D'une mort d'autant plus surprenante qu'on ne l'attend pas. D'ordinaire, dans les histoires où le héros est un *yakuza*, on sait, où on imagine à peu près ce qui va se passer. La mort semble presque rationnelle. Dans *Hana-bi*, je crois au contraire que la mort survient sans prévenir. C'est volontairement que les phrases des dialogues sont ultracourtes. Les personnages se refusent à certains mots. L'émotion y naît presque du vide. Ce ne fut pas rien de voir ce film triompher un peu partout à l'étranger. Qu'il soit couronné par un Lion d'or au Festival de Venise m'a beaucoup ému.

Et la mer, encore...

A la fin, le film se termine une fois de plus sur une plage. Comme dans *Sonatine*... J'aime filmer les personnages face à l'océan. Je suis touché par cette image. On me dit que c'est devenu une habitude, une marque de fabrique. Des critiques ont même écrit qu'un film de Kitano sans voir la mer est impossible. Plusieurs fois, j'ai dit qu'un de mes rêves serait de filmer la mer comme la voit un sourd. Comment la perçoit-il ? Je crois que les individus atteints de handicaps sensoriels ressentent le monde et les gens autrement. Ils m'ont toujours beaucoup intéressé car ils ressentent les choses qui nous entourent selon des modalités qui nous échappent.

Le Lion d'or accordé à *Hana-bi* a changé beaucoup de choses. On a alors commencé à me considérer comme un grand cinéaste. Aussi, avant mon accident, il me semble que j'avais des tendances plus ou moins suicidaires. Dans mes films précédents, comme *Sonatine*, le thème de la mort était obsessionnel. Et pourtant, je fuyais tout face-à-face avec l'idée de la mort. Dans *Hana-bi*, au contraire, je tente d'accepter cette fatalité. Avant mon accident, j'étais un homme piégé, tant dans ma vie privée que dans le travail. Ce film m'a permis de faire face et trouver les moyens d'apprivoiser mes angoisses.

Jusque-là, je me battais contre tout ce que j'avais fait. Je savais bien qu'au fond de moi, quelque chose était cassé. J'ai essayé de ne pas m'en rendre compte jusqu'à mon accident, deux mois après la fin de la réalisation et du montage de *Getting any ?*, qui aurait été mon dernier film si j'avais rendu l'âme.

Après coup, cela m'a amusé de constater comment *Hana-bi* m'a remis en selle. Le tournage de ce film s'était bien déroulé. Avec ce long métrage, j'étais conscient que l'occasion m'avait été donnée d'un nouveau départ, qu'il fallait saisir. C'est alors que j'ai appris que *Hana-bi* venait d'être sélectionné à Venise ! C'était une chance formidable, une belle opportunité. Bien sûr, la décision a été prise d'y aller pour présenter le film. Je pensais que si *Hana-bi* était apprécié à l'étranger, je pourrais redevenir populaire au Japon. Et c'est à peu près ce qui s'est passé.

D'abord, il y a eu ces mots et ces titres dans les journaux au lendemain de l'avant-première pour la presse : « *Le choc Takeshi* », « *La surprise Hana-bi* ». J'avais pensé qu'avec cet accueil favorable et ces compliments, un prix, une reconnaissance serait peut-être possible. Mais à aucun moment, je n'avais imaginé la récompense suprême, le Lion d'or. Au mieux avais-je espéré une décoration pour la direction du film, le jeu d'acteur ou je ne sais quoi… Et encore. Même mon interprétation, à vrai dire, ne me satisfaisait pas totalement. Alors, quand j'ai compris, aux côtés de ceux qui m'entouraient, que *Hana-bi* avait été désigné pour le Lion d'or, je suis resté sans voix. Ni moi ni aucun membre de mon équipe n'avons d'ailleurs compris que le Lion d'or venait de nous être décerné ! Quand finalement nous avons réalisé que c'était bel et bien *Hana-bi* qui venait d'être couronné, nous n'en revenions pas. J'étais extrêmement ému. Les applaudissements furent interminables, même durant la conférence de presse qui suivit la première officielle. Ce furent des moments vraiment formidables.

Et comme je m'y attendais, après avoir décroché le Lion d'or à Venise, le taux d'audimat de mes émissions au Japon est reparti à la hausse. Quelques semaines après, il était à nouveau excellent. Dans les coulisses de la télé, l'attitude des professionnels à mon égard avait changé du tout au tout. Avant les enregistrements, les responsables venaient plus souvent me saluer et me servir le thé dans une loge spéciale qui m'était destinée.

L'Été de Kikujiro
(Kikujiro no natsu)
1999

Dans L'Été de Kikujiro, *sélectionné à Cannes, Takeshi Kitano revisite son enfance. Ce film simple conte l'histoire de Masao, un petit garçon dont la mère a disparu – elle est partie refaire sa vie ailleurs – bientôt pris en affection par Kikujiro (le prénom du père de Takeshi Kitano), un yakuza des bas quartiers de Tokyo. Ce dernier protège l'enfant et décide de l'accompagner à la recherche de sa mère. Le mafieux finit par se racheter une conduite grâce au petit garçon. Durant leur périple, tous deux croisent de drôles d'individus. Pantalon bouffant, chemise hawaïenne, Kitano excelle dans ce rôle de grand timide. Son attitude débonnaire le rend vite sympathique, presque attendrissant. Toute la fragilité de Takeshi Kitano – une sensibilité toujours à fleur de peau –, transparaît alors à l'écran.*

C'est un fait, ce que je montre dans mes films est souvent inspiré de choses vécues, de mes expériences. Je ne prétends pas qu'il n'y a pas de lien de cause à effet entre la trame de L'Été de Kikujiro, film qui *a priori* ne manque pas de tendresse, et mon enfance. Au contraire. Ce film, il me semble, est un hommage à mon père, qui était un homme plein de travers. Comme dans le film, mon père s'appelait Kikujiro. Il n'était pas extraverti, mais au contraire d'une timidité assez mal placée. Mon paternel ne savait pas parler à ses enfants. Ni à quiconque d'ailleurs. Il n'a jamais su me parler ni trouver les bons mots pour gagner l'attachement. Il est mort alors que j'étais encore jeune et ma mère a ensuite toujours refusé de me parler de lui. Dans ce film, la figure de mon père domine.

Le personnage principal est un homme d'une cinquantaine d'années qui refuse d'admettre sa déchéance. Il se pose des tas de questions. C'est quelqu'un, sentimentalement, de très maladroit. Il ne sait jamais quoi dire à cet enfant de neuf ans, Masao, qui durant les vacances d'été, débarque dans sa vie sans prévenir. Je voulais que *Kikujiro no natsu (L'Été de Kikujiro)* soit un *road movie*, à pied, car quand on marche, pas à pas, le temps passe différemment. En fait, c'est un film très simple.

Certains critiques y ont vu une nouvelle histoire dont le héros est un *yakuza*, parce que Kikujiro en est un, bien que retraité ; mais pas du tout ! La violence était inutile dans ce film qui raconte finalement certains des aspects cruels du quotidien. *L'Été de Kikujiro* montre aussi que la réalité, quand on sait s'y prendre et lui accorder un minimum d'attention, comporte une part de magie. C'est un film qu'on peut trouver amusant, à cause de la répétition de certains gags et de situations insolites, mais il parle aussi de la douleur, des douleurs, morales celles-là, que nous connaissons tous.

Je pense que *L'Été de Kikujiro* ressemble à un album de photographies. On peut le suivre comme si on en tournait les pages. Et c'est aussi, à mon avis, une œuvre pleine de tendresse, portée par la complicité entre le gamin et le malfrat, certains ont dit ou écrit « entre le vieil homme et l'enfant », comme dans un film français… Le film se démarque des autres histoires que j'avais faites jusque-là. Pour une fois, il me semble que ce film penche plutôt du côté de la vie que de la mort. L'enfant symbolise l'espoir, l'avenir, un monde meilleur. Avec ce film, je crois avoir voulu rendre hommage à l'idée que je me fais de l'humanité. Les deux héros ont tous deux manqué d'amour maternel. Ils en souffrent encore. Comment peuvent-ils dès lors respecter autrui ?

Un critique a comparé *L'Été de Kikujiro* à un « jardin japonais ». Je ne sais pas si l'image est exacte, mais c'est une comparaison assez originale. En fait, l'origine du film est diverse : une part de comédie, d'interrogations sur l'enfance, de réflexions sur la relation aux parents, l'adoration qu'on peut vouer à sa mère, le destin d'un héros désenchanté qui porte le prénom de mon père. Ce film a aussi un côté ludique. On y voit d'ailleurs apparaître mon ancien compère Beat Kiyoshi et quelques Gundan.

Après le succès de *Hana-bi*, je souhaitais faire un cinéma plus ambigu, en essayant de me départir de films trop « cool » ou bien violents. Je crois que *L'Été de Kikujiro* a étonné beaucoup de Japonais qui ne me croyaient pas capables de réaliser un film sur l'enfance, presque tendre. C'était aussi un test d'un point de vue commercial. Ce film allait-il être bien accueilli et compris en dehors du Japon ? Il l'a été, surtout au Festival de Cannes, et par la suite en France, m'a-t-on dit. *L'Été de Kikujiro* a remporté à la fois les faveurs des critiques et du box-office.

En tout cas, c'est un film sur lequel j'ai pas mal misé, beaucoup travaillé et passé beaucoup de temps. Quand le film s'est retrouvé en compétition à Cannes en 1999, je me souviens, Cronenberg était président du jury. David Lynch l'avait beaucoup apprécié, m'a-t-on dit. Certains critiques pensaient que *L'Été de Kikujiro* pourrait remporter un grand prix. Mais cet espoir a été déçu.

Brother *(Aniki, mon frère)* (2001)

Bien que laminé par la critique au Japon, le sanguinolent et dérangeant Brother (Aniki, mon frère)*, projet à budgets japonais, britannique et américain, dans lequel, entre autres* *images chocs, un mafieux élimine brutalement un opposant en lui enfonçant d'un coup, par les narines, une paire de baguettes dans le cerveau, marque un tournant. Kitano maîtrise son histoire. Les scènes de tuerie, façon Tarantino – on pense aux règlements de comptes de* Reservoir dogs –, *semblent à peine chorégraphiées. Film aux réparties violentes,* Brother *est tourné aux États-Unis. En Californie, Kitano et ses assistants japonais doivent s'extraire de leur cocon nippon. Le tournage est rude, l'expérience éprouvante. Kitano incarne à l'écran Yamamoto, un yakuza implacable et buté, un rien taciturne, visage buriné, traits tirés, d'une froideur qui glace, sans peur ni pitié, qui vient se réfugier à Los Angeles alors que la guerre des gangs fait rage au Japon. Il y retrouve son demi-frère, Ken, devenu dealer après l'arrêt de ses études, et se lie d'amitié avec une bande de malfrats locaux, après avoir tabassé et balafré au passage un Black connaisseur du code d'honneur des* yakuza. *Yamamoto renoue sous les palmiers avec la vie criminelle. Ames sensibles s'abstenir.*

Brother, c'est une longue histoire ! Le film est l'adaptation d'une histoire que j'avais imaginée et écrite en 1995, et qui nécessitait un tournage aux Etats-Unis. C'est cette intrigue qui a mené toute l'équipe en Amérique, non une volonté personnelle.

L'idée et l'opportunité de réaliser *Brother* sont venues pendant la préproduction de *L'Été de Kikujiro*.

Le plus compliqué, je crois, avec ce film, outre qu'il ait été tourné aux États-Unis, fut le montage. Le scénario original correspondait à un long métrage d'environ trois heures, mais au montage, *Brother* a été ramené à deux heures. Le film n'aurait pu se faire sans le soutien déterminant du producteur britannique Jeremy Thomas, quelqu'un que j'apprécie beaucoup. Thomas est un merveilleux cinéphile, un grand producteur, tombé tout petit dans le chaudron du cinéma – il est né dans une famille de cinéastes, son père et son oncle étaient tous deux réalisateurs. Je le connaissais d'autant mieux que c'est lui qui avait produit *Furyo* en 1983. Il a connu de grands succès par la suite, avec des œuvres de David Cronenberg,

Nicolas Roeg, ou Stephen Frears, ou avec le triomphe du *Dernier empereur* de Bertolucci. Je l'ai retrouvé au Festival du Film de Londres, où *Hana-bi* était présenté, et il m'a dit qu'il avait été très emballé et ému par *Hana-bi*. Il était dithyrambique. Il avait « adoré » le film, m'a-t-il dit. Depuis, nous sommes restés en contact. Il voulait absolument collaborer au projet de *Brother*. Mais entre-temps, j'avais une épine dans le pied, il fallait absolument boucler le tournage de *L'Eté de Kikujiro*. Le projet d'*Aniki* fut donc, momentanément, suspendu.

Dans la peau d'Aniki Yamamoto, je me suis vraiment taillé un rôle à ma mesure, celui d'un *yakuza* qui règle ses comptes à coups de revolver et n'aime pas trop parler. Cette sécheresse des dialogues, voulue pour une mise en scène efficace, a simplifié d'autant plus le travail de mon rôle. Mémoriser l'ensemble des textes fut d'autant plus facile. Je déteste quand les dialogues sont trop longs, car si je dois beaucoup parler, je prends davantage le risque d'être un piètre acteur...

J'ai parfois dit que d'avoir tourné ce film « gangsta » aux États-Unis avait été une erreur. En fait, c'était ma façon de critiquer l'industrie du cinéma américain qui tente d'imposer ses règles à des cinéastes étrangers, dès lors que ces derniers réalisent un film chez eux. Travailler à Hollywood, quand on est un Asiatique, n'est pas simple, et je ne parle pas seulement de *Brother* : on constate encore assez souvent une sorte d'ostracisme rampant, de ségrégation qui ne dit pas son nom. Je ne pense pas que ce soit du racisme ordinaire, mais peut-être davantage une forme de paternalisme. Sur les plateaux, le cameraman et ses assistants asiatiques ne se retrouvent pas toujours libres de leurs actions. Ils n'ont pas davantage de libertés dans le montage. On ne leur fait pas totalement confiance. J'ai l'impression que ce n'est pas systématique, plutôt très fréquent.

Aussi, lorsqu'on m'a proposé de réaliser *Brother* à Los Angeles, j'ai mis les pieds dans le plat. J'ai dit : « Si vous voulez que je réalise mon film chez vous, j'exige des garanties, je veux tous les droits, sinon, ne comptez pas sur moi, je

ne me forcerai pas, je ne tournerai pas ce film en Californie. »
Il faut dire que j'avais le soutien de Jeremy Thomas – un
Anglais ! – et finalement, à Hollywood, nos interlocuteurs ont
cédé et accepté presque toutes nos revendications : que mes
principaux chefs techniques m'accompagnent, que je garde la
main sur le casting, que je contrôle le droit de montage, et que
le scénario ne soit pas modifié. J'ai signé des papiers de
garanties, et obtenu à peu près tous les droits que je souhaitais, c'est-à-dire une totale liberté d'action et de décision. Je
peux vous assurer qu'en général, les choses ne sont pas aussi
faciles. Malgré tout, j'ai dû lâcher du lest. J'ai consenti à ne
pas tourner dans l'ordre chronologique, contrairement à mon
habitude, et à raccourcir le film. A mes côtés, j'avais pourtant
de bons acteurs, dont Omar Epps et Claude Maki, de bonnes
actrices, des producteurs rêvés, mais les conditions idéales
n'étaient pas réunies. Le tournage qui réunissait deux équipes, japonaise et américaine, fut assez difficile. L'équipe américaine travaillait si dur…

*« Pendant le tournage, Kitano était très calme, très
concentré, se souvient une actrice du film, rencontrée à
Tokyo fin 2008. Il tournait relativement vite. Il prenait une à
deux prises, pas plus. Il ne faisait guère attention au script
non plus. Avant le départ pour les Etats-Unis, j'avais été
choisie lors d'un casting, en septembre 1999. Takeshi Kitano
était très triste ce jour-là. Il venait en effet de perdre sa
maman. Pendant l'audition, il y avait beaucoup de monde, et
j'avais choisi de jouer la comédie sur scène, peut-être pour
lui faire oublier sa tristesse un moment. J'avais réussi à le
faire rire très brièvement. Peut-être est-ce comme cela que
j'ai décroché le rôle. »*

Lors de ce tournage, il y a eu de très bons moments et des
épisodes cocasses. Je n'oublierai jamais qu'un jour, alors que
nous tournions une scène de rue, avec un jeune acteur latino-
américain, qui interprétait brillamment un malfrat, je vais le
voir et lui pose des questions. Il m'explique qu'il parvient de
temps en temps à décrocher un rôle de second couteau dans

des films ou téléfilms locaux. Je lui demande alors ce qu'il fait quand il ne joue pas. Et là, il me lance, comme ça : « gangster à mi-temps ! » Ce n'était pas une blague. Notre second rôle appartenait au milieu...

Dolls
(2002)

Avec l'étonnant et bouleversant Dolls, *Takeshi Kitano se pose pour la première fois en cinéaste rigoriste et moraliste. Ni humour ni violence dans ce long métrage pour le moins risqué, filmé comme un ensemble de toiles de peintures. Lors de sa projection au Festival de Venise, l'accueil est assez glacial : les critiques et festivaliers, habitués aux histoires de tontons flingueurs nippons, sont surpris par l'atmosphère de ce film, à l'évidence le plus délicat et le plus féminin du cinéaste. Minutieusement réalisé,* Dolls *raconte trois histoires d'amour poignantes, mêlant héroïnes rongées par la douleur et la mélancolie, et jeunes antihéros torturés par les regrets.*

Avec *Dolls*, film auquel je tiens particulièrement, à l'atmosphère étrange, assez inhabituelle dans mes films, l'idée était très particulière. Au tout début du projet, je voulais illustrer au grand écran ce à quoi peuvent bien ressembler les relations entre les êtres humains, quand ceux-ci ont perdu le sens de l'amour, du respect, de la fraternité. J'ai l'impression, en effet, que de nos jours, les gens ne savent plus se parler correctement. A cause de pressions diverses, d'un stress qui semble presque naturel, de petits chocs multiples qui sont le lot quotidien, les gens perdent le fil entre eux. Ils communiquent très mal.

Aussi me suis-je inspiré, pour ce long métrage composé de trois histoires, du théâtre de marionnettes bunraku. Principalement des pièces du père de cet art traditionnel, le dramaturge Chikamatsu, qui s'est aussi tourné vers le kabuki, et dont les pièces, appelées *sewa mono*, forment le cœur du répertoire du *bunraku*. Chez Chikamatsu, il est beaucoup question d'humanisme, d'émotions, d'amours blessées, de suicides passionnels... A première vue, le bunraku peut paraître plutôt simple quand on le découvre sur scène pour la première fois. Mais c'est un art extrêmement élaboré, subtil, très beau. Comme la calligraphie, c'est un art de la suggestion qui dévoile avec finesse les rapports entre individus.

Trois artistes sont indispensables à la manipulation d'une marionnette bunraku. Un novice est chargé des mouvements des pieds, le second manipule le bras gauche de la marionnette avec sa main droite. Quant au marionnettiste principal, il gère le reste, la tête et le bras droit, et doit avoir au moins vingt à trente ans de pratique pour accéder à ce rang.

Bien que visibles par le public, tous trois sont habillés de noir pour se faire le plus discrets possible. Leur délicatesse, leur agilité, leur minutie sont étourdissantes. Ils doivent être extrêmement souples afin de pouvoir se mouvoir durant un long moment les jambes à demi fléchies.

Ils utilisent deux types de gestuelle, tantôt plus réaliste, tantôt plus stylisée, selon l'émotion voulue. Dans cet art, il y a aussi un récitant qui chante et un musicien qui l'accompagne. C'est un genre très sophistiqué, apparu dans la région de Kyoto et d'Osaka au XVIIe siècle.

En élaborant *Dolls*, j'avais comme idée de transposer à l'écran des rapports plus beaux, plus délicats et raffinés – comme ceux mis en scène par Chikamatsu –, que ceux, plutôt affligeants, de notre époque contemporaine. Au tout début, je me disais que *Dolls* pourrait être une histoire d'êtres humains contée par des marionnettes bunraku. Un film dans lequel les personnages ne parleraient pas. Je pensais même me contenter de sous-titres, un peu comme dans les films muets d'antan. Puis, j'ai abandonné cette idée. J'ai ensuite imaginé que les marionnettes du *bunraku* seraient les personnages principaux du film et qu'elles se mêleraient aux humains. Je m'y suis résigné. *Dolls* n'est donc pas tout à fait le film que j'avais en tête à l'origine. Il ne possède pas la dimension théâtrale que j'avais imaginée au tout début, en particulier dans la description des amours impossibles, blessées, qui aboutissent au double suicide. L'idée initiale apparaît toutefois à l'écran au moment des transitions saisonnières.

La manière dont *Dolls* a été conçu a été franchement rocambolesque. J'ai d'abord voulu changer radicalement de registre et réaliser un film sur la passion amoureuse, et non plus sur les gangs. Plus de violence ni d'hémoglobine donc, plus de *yakuza* – le seul qui apparaît dans le film, le chef de clan, est un homme âgé, amer, pensif, seul, plein de regrets… Je voulais un film qui raconte des histoires simples d'hommes et de femmes. Dès le début, j'ai imaginé un couple de mendiants inséparables, errant ensemble, soudés par un lien amoureux indestructible. Je pensais à une histoire qui se déroulerait tout au long des quatre saisons, et à une photographie faite de couleurs vives montrées sous plusieurs perspectives, et constituant un décor évolutif.

Assez vite toutefois, au fur et à mesure que le scénario prenait corps, je me suis aperçu que l'histoire ne tenait pas debout. Peut-être, me disais-je, le script est-il trop simple ? Je ne sentais plus l'histoire se dérouler comme prévu. Je ne pensais pas pouvoir tenir toute la durée du film avec mes deux personnages. C'est ainsi que m'est venue l'idée d'ajouter deux autres intrigues en accord avec le premier récit. Je voulais désormais qu'on ressente une progression entre les trois histoires.

A ce moment-là, il s'est produit quelque chose d'absolument inattendu. Un coup de théâtre ! Mon ami Yohji Yamamoto, le célèbre couturier, avec qui j'étais si heureux de collaborer une fois de plus – il avait été en charge des costumes de *Brother* – avait accepté de confectionner les costumes de *Dolls*.

Mais les costumes dessinés par Yohji Yamamoto ne correspondaient pas du tout à l'histoire. Quand il s'est pointé avec ses créations, je peux vous assurer que ce fut pour le moins cocasse. Ce qu'il avait créé était très beau, bien entendu, sublime même. Mais ce n'était pas ce que portent des clochards ! Je lui ai donc rappelé que ces costumes devaient être portés à l'écran par un homme et une femme sans domicile fixe. J'imaginais bien et comprenais bien que Yamamoto l'avait fait exprès. La situation était spéciale car je savais aussi qu'il était alors complètement débordé de travail. Il préparait au même moment des défilés et la présentation de sa dernière collection à Paris. Vous pouvez imaginer son emploi du temps. Connaissant Yamamoto, il avait dû aligner plusieurs nuits blanches pour me faire plaisir et mener à bien ce travail. Je n'allais donc quand même pas l'envoyer dans les roses et lui demander poliment si cela ne le dérangeait pas trop de tout recommencer. Toujours est-il que ces costumes flamboyants, aux couleurs très vives, ont causé un certain malaise au sein des équipes de tournage et de production. Que pouvions-nous faire ? Nous étions abasourdis, complètement sonnés.

C'est en disant merci à Yohji Yamamoto que j'ai trouvé la solution. Il fallait modifier le scénario, en renforçant cette fois l'aspect théâtral et figuratif du récit. J'ai alors décidé de chambouler l'histoire pour mettre en scène des êtres humains manipulés, exactement comme dans le théâtre bunraku. En fait, grâce aux costumes de Yamamoto, je revenais à mon idée originale, au théâtre de marionnettes. C'est un peu comme s'il avait réalisé à lui seul la moitié du film ! Les costumes ont vraiment influé sur la réalisation.

La réalisation de ce film aura été une expérience nouvelle à tous points de vue. Pour la première fois, je montais un projet au grand écran dont les motifs étaient empruntés au théâtre traditionnel. L'un de mes soucis, durant la réalisation, était que le travail dynamique de la caméra évoque l'art des chefs-d'œuvre du Japon ancien.

De même que pour illustrer une pièce, *Le Messager de l'enfer*, citée au début du film, j'ai utilisé quatre de mes tableaux – terminés quelque temps plus tôt –, comme références et éléments du script. Enfin, script, c'est beaucoup dire. Car en général, je n'utilise pas forcément de *story-board* dans mon travail. Mon travail est plutôt oral, vivant, et dépend d'un travail collectif. Jamais, avant *Dolls* – sauf peut-être dans *Hana-bi* –, je n'avais eu recours à des tableaux pour « écrire » une trame, et imaginer les étapes d'un film monté comme une pièce de théâtre.

Spécialement pour ce film, durant le tournage, j'en étais toujours à demander à mes acteurs et actrices de ne surtout « plus jouer », alors qu'ils étaient là pour ça. Ils étaient quelque peu décontenancés. Imaginez la réaction d'un comédien à qui vous dites qu'il faut être le plus inexistant possible, ne surtout plus jouer, alors qu'il se trouve sur un plateau de cinéma et que la caméra tourne. Quand on filmait, j'insistais, je leur répétais qu'ils devaient abandonner autant que possible leurs réflexes, leur métier, leurs instincts d'interprétation. Je voulais qu'ils apparaissent à l'écran comme « des marionnettes de *bunraku* ». Pour beaucoup, ce n'était pas simple. Pour moi aussi, c'était nouveau, je travaillais alors avec un grand nombre d'interprètes que je ne connaissais pas.

Dans mes films précédents, il n'y avait pas beaucoup de couleurs, plutôt une répétition d'univers monotones, voire presque monochromes. L'expression « *Kitano-blue* » collait à la plupart de mes films. Or, j'ai eu envie d'une rupture. J'ai voulu utiliser des couleurs, et filmer, en particulier, les quatre saisons. Ce désir d'avoir des couleurs vives, chatoyantes à l'écran, de vraies et belles couleurs, a été une des motivations du projet. Lorsque le tournage a débuté, la chance a tout de suite été au rendez-vous. L'automne était précoce. Sur les érables, les feuilles d'un rouge vif, éclatant, sont apparues plus tôt que prévu. Ce fut vraiment un coup de pot formidable. De toute façon, nous avions bien l'intention d'attendre le moment de l'éclosion, à chacune des saisons de l'automne et du printemps. Car dans *Dolls*, tout est d'abord question d'éphémère. C'est ce côté éphémère de la nature et des saisons au Japon qui m'intéressait. Aussi la peinture m'a-t-elle beaucoup aidé.

Les couleurs parfois très sophistiquées de *Dolls*, surtout celles à base de rouge, susceptibles d'exprimer la passion, ont été concentrées à un moment particulier du film pour accentuer une évolution dramatique dans les sentiments passionnels du couple encordé. Couple dont l'amour nous dépasse, nous effraie presque. Ce rouge m'a marqué. J'ai beaucoup apprécié le tournage au milieu de ce festival de couleurs naturelles. A ce titre, je regrette l'abandon, la lente disparition, dans notre Japon contemporain concentré sur le « business », des couleurs vives et naturelles, le déclin du beau. L'identité culturelle des Japonais se dissipe sous leurs yeux.

Durant le tournage, je me demandais ce que les images allaient bien pouvoir donner à l'écran. Quand j'ai vu les rushs des scènes d'automne, j'étais comblé. La photographie était très belle. Les costumes de Yamamoto san, les cerisiers en fleur du printemps, les feuilles rouges et jaunes de l'automne, étaient en harmonie.

Je savais que ce film ne serait pas un succès au box-office. Mais j'assumais. J'avais toujours voulu réaliser une œuvre de ce genre. *Dolls* est, selon moi, une pièce filmée de bunraku, comme j'en rêvais. Il a été dit qu'avec *Dolls*, j'avais beaucoup gagné en qualité, que mon cinéma était monté d'un cran. Mais c'est un compliment qu'il m'est difficile de reconnaître. A l'idée même de l'accepter, je suis plongé dans un océan de gêne. Un peu comme quand vous allez au *soap land* pour la première fois…

> *Au Japon, les « soap land » sont des salons de massage, au savon, où des hommes vont s'offrir un frotti-frotta mousseux avec une hôtesse. Dans l'archipel, ils furent longtemps appelés « bains turcs » mais à la suite des protestations officielles de la Turquie, l'appellation anglophone s'est généralisée.*

A mes yeux, je l'ai dit plusieurs fois, *Dolls*, malgré les apparences, est un film violent qui reflète des angoisses sociales. Il parle de ces gens, de ces hommes, de ces femmes, jeunes surtout, qui n'ont pas du tout envie de se battre pour atteindre des objectifs portés aux nues par la société moderne, dans l'air du temps – réussir à tout prix, se marier, fonder une famille, etc. –, vains à leurs yeux et sans grande importance. En fait, *Dolls* illustre la façon dont certains d'entre nous, sous le coup du sort, peuvent finir broyés. Finalement, parce que c'est leur choix, ou bien sous le poids d'une contrainte, les personnages du film fuient le bonheur facile. Leur fuite apparaît comme obligatoire et urgente. Par exemple quand une jeune femme qui se sent trahie, abandonnée par celui qu'elle aime, décide de mettre fin à ses jours. A mon avis, c'est l'expression d'une vraie violence, à laquelle on ne s'attend pas. La violence a plusieurs facettes. Elle peut s'avérer aussi brutale que le tsunami ravageur de décembre 2004 déclenché par le grand séisme de Sumatra en Indonésie. Personne ne s'attendait à un phénomène naturel d'une telle violence. Il y a eu cet énorme séisme en profondeur, puis cette vague monstrueuse qui a tout emporté... Cette violence-là n'a rien à voir avec les dégâts de la guerre en Irak que nous avons suivie en direct à la télévision, une guerre quasiment préprogrammée...

Dolls propose également une réflexion sur le handicap physique et la maladie, sur ce à quoi ressemble le paroxysme de la cruauté, quand, par exemple, une héroïne guide un aveugle dans un endroit splendide. Dans *Dolls*, la mort survient sans raison. A chaque fois que les personnages tentent d'atteindre le bien, ils sont fauchés par la mort. Le film montre cette relation ténue qui lie l'amour et la mort. Aimer, n'est-ce pas mourir à petit feu ? Dans la mare aperçue dans le film, les nénuphars symbolisent Bouddha, d'une certaine façon, la mort. Dans *Dolls*, il y a ce lien entre la beauté et l'éphémère. Même sur grand écran, ce qui est beau ne dure jamais.

Dolls a connu un certain succès dans plusieurs pays européens. Et surtout en Russie. Allez savoir pourquoi ! Peut-être pour son romantisme très mélancolique ? Le film est resté deux années consécutives à l'affiche à Moscou, après sa sortie, et y ressort régulièrement. *Dolls* est si apprécié dans ce pays qu'en 2007, on m'a proposé de réaliser pour la télévision russe un spot publicitaire qui reprend des images du film vantant auprès des consommateurs russes les mérites d'un écran plasma de la marque japonaise Panasonic. Ce que je fis.

Quand le film publicitaire a été fin prêt, une conférence de presse a été organisée à Tokyo en présence de plusieurs journalistes et représentants des médias russes. Deux chaînes de télévision, des hebdomadaires, des mensuels et des quotidiens, sont venus à ma rencontre. J'ai accordé des entretiens – qui m'ont épuisé je dois le dire. Les journalistes russes ont le sens de l'humour. Lors d'une interview, l'un d'eux a estimé que j'avais « beaucoup de pouvoir au Japon », compte tenu du nombre d'émissions de télévision que je présente et produis, et de films que j'ai réalisés ces quinze dernières années. Et il a ajouté, en éclatant de rire, que j'étais le « Vladimir Poutine du Japon ». Or, cette remarque ne m'a pas du tout faire rire, mais alors, pas du tout… Je ne l'ai pas prise comme un compliment. C'était une comparaison injuste. Moi, je n'ai jamais martyrisé les Tchétchènes, ni empoisonné qui que ce soit au polonium !

C'est ainsi qu'une campagne publicitaire reprenant les couleurs éclatantes des paysages de Dolls *a envahi les petits écrans russes. A la fin du spot, Kitano prononce un mot en russe : « Prevoshodno » (« parfait »). La taille du panneau publicitaire qui envahit alors la place Rouge étonne : un visage géant de Takeshi Kitano, les cheveux blond platine, occupe une affiche haute de quinze mètres et longue de quatre cents mètres. Kitano était encore l'invité, en juin 2008, du 30ᵉ Festival international du film de Moscou, au cours duquel plusieurs de ses films furent projetés, parmi lesquels* Violent cop, Sonatine, Hana-bi, Dolls *et* Zatoïchi. *Il reçut une distinction pour l'ensemble de son œuvre cinématographique. « Je suis heureux de recevoir ce prix dans un pays gorgé d'histoire et de traditions et qui a produit de nombreuses formes d'art » déclara alors Takeshi. Il dirigea, dans la capitale russe, une véritable « classe de cinéma », en marge du festival. Kitano est le Japonais le plus populaire en Russie.*

J'étais à Moscou il y a quelques mois. J'y ai vu un grand déballage de richesses, des limousines longues comme des camions, des Ferrari, des Benz blindées... Quel fossé avec l'ancienne Union soviétique ! Il m'est apparu d'autant plus large que durant ce voyage, je lisais Soljenitsyne... Durant ce voyage, une fois encore, je me suis retrouvé face à des journalistes russes. Ils étaient si amusants. Au lieu de me poser des questions, ils me jetaient des fleurs...

A Moscou, on m'avait fait descendre dans un hôtel prestigieux qui fait face au Kremlin. Un soir, j'ai entendu un vacarme pas possible. Quand j'ai ouvert la fenêtre, j'ai cru que les Tchétchènes avaient envahi la place Rouge. Elle était noire de monde. En fait, la Russie venait de remporter un match de football contre la Hollande.

Zatoïchi
(2003)

Zatoïchi est une œuvre haute en couleur, le premier film de costumes et premier chambara *(film de sabre) du cinéaste. Kitano s'est lancé avec succès dans le genre historique, et a troqué ses revolvers pour des sabres. Dans le Japon des samouraïs de l'époque Edo (1600-1868) – dominée par le shogunat des Tokugawa dont Edo (l'ancien nom de Tokyo) est la capitale, à un moment où l'archipel ne s'est pas encore complètement ouvert au monde –, le film conte l'histoire d'Ichi (Zatoïchi), voyageur aveugle gagnant sa vie comme joueur professionnel et masseur. Son handicap cache une force stupéfiante : c'est un sabreur redoutable. Il peut affronter en duel quinze hors-la-loi et les aligner un à un. Alors qu'il marche à travers la montagne, il arrive dans un village sous la coupe d'un malfrat, Ginzo, et de son gang qui font régner la terreur et rackettent les commerçants. Dans un bistrot, Ichi rencontre deux geishas, Okinu et sa sœur Osei, aussi raffinées que dangereuses, qui vont de ville en ville à la recherche des meurtriers de leurs parents assassinés alors qu'elles étaient encore enfants. Elles n'ont qu'un nom pour seul indice : Kuchinawa. Sa canne-épée en main, Ichi va les aider et faire justice lui-même. Dans ce western spaghetti nippon, déroutant de prime abord – il démarre sans générique ni explications –, chacun s'entre-tue au nom de ses intérêts. Les samouraïs rebelles qu'on y voit sont tels que l'imaginaire japonais – et occidental – les conçoit. Les dialogues sont ciselés et tranchants comme la lame d'Ichi. Tiré des romans de Kan Shimozawa, le film s'inspire en fait de la légende et du premier Zatoïchi (1962) du cinéaste Kinji Misumi. Le rôle fut incarné durant de longues années (de 1962 à 1989) par l'acteur Shintaro Katsu. A l'époque, l'art du* chambara *(terme reproduisant le bruit d'une lame tranchant la chair) connaissait un énorme succès au box-office, avec* Yojimbo *d'Akira Kurosawa (1961). Dès sa sortie sur les écrans en 2003, le succès du* Zatoïchi *de Takeshi Kitano fut considérable, au Japon comme dans une vingtaine de pays. Aux États-Unis, Quentin Tarantino l'encensa. « Film de maître », « insolite », « parfaitement maîtrisé », il fut plébiscité par la critique européenne. La presse française s'emballa.* Zatoïchi *fut primé à la Mostra de Venise, couronné par un Lion d'argent. Il reçut aussi le Prix du Public du Festival du film de Toronto, et neuf nominations aux Academy Awards du Japon (les Césars nippons). Quand, à l'automne 2003, Kitano arrive à Venise, pour l'avant-première européenne, son apparition provoque les cris d'une foule d'admirateurs fanatiques.*

Au Japon, depuis mon Lion d'or à la Mostra de Venise pour *Hana-bi (1997)* et depuis mon Lion d'argent, toujours à Venise, pour *Zatoïchi*, les Japonais se sont souvenus que je n'étais pas seulement animateur à la télévision mais aussi réalisateur de longs métrages. Vous savez, ces récompenses ont changé beaucoup de choses : de nombreux Japonais ont alors accepté de découvrir mes films ou les revoir, en les empruntant au vidéoclub. De ce point de vue, *Zatoïchi* a servi de révélateur. Il est l'aboutissement d'années d'efforts.

Ce fut un long métrage très spécial à réaliser, une expérience forte, nouvelle. D'autant que *Zatoïchi* fut une commande. C'était la première fois qu'on me commandait un

Takeshi, alors écolier, aux côtés de son grand frère Masaru. « C'est à l'est de Tokyo que j'ai grandi, dans un quartier d'ouvriers, d'artisans, de charpentiers. »
© Sankei

Takeshi (à droite) **et son frère Masaru.** « Ma famille était d'origine modeste. Nous vivions avec le minimum. Notre petite maison consistait en deux pièces exiguës, dont une mal éclairée. Dans cette pièce, nous nous serrions comme nous pouvions. »
© Sankei

Takeshi (à droite) **et Masaru.** « Masaru travaillait très dur pour que la famille ait de quoi vivre. Les subsides qu'il ramenait à la maison avaient aussi aidé à payer mes études. »
© Sankei

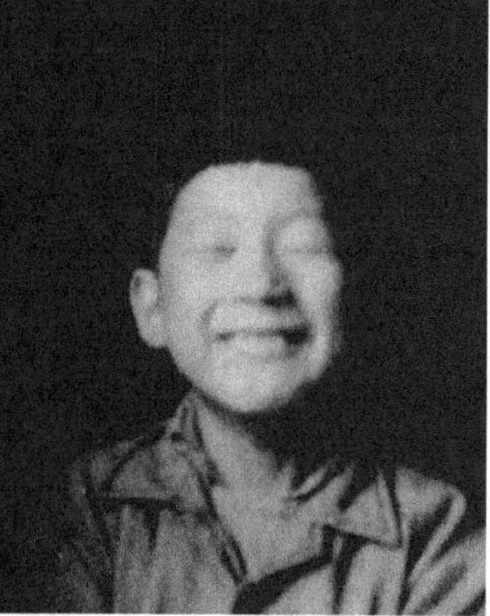

L'Été de Kikujiro (1999), huitième film de Kitano.
« Ce film est un hommage à mon père. Comme dans le film, il s'appelait Kikujiro. »
© 1999 Bandai Visual, Tokyo FM, Nippon Herald, Office Kitano

Peinture sans titre de Takeshi Kitano.
« C'est grâce à l'école et aux copains que j'ai appris la vérité. Un jour, j'ai vu des photos, et j'ai compris qu'au cours du printemps et de l'été 1945, le Japon avait été soufflé, complètement rasé sous un tapis de bombes. »
© Office Kitano

Le cinéaste, dirigeant une scène durant le tournage de **Kids Return**.
« Le film de ma réadaptation à la société. »
© 1996 Bandai Visual, Office Kitano

Kitano, pendant le tournage de
Achille et la tortue.
« Pour moi, le "gosse de peintre",
la peinture est davantage qu'un passe-
temps. Même si elle a toujours été
une passion – je ne parle pas de celle
de mon père, artisan en laques puis
peintre en bâtiment, qui passait ses
journées à repeindre des façades,
et s'entraînait pour cela sur la porte
de la nôtre ! »
© 2008 Bandai Visual, TV Asahi,
Tokyo Theatres, Wowow, Office Kitano

Sonatine
« Dans **Sonatine**, il n'y a pas de
surprises : la mort est au rendez-vous.
Dans un souci d'harmonie, de
cohérence, de logique – des choses
très japonaises –, le héros se fout
en l'air comme prévu. No way to
fool around ! »
© 1993 Shochiku

Peinture sans titre de Takeshi Kitano.
« Finalement, je crois qu'il était préférable que je n'entre pas
chez Honda. Je n'aurais jamais pu être salarié, travailler
normalement, comme tout le monde. Devenir un salaryman-robot.
Certes, être artiste n'est pas toujours confortable. Mais faire rire
les autres – d'ailleurs une façon originale de
s'autodétruire – est une nécessité. »
© Office Kitano

Peinture sans titre de Takeshi Kitano.
« Dans **Hana-bi**, j'ai utilisé certains de mes tableaux comme s'ils étaient des mots. »
© Office Kitano

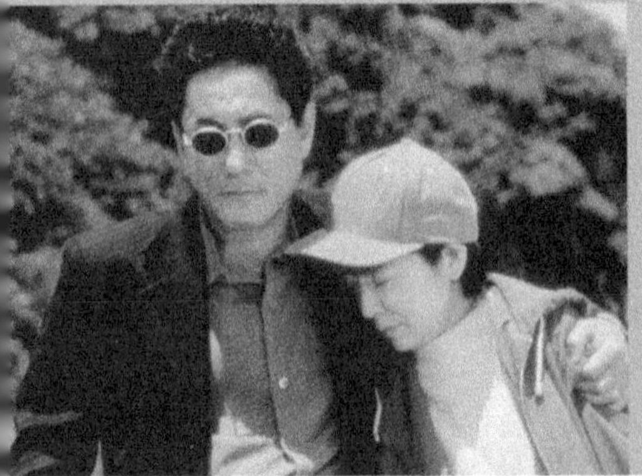

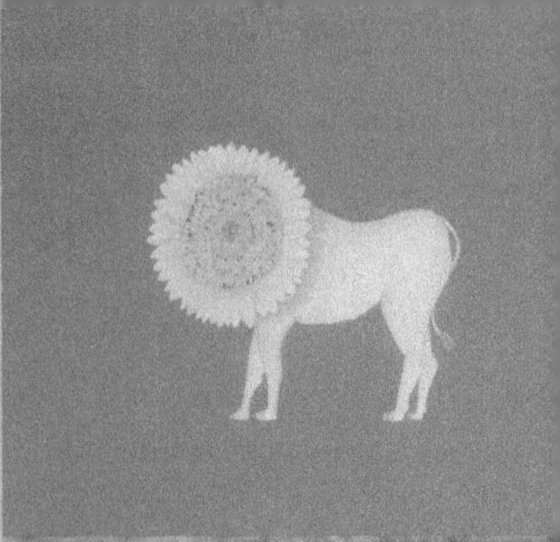

« Dans **Hana-bi**, l'émotion naît presque du vide (...). Que le film ait été couronné par un Lion d'or au Festival de Venise m'a beaucoup ému. »
© 1997 Bandai Visual, TV Tokyo, Tokyo FM, Office Kitano

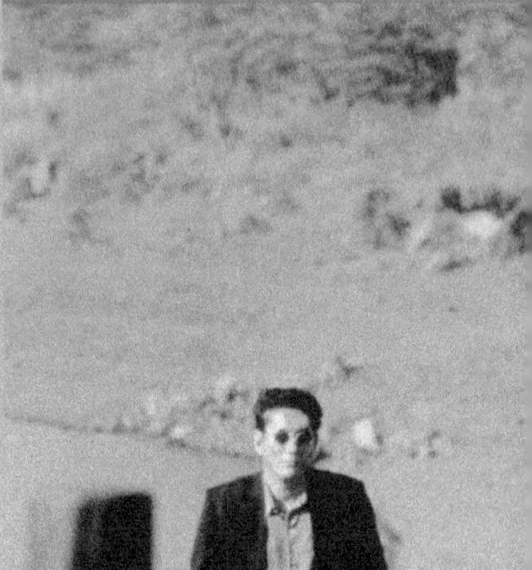

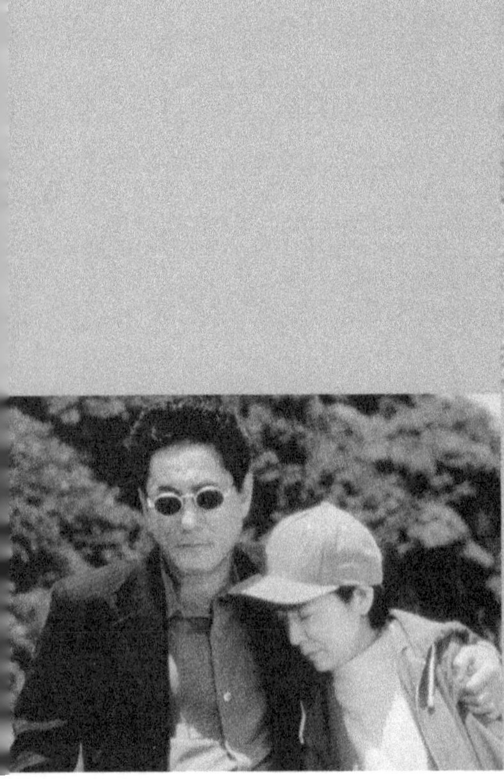

Takeshi Kitano et l'actrice Kayoko Kishimoto, dans **Hana-bi**.
« C'est volontairement que les phrases des dialogues sont ultra courtes. Les personnages se refusent à certains mots. »
© 1997 Bandai Visual, TV Tokyo, Tokyo FM, Office Kitano

Peinture sans titre de Takeshi Kitano
« Dans **Dolls**, tout est d'abord question
d'éphémère. C'est ce côté éphémère de
la nature et des saisons au Japon qui
m'intéressait. Aussi la peinture m'a-t-elle
beaucoup aidé. »

Dolls
« Je voulais un film qui raconte des histoires
simples d'hommes et de femmes. Dès le début,
j'ai imaginé un couple de mendiants
inséparables, errant ensemble, soudés par un
lien amoureux indestructible. Je pensais à
une histoire qui se déroulerait tout au long
des quatre saisons (...). »

Sur le tournage de **Dolls**
« L'un de mes soucis, durant la réalisation,
était que le travail de la caméra évoque l'art
des chefs-d'oeuvre du Japon ancien. »

Zatoïchi
« Bien que m'inspirant de l'idée originale de l'ancienne saga, je n'ai pas
repris les recettes traditionnelles du chambara (…). Pas de combats
types donc. Les duels tels qu'on les découvre dans le film sont comme
je les ai imaginés. Ce qui ne veut pas dire que la préparation des scènes
de combat ait été plus simple. Au contraire. »

Peinture sans titre de Takeshi Kitano
« Je n'ai pas de souvenirs précis de mon accident. On m'a récupéré
en piteux état. Un œil avait été atteint. »
© Office Kitano

Zatoïchi
« Des critiques occidentaux ont écrit que c'était un "western japonais". Ce commentaire est tout à fait juste. »
© 2003 Bandai Visual, Tokyo FM, Dentsu, TV Asahi, Saito Entertainment, Office Kitano

Takeshis'
« Lorsque je l'ai visionné après le montage, **Takeshis'** était encore plus bizarre que je ne l'avais imaginé, j'étais le premier dérouté. »
© 2005 Bandai Visual, Tokyo FM, Dentsu, TV Asahi, Office Kitano

Brother
« Dans la peau d'Aniki Yamamoto, je me suis taillé un rôle à ma mesure, celui d'un yakuza qui règle ses comptes à coups de revolver et n'aime pas trop parler. »
© 2000 Recorded Picture Company, Office Kitano

Peinture sans titre de Takeshi Kitano
« Travailler à Hollywood, quand on est un Asiatique, n'est pas simple : on constate encore assez souvent une sorte d'ostracisme qui ne dit pas son nom. Je ne pense pas que ce soit du racisme ordinaire, mais peut-être davantage une forme de paternalisme. »
© Office Kitano

Beat Takeshi, à droite, sur le plateau télé de l'émission **WORLD GREAT TV**, aux côtés du talento Tokoro George.
© NTV

Peinture sans titre de Takeshi Kitano
« Il est évident que mon attitude à l'égard de l'art en général, et de la peinture en particulier, n'est absolument pas sérieuse. »
© Office Kitano

Beat Takeshi, en professeur et animateur de l'émission de télé **Takeshi Kitano presents KOMA UNIV. MATHEMATICS** (La faculté de mathématiques de l'université Koma de Takeshi).
© Still photo courtesy of East Co., Inc./Fuji Television Network, Inc.

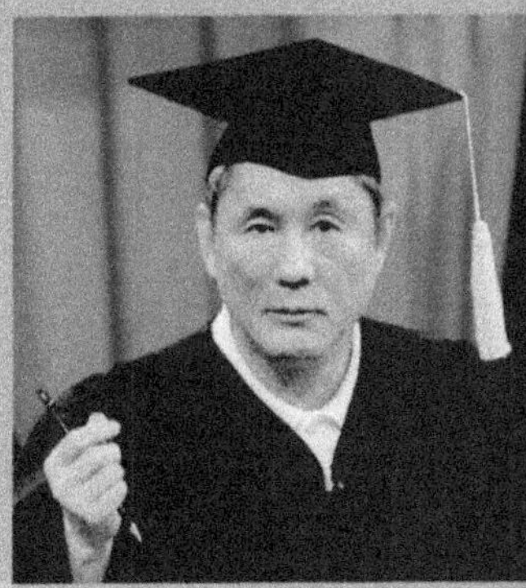

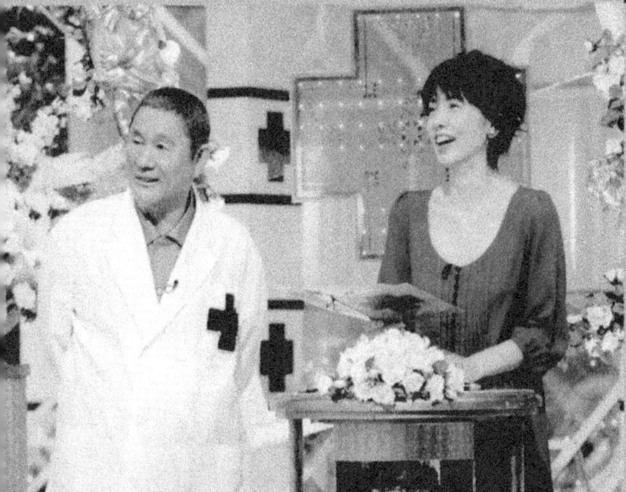

Beat Takeshi anime l'émission **Takeshi Kitano's MEDICAL CHECK UP HORROR SHOW** (Ultime avertissement ! La médecine familiale de choc de Takeshi).
« On peut qualifier cette émission de variety show médical. »
© Asahi Broadcasting Corporation. UCOM Co. Ltd

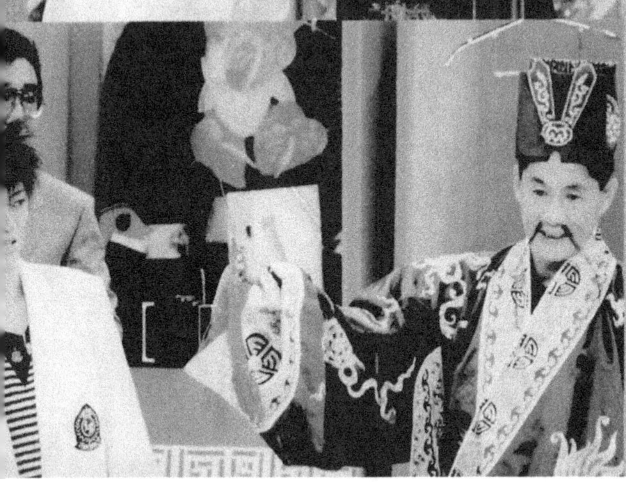

Beat Takeshi en mandarin chinois, pendant l'émission **GENKI TV** (La Télé qui donne la pêche !).
© NTV

Takeshi Kitano et son double, dans **Glory to the filmmaker !**
« Le personnage que j'interprète est un drôle de type, avec un humour pince-sans-rire,
surtout lorsqu'il manie sa propre marionnette qui parfois se dérègle. »
© 2007 Bandai Visual, Tokyo FM, Dentsu, TV Asahi, Office Kitano

Takeshi Kitano,
sur le tournage de **Takeshis'**.
« J'expédie mes tournages, car
je n'ai guère d'attentes de mes
acteurs et actrices. Je demande
à un acteur de faire telle ou
telle chose, s'il y parvient,
tant mieux, s'il n'y arrive pas,
je n'insiste pas, je ne multiplie
pas les prises, j'en fais une
ou deux et en général,
c'est dans la boîte ! »
© 2005 Bandai Visual,
Tokyo FM, Dentsu,
TV Asahi, Office Kitano

Takeshi Kitano et l'acteur
Taichi Saotome, dans **Takeshis'**.
« **Takeshis'** est une fantaisie,
une lubie, une idée
romantique, une douceur,
une invitation au voyage,
un prétexte pour emmener
les vrais mordus de cinéma
dans un autre monde. »
© 2005 Bandai Visual,
Tokyo FM, Dentsu,
TV Asahi, Office Kitano

Takeshi Kitano et l'actrice Yuki Uchida, dans **Glory to the filmmaker !**
« Ce film était nécessaire. J'étais obligé de passer par là pour continuer. »
© 2007 Bandai Visual, Tokyo FM, Dentsu, TV Asahi, Office Kitano

Avec les actrices Yoshino Kimura et Keiko Matsuzaka (à droite), dans **Glory to the filmmaker !**
« Au Japon, il existe aujourd'hui deux types de cinéastes. Ceux, proches ou héritiers d'Akira Kurosawa, qui aiment mettre en scène des situations marquantes et des personnages aux identités fortes, et ceux qui, à l'inverse, à la façon de Ozu, au gré d'un cinéma intimiste fait de petits détails à peine visibles, rendent compte des petits riens et des vibrations de la vie de tous les jours. »
© 2007 Bandai Visual, Tokyo FM, Dentsu, TV Asahi, Office Kitano

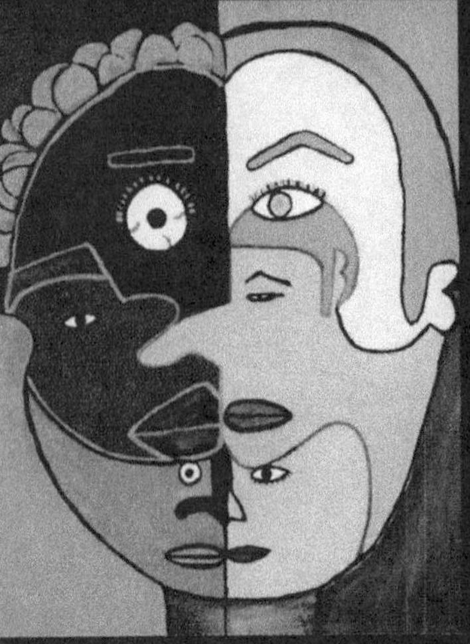

Peinture sans titre de Takeshi Kitano
« Parfois, en pleine nuit, l'envie de peindre me prend à cause d'une image ou d'une scène apparue en plein sommeil. Je me lève et je m'y mets. Une fois le tableau terminé, je réalise que le résultat n'a rien à voir avec l'idée originale. »
© Office Kitano

Une belle journée
« Mon court métrage de trois minutes, c'est l'histoire d'une séance de cinéma qui ne commence jamais. On croit qu'elle commence, on se dit, "ça y est c'est parti !", et puis non, dans le vieux studio de projection, la bobine flanche... »
© 2007 Bandai Visual, Tokyo FM, Dentsu, TV Asahi, Office Kitano

L'actrice Kanako Higuchi et Takeshi Kitano, dans **Achille et la tortue**.
« Ce film pourrait être un hommage aux artistes qui ont tout donné à l'art, jusqu'à leur vie. »
© 2008 Bandai Visual, TV Asahi, Tokyo Theatres, Wowow, Office Kitano

**Takeshi Kitano, ses grands frères, Shigekazu et Masaru,
et leur mère, Saki.**
« Dans l'atelier où je peins, à côté du bureau où j'aime lire
et travailler, j'ai installé une photo de ma mère, âgée.
J'allume régulièrement des bâtons d'encens et je prie
pour elle et le repos de son âme (...). Ma chère mère me regarde
tous les jours. Elle doit se dire : "Quel drôle de fils,
j'ai mis au monde !" »
© Sankei

film, et que j'acceptais. Je ne pouvais pas louper cette occasion. Les producteurs étaient motivés. Du coup, j'ai bénéficié d'une vraie liberté d'action et de réalisation sur ce projet, comme réalisateur et même monteur. Doté de moyens de production conséquents, ce film répondait bien sûr à une logique commerciale. J'avais un casting exceptionnel, des comédiens, des acteurs et des actrices de grand talent. Ce film a aussi révélé Taichi Saotome, un vrai petit génie venu du théâtre, âgé de dix ans à peine dans ce film.

Pour la première fois de ma carrière, avec Zatoïchi, j'ai eu une liberté totale pour faire valoir ma véritable conception du divertissement. Et avec mon expérience, je sais ce que c'est ! Dès la première minute du film, je voulais qu'il soit vu comme un divertissement. Des critiques occidentaux ont écrit que c'était un « western japonais ». Ce commentaire est tout à fait juste.

Il est clair, en même temps, que réaliser un film est beaucoup plus difficile que de jouer la comédie. Sur scène, sur un plateau de télé, être comique signifie faire ce qu'il faut pour faire rire le public dans l'instant. Rien n'est profond dans cette démarche. Au contraire, au grand écran, mon intention est d'imaginer diverses situations qui fassent réfléchir. Mon objectif est d'emmener le spectateur là où il ne s'attend pas, et tenter de le plonger dans un océan de sensations et d'émotions. Je crois que cet objectif a été atteint au-delà de mes espérances avec *Zatoïchi*.

Aussi, compte tenu du budget important mis sur la table par la production, j'ai été forcé d'accepter des effets spéciaux. Ce n'était pas de gaieté de cœur. J'ai, en effet, un problème avec les effets spéciaux. J'ai l'impression qu'ils dénaturent non pas la réalité, car ils servent à cela, mais le film même, voire l'essence de ce qu'est le cinéma. Je ne peux guère m'intéresser à certains films, comme *300*, qui a connu un grand succès certes, mais qui avec son utilisation systématique des effets spéciaux et graphiques, est d'abord, à mes yeux, une œuvre de science-fiction, peut-être très belle mais en tout cas artificielle, surtout très commerciale, et pas vraiment une œuvre historique sur les guerriers de Sparte. Ce qui ne veut pas dire que je n'apprécie pas certains films de science-fiction...

Pour revenir à *Zatoïchi*, ce film est l'adaptation d'un roman culte, extrêmement populaire dans notre pays, de Kan Shimozawa, qui met en scène un personnage incontournable et fictif de la culture japonaise au temps d'Edo. Les adaptations télévisées et au cinéma ont connu beaucoup de succès dans les années 60 et 70.

Jusqu'en 1989, le rôle était joué par le comédien Shintaro Katsu. Mais je n'ai jamais été un grand fan de cette saga de vingt-cinq épisodes, à cause notamment de la manière dont elle a été montée. Je n'ai même pas vu tous les films, seulement quelques-uns sur des cassettes vidéo. Et je dois dire que cela m'a suffi. J'ai toujours trouvé que le justicier interprété par Shintaro Katsu en faisait un peu trop. Ce n'était pas ma vision du rôle. Donc, je ne souhaitais surtout pas l'imiter. Rien qu'en apparence, mon personnage n'a rien à voir avec le sien. Six mois avant le début du tournage, j'ai eu les cheveux teints en blond. Je suis même apparu ainsi sur les plateaux télé, pour que le public s'habitue peu à peu à cette nouvelle image et s'imprègne le plus possible, avant l'heure, de ma nouvelle identité.

Pour autant, décider de se lancer dans une telle aventure, d'adapter au cinéma une ancienne saga si adulée par le grand public, ne se décide pas du jour au lendemain. Certes, ce film était une commande, mais je ne me serais peut-être pas lancé dans l'aventure si Mama Saïto, Chieko Saïto, n'avait pas autant insisté pour que je le réalise.

Aussi, à sa sortie sur les écrans, je ne pensais pas que mon adaptation – qui m'inquiétait tout de même –, d'autant plus originale qu'elle est rythmée à l'extrême et pleine de surprises et de gags, connaîtrait un tel succès auprès des jeunes, tant au Japon qu'à l'étranger. Et je mentirais si j'affirmais que cela ne m'a pas fait plaisir. Car le film a été applaudi partout dans le monde, jusqu'en Australie, en Nouvelle-Zélande et en Turquie. *Zatoïchi* a fait salle comble à Istanbul ! Il a été couronné à Venise et a reçu de nombreuses distinctions, dont un prix au Canada.

Bien que m'inspirant de l'idée originale de l'ancienne saga, je n'ai pas repris les recettes traditionnelles du *chambara* et des arts martiaux les plus populaires ; vous l'aurez peut-être remarqué. Pas de kung-fu dans mon *Zatoïchi*, ni de boxe thaïlandaise ou de boxe chinoise. Je voulais me sentir à l'aise. Pas de combats types donc. Pour la plupart, les duels tels qu'on les découvre dans le film sont comme je les ai imaginés. Ce qui ne veut pas dire que la préparation des scènes de combat ait été plus simple. Au contraire. Elles ont été un vrai casse-tête, longues à réaliser, compliquées, éreintantes. Le travail de mise en forme et d'adaptation a été énorme. Un grand effort a été déployé au niveau de la réalisation de chaque scène de sabre.

Les combats dans *Zatoïchi*, tout comme la longue scène finale en musique dansée avec les claquettes, sont en grande partie le fruit de ce que mon maître, Fukami san, m'avait enseigné à Asakusa. Toutefois, s'il devait y avoir une suite à donner à *Zatoïchi*, je m'inspirerais probablement de scènes de combats plus traditionnels, tant chinois que japonais.

Cela fait un moment que je réfléchis d'ailleurs à une suite. Ce n'est qu'un projet. Des cinéphiles japonais et étrangers m'encouragent à poursuivre sur cette voie – avec une seconde version qui serait plus moderne et sans doute aussi plus sanguinolente que la première saga. J'y réfléchis. Pour le moment, je n'envisage pas sérieusement de travailler sur un second épisode. Je ne suis pas prêt. Et à vrai dire, le genre de chaque nouveau film dépend de mon tempérament du moment. Mais soyez-en assuré : je réaliserai d'autres films violents.

*

*   *

10.

Trilogie pour un double

Comme l'écrivain Norman Mailer, qui s'était inventé un double dans son thriller et chef-d'œuvre Un rêve américain, *ou comme Woody Allen qui imagine, dans ses films, des héros paranoïaques en pleine crise existentielle qui lui ressemblent, Kitano a décidé de se mettre en scène dans trois films surprenants,* Takeshis', Glory to the filmmaker !, *et* Achille et la tortue. *Une trilogie survoltée, relevant de la catharsis libératoire, mêlant autobiographie et fiction, dans laquelle le cinéaste, fatigué de séduire, confie avoir eu envie de dégommer ses certitudes, autant que les mensonges et l'arrogance de son avatar télévisé Beat Takeshi.*

En septembre 2006, j'étais en Italie, à Venise, à l'occasion de la 62ᵉ Mostra, pour une apparition surprise. Personne ne m'y attendait. Mais il se trouve que mon film *Takeshis'*, en 2005, y avait été sélectionné au tout dernier moment. Après la projection, les réactions furent inattendues et de deux types : « C'est votre plus mauvais film » ou « c'est votre meilleur film ». Au Japon, *Takeshis'* a été considéré comme un film « bizarre ». Mais je crois surtout que les Japonais n'y ont rien compris.

Takeshis'
(2005)

Autoportrait critique, ludique et drôle, Takeshis' est sans nul doute le film-confession le plus déroutant (parce que privé de fil conducteur), le plus inclassable et le plus baroque du cinéaste. Takeshis' laisse sans voix. Dans ce film métaphysique, Kitano met en scène la vie débordante d'activités de Beat Takeshi, star adulée du show-biz. Mais il crée la surprise en ajoutant à l'écran le sosie de l'animateur télé, un caissier de supérette, loser aux cheveux blond platine, péquenot introverti qui attend son heure de gloire en rongeant son frein. Après avoir croisé le chemin du grand « Beat » au cours de plusieurs auditions frustrantes, le sosie plonge dans un délire profond, où s'entremêlent, dans un puzzle d'images étourdissantes, d'un flot narratif déconcertant et de rencontres farfelues, des aspects de la vie réelle de Beat Takeshi et des extraits des films violents de Kitano. La critique européenne est partagée : le film est à la fois « déconcertant », « réussi », « surréaliste ». Jeu de massacres dans une fête foraine et fantasmes de Kitano tournés en dérision, Takeshis' reflète la psychologie complexe du réalisateur. Comme les cubistes en leur temps, le cinéaste lie entre elles des images décousues. Takeshis' apparaît comme une suite de tableaux naïfs, et trouve un équilibre étonnant entre réalité et poésie. Quand il en parle, Kitano s'exprime comme un homme blessé par un malentendu, déçu par l'accueil mitigé du public. Il s'est, en effet, donné à fond pour ce film.

Avec *Takeshis'*, j'ai joué à me faire peur, et je me suis bien marré. Je me suis défoulé et me suis offert le luxe de me laisser doubler par mon imagination et mes névroses pour interpréter mes deux sosies, l'un étant à peu près aussi déjanté que l'autre. On voit, en effet, se croiser les chemins d'un *talento (figure du petit écran)* à succès, devenu animateur d'émissions télévisées et de son avatar, un pauvre type, réservé, paumé, malchanceux, caissier dans une supérette, qui rêve de devenir une star du cinéma, et va d'audition en audition – en fait d'humiliation en humiliation –, à la recherche d'un rôle...

Comment parler sérieusement de ce film ?

A l'écran, l'animateur est Beat Takeshi en personne, tandis que l'autre porte l'obscur patronyme de Kitano. N'ayant pas peur de me ridiculiser aux yeux du public, susceptible de croire que je suis devenu fou ou arrogant et que j'en fais trop, j'ai voulu filmer Kitano, le fan, au moment où il a demandé un autographe à Beat Takeshi, son idole ! Cette scène est un cauchemar, tant pour le réalisateur – que je suis ! –, que pour le spectateur, et répond à l'image forcément stéréotypée que l'on a de moi. Je reconnais l'étrangeté d'une telle scène. Cette reproduction presque sans fin de types qui se ressemblent sans se confondre, tant à la télé qu'au cinéma, dans une histoire qui m'échappe, était une façon de bien rire et de me tourner en dérision.

Ce film est, en effet, le fruit d'une réflexion personnelle sur l'homme que je suis devenu. C'est un film dans lequel Kitano perd le contrôle de son double, ou l'inverse. Lorsque je l'ai visionné après le montage, *Takeshis'* était encore plus bizarre que je ne l'avais imaginé, j'étais le premier dérouté !

A l'origine, ce film, ancré en moi depuis une dizaine d'années, aurait dû s'appeler *Fractal*, avec une intrigue assez différente de celle de *Takeshis'*, celle d'un homme ordinaire bousculé par une série d'événements, puis par des remords, et son imagination qui s'est emballée. Mais à l'époque, en découvrant cette trame trop compliquée, les producteurs ont aussitôt reporté le projet. Ils le jugeaient beaucoup trop expérimental. « Le public, c'est sûr, va se perdre », disaient-ils. Ils étaient persuadés qu'en portant une intrigue aussi abstraite au grand écran, je fonçais droit dans le mur. Je comprenais leurs doutes, mais tenais aussi à mon histoire. Je pensais qu'un tel film, aussi farfelu – ne serait-ce que dans sa réalisation –, m'aiderait à y voir un peu plus clair avec mes différentes identités ! L'homme de télévision pourrait mieux juger l'homme de cinéma, et inversement. Ce film serait un moyen de disséquer mon « moi » ! Mais les producteurs susceptibles de financer ce projet n'étaient pas d'accord avec l'histoire.

Finalement, des années plus tard, conforté par le succès commercial de *Zatoïchi*, je suis revenu leur parler d'un projet *a priori* similaire mais porté par une tout autre idée. Je leur ai dit : « Ce ne sera plus *Fractal*, mais un autre film, avec un autre titre, l'histoire d'un type paumé qui perd le contrôle de sa propre imagination, ce sera moi, bien entendu, l'homme de télé, et l'homme de cinéma, interprété par deux sosies ! » Là, ils ont adoré ! On s'est aussitôt lancés dans l'aventure.

Même si je ne crois pas que les personnages de Beat Takeshi et de Takeshi Kitano, dans le film, reflètent exactement l'ambiguïté de ma personnalité, je reconnais que ce film a eu une valeur thérapeutique. *Takeshis'* m'a fait du bien. Je ressens, en effet, le besoin de prendre du recul, et de faire preuve de lucidité pour mieux me juger, surtout quand je suis trop entouré par l'admiration des autres...

Ce film, le premier à être aussi intime, me tient à cœur. Alors que dans mes précédentes œuvres, j'étais obligé de m'intéresser à des personnages très différents de moi, j'incarne dans *Takeshis'* l'homme que je suis dans la vie : un type débordé par de multiples activités. Mais, cette fois, je n'étais plus troublé par d'autre rôle que le mien.

> *Après le film* Dans la peau de John Malkovich, Takeshis' *aurait pu s'intituler* Dans la peau de Takeshi Kitano. *La mise en scène de cette double personnalité a été brillamment analysée, dans la presse anglo-saxonne, par l'un des meilleurs connaisseurs des œuvres du réalisateur et du cinéma japonais, l'écrivain et chroniqueur américain Donald Richie.*

Takeshis' est rempli d'anecdotes, de divagations, et avance par analogies. C'est un film à ne surtout pas prendre au sérieux. Un film qui résume bien toutes mes aventures passées en tant que comédien, homme de télévision, acteur et cinéaste. En l'écrivant et en le réalisant, je me suis dévoilé. On découvre à l'écran que je suis quelqu'un de simple, un homme vraiment ordinaire. Je ne voulais pas qu'il y ait de trame, ce qui rend le film plutôt déconcertant, déstabilisant, sans queue ni tête.

Takeshis' est destiné aux cinéphiles et aux adeptes du surréalisme et du cubisme. Ce film dans lequel, encore une fois, il n'y a pas grand-chose à comprendre, est également susceptible de séduire les amoureux des courts métrages de vingt ou trente minutes. C'est une fantaisie, une lubie, une idée romantique, une douceur, une invitation au voyage, un prétexte pour emmener les vrais mordus de cinéma dans un autre monde.

J'avais aussi envie de m'amuser. Je voulais que les spectateurs ne sachent pas trop quoi dire, quoi penser, en sortant de la salle de cinéma. Comme je l'ai déjà dit, c'est un vieux rêve chez moi : saisir et filmer le distinguo entre ce que l'on croit être vrai et ce qui est vu. J'ai voulu prendre les gens par la main, les amener à se poser des questions, les encourager à imaginer eux-mêmes la suite. Je ne voulais pas que les gens « voient » seulement ce film, je tenais aussi à ce qu'ils le ressentent, le vivent. Et si possible, décident de le revoir pour l'analyser.

Des critiques ont dit, peut-être avec justesse, que ce film était à mon image : un paradoxe. C'est un film étrange, mais je ne crois pas qu'il soit moins bizarre, ou ambigu, que le monde dans lequel nous vivons, ce Japon d'aujourd'hui où rien ne semble tout à fait clair. Et puis, quitte à aller plus loin, je dirais que j'ai également souhaité railler mes productions cinématographiques antérieures. Car, à mes yeux, je ne peux pas être satisfait de mes films. Je crois bien que mes efforts au cinéma sont restés vains...

Un monstre sacré du septième art se vantait aussi d'avoir réalisé des échecs : Orson Welles. Le réalisateur de Citizen Kane, Falstaff *et* La soif du mal *souffrait des déceptions qu'inspiraient ses derniers films, au point de se considérer dépassé et de mettre un terme à sa carrière de réalisateur...*

On peut mesurer la réaction provoquée par les films qu'on réalise aux cadeaux reçus à leur sortie. Après *Zatoïchi*, j'avais ainsi reçu une magnifique guitare Gibson, un bijou, un vieux modèle très précieux. A la sortie de *Takeshis'*, on m'a offert, à Paris, des sacs Gucci, un foulard Hermès…

Au moment de la présentation du film à l'étranger, j'ai accordé des interviews, comme la coutume l'exige. Les journalistes ont fait une de ces têtes quand je leur ai dit que ce film n'avait aucune valeur à mes yeux. Rien de tel pour faire réagir les distributeurs ! A Paris, Hengameh Panahi, la présidente de Celluloïd Dreams, une société qui vend mes films en France – une femme formidable, qui est aussi, au passage, l'épouse du réalisateur Jean-Pierre Limosin – m'a dit, texto : « S'il vous plaît, Takeshi, ne disqualifiez pas autant votre film car avec un tel discours, je ne vais trouver aucun acheteur, pas le moindre distributeur en Europe. » Vous imaginez la scène ?

Glory to the filmmaker ! (Kantoku banzaï !)
(2007)

Véritable ovni cinématographique, Glory to the film-maker ! (*Kantoku banzaï !*), *est le second opus de la trilogie imaginée par Kitano autour de ce qu'il nomme le « processus de déconstruction en art ». Dans ce film burlesque, le réalisateur passe aux aveux : le cinéma est une drogue. Le voici de nouveau propulsé à l'écran où il se met en scène. Un docteur découvre dans la tête de Kitano une rare anomalie : son cerveau est une caméra. Comme dans* Takeshis', *le cinéaste ridiculise l'image publique de son alter ego, Beat Takeshi, et se moque gentiment de quelques cinéastes, institutions bien établies, et symboles de la pop-culture nippone et mondiale. Il rend aussi hommage, au passage, au Nouveau cinéma, en s'inspirant du « bullet time » de* Matrix *ou du* Tigre et dragon *d'Ang Lee. Ce film fantaisiste et décalé aux allures d'autoportrait farceur, dans l'esprit et la veine de certains Monty Python de Terry Gilliam et Terry Jones, n'a pas eu, de l'aveu de Kitano, « le succès escompté ».*

J'ai ardemment ressenti le besoin de réaliser la suite de *Takeshis'*. Lors de l'avant-première, qui a eu lieu au Forum international de Tokyo, beaucoup de gens étaient tordus de rire. Ce film est le second volume d'un triptyque. Les réaliser, tous les trois, était une nécessité. Qu'ils soient réussis ou non, qu'ils aient du succès ou non, c'est une autre histoire. Ce qui est sûr, c'est que *Glory to the filmmaker !* est encore plus stupide que le premier, *Takeshis'*. Mon intention était une fois encore de ridiculiser non pas le cinéma, non pas les films des autres réalisateurs, mais les miens, tous ceux que j'ai réalisés jusqu'à présent, et qui sont, à mon avis, des échecs cuisants, d'un point de vue cinématographique. A tel point que je ne pense pas que l'on puisse me considérer comme un véritable réalisateur.

Glory to the filmmaker ! ressemble à un film comique, sans l'être tout à fait. Faire rire n'était pas ma priorité, même si, bien sûr, le film est un divertissement. Le personnage que j'interprète est un drôle de type, avec un humour pince-sans-rire, surtout lorsqu'il manie sa propre marionnette qui parfois se dérègle.

Ce deuxième volet du triptyque est en outre un film très personnel, et, à mon sens, une thérapie... Quand je ne vais pas bien, j'ai un peu l'impression de manier une marionnette, la mienne, qui en réalité ne m'appartient pas. C'est de cette manière que je peux concilier Beat Takeshi et Takeshi Kitano[39]. L'un manie en permanence la marionnette de

___

39. *Takeshi en ennemi de Kitano, c'est le credo d'une critique de Philippe Azoury, expert du cinéma japonais et chirurgien du style Kitano* (Libération, 16 juillet 2008) : « Il n'y a pas, à notre connaissance, beaucoup de films qui ressemblent à celui-là (...). Kitano, ennemi de lui-même, c'est aussi la piste de la dernière partie, complètement bringue-zingue, avec une histoire de fin du monde, d'ovni, d'un super-héros déguisé en Zidane, d'un industriel décadent et de deux folles qui pourraient bien être une mère et sa fille. Le cinéaste finit le travail dans un non-sens total. A bien y repenser, c'est un film assez émouvant, qui paie cher son incapacité à faire semblant. Une farce dont le cinéaste, gloire à lui, serait le

l'autre. Ainsi, avec ce film, j'ai voulu associer hommes et marionnettes, en posant la tête d'un acteur sur un corps de marionnette.

Glory to the filmmaker ! est, en vérité, un film de maniaque, de dingo, aussi fantaisiste que pathétique, marqué par mes erreurs passées, les influences de certains de mes films précédents et ceux d'autres cinéastes *(comme Mel Brooks, autre adepte de collages et de montages absurdes)*. Je ne le renie pas. On s'apercevra un jour que je suis un réalisateur plus fou encore qu'on ne le croit !

Glory to the filmmaker ! a déçu beaucoup de ceux qui admiraient mes films d'action. En Occident, on a jugé ce film « insensé ». Il a été assez mal accueilli en France. Certains critiques parisiens se sont montrés très acerbes. « Comment Kitano peut-il descendre aussi bas ? Comment peut-il se sous-estimer ainsi ? », a écrit l'un d'eux.

Curieusement, le film a reçu un accueil extrêmement chaleureux lors de sa présentation au Festival international de Venise, en septembre 2007. A la fin de la projection, il y a eu de longs applaudissements qui m'ont fait chaud au cœur. C'était extraordinaire. J'étais stupéfait, la salle n'avait pas cessé de rire pendant toute la projection. Cela me rappelait quelques grands moments que j'avais connus à Venise des années plus tôt. L'accueil réservé à *Glory to the filmmaker !* par les festivaliers italiens m'a vraiment réconforté. J'ai ressenti alors, pour la première fois, une vraie satisfaction d'avoir réalisé ce film sans queue ni tête. A Venise, je me suis prêté, avec d'autant plus de plaisir, au jeu des interviews médiatiques. Cela faisait longtemps que je n'avais pas accordé autant d'entretiens en si peu de temps ! J'ai été vraiment touché que les critiques italiens comprennent mon humour et l'absurde dans ce film. Et dire que j'ai failli louper ce rendez-vous ! Le programme à Venise était, en effet, très chargé. Et comme au Japon, j'étais sur le point de débuter le

---

dindon. De là à dire que ce film clinique, cassé mais bien, constitue AUSSI une bonne nouvelle... »

nouveau tournage d'un téléfilm, comme acteur, qui devait durer au moins deux ou trois mois, j'avais beaucoup hésité à faire ce voyage en Italie. Mais bon, j'ai fait l'effort d'assister à la Mostra et ne l'ai pas regretté.

Le 1ᵉʳ septembre 2007, le quotidien Asahi Shimbun *consacra un article à la remise d'un prix très spécial au cinéaste invité à venir présenter l'avant-première de son dernier film à Venise : « Italie : Kitano remporte un prix en son honneur ! Venise – Le cinéaste Takeshi Kitano est devenu jeudi le premier lauréat du nouveau prix "Glory to the Filmmaker" lors du 64ᵉ Festival du film international de Venise. Le nom du prix a été emprunté au titre de son dernier film* Kantoku banzaï ! (Glory to the filmmaker !) *Au Festival de Venise, Kitano, qui va en se faisant également appeler Beat Takeshi, a remporté le Lion d'or du Meilleur Film pour son film* Hana-bi *en 1997 et le Lion d'argent en 2003 pour* Zatoïchi ».

A chaque fois que je présente un film à Venise, la réaction est enthousiaste. Mes admirateurs italiens m'attendent près du tapis rouge avec des attentions qui me touchent beaucoup. Je dois beaucoup à ce festival. Lorsque la Mostra m'a remis le Lion d'or pour *Hana-bi*, cela a changé beaucoup de choses pour moi. Après ce prix, les Japonais ont vraiment commencé à s'intéresser à mon cinéma.

Lors de la présentation de Takeshis' *à la Mostra, à l'automne 2005, dont Kitano était invité d'honneur, ses fans italiens venus nombreux au Palais du Festival portaient tous le même tee-shirt avec cette inscription en italien : « Takeshi Kitano, dieu du cinéma. » Le passage du cinéaste provoque parfois des situations à peine dicibles ! Et pas seulement en Italie*[40].

---

40. A Tokyo, dans un discret restaurant français où Kitano a ses habitudes et aime venir dîner après ses enregistrements télévisés, Yoshio Hattori, ami du cinéaste et personnage haut en couleur, directeur de Pierre Cardin au Japon, nous a une fois rapporté qu'un magazine japonais a dépensé l'équivalent de quatre mille euros de droits pour pouvoir publier le portrait de Takeshi Kitano par William Klein, et qu'un pasteur japonais apprécie tellement ses films qu'il a

J'ai toujours des idées de scénario, et je ne veux pas réaliser un film en pensant d'abord à ce que serait sa rentabilité commerciale. Si tel était le cas, je me verrais sans doute comme un cinéaste ordinaire. Cela voudrait dire que je suis entré dans le rang.

Avec *Takeshis'* et *Glory to the filmmaker!*, j'ai voulu m'amuser et divertir le public. Je voulais que ces longs métrages soient différents, qu'ils soient tournés autrement. J'ai souvent l'impression que depuis les premières images des frères Lumière – des Français ! –, voici déjà plus d'un siècle, le public affectionne des films qui se ressemblent de plus en plus. Pour des raisons commerciales, de nombreux films américains, par exemple, sont très standardisés. Le cinéma s'est globalisé avec l'économie. Je pense que le septième art est victime d'une uniformisation générale.

La peinture, elle, a profondément évolué au fil du temps. Mais l'esprit et la philosophie qui sous-tendent aujourd'hui les façons dont on réalise des films est, je crois, si dépassée et si conservatrice qu'elle bloque les velléités de changement. Ainsi, contrairement à certaines idées reçues, le cinéma et son industrie ne changent pas.

Or, je pense qu'il est temps, comme s'y emploient d'autres cinéastes, d'essayer d'amener de la différence. Pour ma part, j'ai estimé que le moment était venu d'apporter une part de jeu et de fantaisie – je pourrais invoquer, une fois de plus, le cubisme. Autrement dit, de faire à ma façon, à mon humble niveau, ma révolution sur le grand écran, sans effets spéciaux ni images de synthèse.

Il y a une dizaine d'années, je me souviens que la revue française *Les Cahiers du cinéma* avait demandé à Martin Scorsese de me poser quelques questions sur ce qu'était, à mes yeux, le cinéma. J'avais notamment répondu qu'un film, d'après moi, est une énigme absolue et insoluble *(l'entretien*

---

soutenu une thèse universitaire : « La religion dans les films de Takeshi Kitano. » *Yoshio Hattori se montre perplexe :* « Comment un homme de dieu peut-il vénérer des films aussi violents ? »

est paru dans Les Cahiers du cinéma *en mars 1996).* Le cinéma reste un grand mystère. Aussi, comme réalisateur, je souhaite sans cesse porter au grand écran des énigmes et laisser les spectateurs se faire leur idée sur la façon de les résoudre. *Glory to the filmmaker !* et *Takeshis'* sont, même pour moi, des énigmes. Après les avoir vus, plutôt que de les trouver décevants, je préférerais que les spectateurs les jugent « énigmatiques ». Ce que j'attends du cinéma, c'est la capacité à surprendre, et mon unique volonté est d'instaurer un dialogue permanent avec chaque spectateur. Je voudrais que ce dernier ait toute liberté pour saisir un film comme il l'entend. Raison pour laquelle, d'ailleurs, je multiplie dans mes films des passages quasi inexpliqués, en fait inexplicables, et de nombreux plans elliptiques.

Parmi mes productions, *Takeshis'* et *Glory to the filmmaker !* n'ont pas connu de succès commercial – c'est un fait qu'ils ne se sont pas vendus –, mais pour ma part, je relativise l'échec. Car pour moi, ces films étaient nécessaires. J'étais obligé de passer par là pour continuer.

Akiresu to kame (Achille et la tortue) *(2008)*

Rendez-vous a été donné dans un salon privé de Ginza, au Furoan, un salon traditionnel de cuisine kaiseki *(dégustation), appartenant à la famille Hayakawa, de Kyoto. Un lieu feutré, très chic. Les murs sont ornés d'estampes de l'époque Edo représentant des scènes de la cour impériale de l'ère Heian. Le chef est venu tout spécialement de Kyoto préparer le dîner pour Takeshi qui rentre tout juste de Venise où son dernier film,* Achille et la tortue, *a été présenté en avant-première à la 65ᵉ Mostra, en compétition avec vingt autres films, sous le regard avisé de Wim Wenders, président du jury, et de Marco Müller, directeur du festival. Le réalisateur referme, avec ce film, sa trilogie introspective.* Achille et la tortue *se distingue des deux premiers volets, par une forme*

> *de narration plus orthodoxe. Le film fut présenté et longuement applaudi en Grèce, fin 2008, au 49ᵉ Festival du film de Thessalonique. Takeshi Kitano a reçu à cette occasion un Alexandre d'or d'honneur, récompensant l'ensemble de son œuvre.*

Le prix que l'on m'a remis à Thessalonique à l'occasion de la projection de *Achille et la tortue* m'a fait chaud au cœur, surtout venant de gens d'un pays aussi ancien que la Grèce, au passé si riche. Je le leur ai dit sur place. J'en ai profité pour dire à ceux qui avaient décidé de me remettre cette récompense que je ne la méritais pas, car en tant que cinéaste, j'avais encore des progrès à faire ! Les festivaliers semblaient perplexes. Ils étaient très étonnés. Les Grecs m'ont donné l'image d'individus ouverts sur le monde, intelligents, très cultivés. Au même moment, le jour de mon arrivée dans ce pays – et je vous assure que je n'y étais pour rien –, de graves troubles ont éclaté dans les universités grecques. Plusieurs campus étaient en ébullition. Il y a eu, ce jour-là, de sérieux accrochages avec les forces de police dans le pays.

Le troisième film de ma trilogie fantaisiste, *Achille et la tortue*, est sorti au Japon à l'automne 2008, et j'en suis assez content et fier. Je crois que c'est plutôt un bon film, entre comédie romantique et mélodrame – on peut parler de comédie dramatique.

Avec ce film, j'illustre à ma façon l'un des fameux paradoxes grecs auquel j'ai emprunté son titre, celui du mathématicien Zénon d'Élée que rapporte Aristote dans son traité *Physique*, celui d'Achille et la tortue. Vous connaissez cette histoire qui dit qu'un jour, le héros grec a disputé une course à pied avec une tortue, en lui laissant une longueur d'avance. Mal lui en a pris car Achille n'est pas parvenu à rattraper la tortue. Le paradoxe trouve en fait sa justification dans l'équation divisible à l'infini d'une dynamique spatiale autant que temporelle. Zénon d'Élée avait imaginé ce paradoxe – parmi l'un des nombreux paradoxes du mouvement –, pour soutenir la doctrine du grand théoricien et physicien Parménide

– un des premiers, sinon le premier, à avoir avancé que la terre était ronde –, visant à prouver que l'évidence des sens est trompeuse. Certes, le paradoxe a été réfuté au cours des derniers siècles. Des philosophes, mathématiciens, scientifiques – Descartes par exemple –, ont démontré par d'autres calculs et moyens qu'il suffit, en théorie, d'aller plus vite que la tortue pour la dépasser. Sauf que par l'absurde, la théorie première de Zénon d'Élée prend tout son sens. Car l'acte même de se mouvoir implique un risque – une chute, un pépin sur la route... –, qui divise au moins par deux les chances d'Achille et rend l'annonce de sa victoire moins probable qu'il n'y paraît.

Comme c'est un film sur le pouvoir de la peinture, vous aurez compris que j'ai voulu, avec ce long métrage qui a mis un terme à ma trilogie sur le pouvoir de l'image et les folies qu'elle peut engendrer, expliquer en quoi les apparences communément admises, qui dominent notre époque, sont dangereuses, trompeuses. Il me semble que ce film dépeint la cruauté de la condition d'artiste.

Achille et la tortue est un film bien moins délirant que *Glory to the filmmaker !*, et moins torturé que *Takeshis'*. C'est d'abord un film sur l'art, la peinture – sur la souffrance du peintre, dès lors que ce dernier est en manque d'inspiration –, dans lequel j'incarne un artiste buté et maudit, Machisu – nom que je lui ai donné en hommage à Matisse, que j'apprécie beaucoup. Je me suis amusé une fois de plus, comme dans mes deux précédents films, à jongler avec les paradoxes.

Encouragé par ses parents à devenir peintre quand il était jeune, Machisu est un artiste décalé, habité par sa passion, mais raté, et refusant de le reconnaître – comme l'était peut-être mon propre père, forcé d'abandonner la création artisanale... Le sort s'acharne sur cet homme naïf, idéaliste, mais aveugle, emporté par sa propre arrogance d'artiste croyant détenir la vérité suprême, éloigné des réalités du monde. Et qu'importe croit-il, car lui continue de croire en sa passion, la seule qui vaille, pense-t-il. Machisu vit des moments très difficiles, et, malgré les échecs, persiste et continue à peindre...

Ce film pourrait être un hommage aux artistes qui ont tout donné à l'art, jusqu'à leur vie, aux hommes et aux femmes qui sont morts d'avoir trop aimé l'art. Van Gogh, Basquiat...

Je déteste mes films

Bien sûr, comme la plupart des réalisateurs, je pense avoir ma fierté de cinéaste. J'aimerais au moins qu'on me reconnaisse trois vertus. Qu'on dise : un, Kitano est quelqu'un qui aime le cinéma ; deux, qui aime faire des films ; trois, qui a fait quelques bons films... Mais je le répète, je déteste mes films. Tous, sans exception.

Provocation, caprice de star, pur cynisme d'artiste ou insatisfaction permanente du génie créateur ? Difficile d'imaginer que Kitano dédaigne tous ses films.

Aucun de mes films ne trouve grâce à mes yeux. Pas un ! Je ne peux même pas dire : « Tiens, j'aime beaucoup celui-ci », ou bien « j'adore celui-là... » Impossible. J'ai réalisé une quinzaine de films. A chaque fois, je me dis que celui que je suis en train de réaliser est le dernier. En fait, je suis le premier critique de mes films. Je me contrefiche d'autant plus des critiques professionnels. Car je les devance. Je suis le premier à dire du mal de mon travail cinématographique. J'ai du venin dans la bouche quand j'en parle. En fait, je ressens non pas de la honte, mais une véritable timidité par rapport à mes longs métrages. Je ne sais pas trop comment vous dire... J'ai du mal à livrer mon vrai sentiment. Je ne suis pas fier de mes films, ils sont inégaux et certains sont meilleurs que d'autres. Par exemple, je sais que *Hana-bi* ou *Zatoïchi* sont plutôt réussis. J'aime bien *Sonatine* aussi, ou encore *Kids return*. Mais dans l'ensemble, je ne peux utiliser aucun superlatif pour commenter mes films.

Il n'empêche, à chaque fois que je m'attelle à un nouveau long métrage, je ne peux m'empêcher de penser qu'il est impératif de faire mieux que les précédents. Preuve que je ne suis pas très fier de mes films. Et à chaque fois, je me dis que mon prochain film sera meilleur... Je pense même qu'il sera LE bon. Mais non, à chaque fois, j'échoue, lamentablement... Mon film le plus raté est à l'évidence *Takeshis'*. *Glory to the filmmaker !* a, quant à lui, rencontré un problème de distribution, surtout aux États-Unis et en Europe. Les distributeurs aujourd'hui ne prennent plus de risques. Ils pensent d'abord à la rentabilité !

*

*   *

11.

Chocs & entrechocs cinématographiques

*Où Maître Takeshi revisite son parcours cinématogra-
phique et parle de ses « maîtres »...*

Je m'étonne moi-même du nombre de films dans lesquels
j'ai joué. Le tout premier, digne de ce nom, date de 1981, c'est
un film assez farfelu, *Danpu-wataridori*, d'Ikuo Sekimoto, où
j'incarne un policier pas très sérieux. Ce fut un bide commercial ! Je ne comprends pas comment après un tel échec, on a
pu me demander d'interpréter à nouveau des rôles au cinéma.

Des années plus tard, au milieu des années 90, j'ai joué
dans *Johnny Mnemonic*, un film américain et canadien du
cinéaste Robert Longo – adapté de l'œuvre de William
Gibson –, auprès de Keanu Reeves, un acteur à part, un
homme sympathique, de Dolph Lundgren et de l'artiste gangsta Ice-T. Il me semble que c'est un bon film de science-
fiction, dans le genre cyberpunk, plus ou moins à l'image de
Blade runner – le film culte de Ridley Scott – et des *Matrix*.
Le scénario est alléchant, les effets spéciaux réussis – même
si je ne suis pas forcément très fan des images de synthèse.
L'histoire anticipait déjà les piratages informatiques au
XXIe siècle.

Et, peu de temps après mon Lion d'or à Venise pour *Hana-bi*, j'ai également fait une apparition dans un film français, *Tokyo eyes*, réalisé par le cinéaste Jean-Pierre Limosin, un film très intéressant, tourné au Japon et monté comme un jeu de pistes.

J'ai déjà parlé de ma collaboration réussie à *Furyo* réalisé par Nagisa Oshima en 1983. J'ai donc été très heureux, comblé, seize ans plus tard, en 1999, d'interpréter un des personnages de son film de sabre *Gohatto (Tabou)*, sélectionné au Festival de Cannes en 2 000. *Gohatto* est l'œuvre d'un maître, un drame épique, une histoire d'amour sur fond de luttes impitoyables entre milices rivales dans le Kyoto de la fin du XIXe siècle. C'est Jeremy Thomas, producteur pour *Furyo*, qui a financé *Gohatto*.

Battle royale
(2000)

Battle royale, film du réalisateur Kinji Fukasaku, adapté de l'œuvre de Takami Koshun, a fait beaucoup de bruit. D'ailleurs, je n'ai jamais compris pourquoi. Bien sûr, c'est un film extrêmement violent, « cinglé » ont dit certains. Ce film met en scène un jeu de massacre entre collégiens organisé sur une île déserte par un ancien professeur – le « professeur Kitano[41] ». Pour survivre, les élèves doivent s'entre-tuer. L'idée, c'est vrai, a de quoi choquer. Mais la violence de *Battle royale* n'est pas pire que celle de nombreux autres films qui ont eu beaucoup plus de succès.

Pour ma part, j'estime que Fukasaku san est l'un des plus grands cinéastes japonais contemporains. J'aimais voir ses séries et films de *yakuza* quand j'étais étudiant, des films d'un

---

41. Le film a été tourné au large de Nagasaki, sur l'île fantôme de Gunkanjima – littéralement « île navire de guerre », surnom donné à l'île Hashima, une ancienne mine à charbon développée par Mitsubishi dès 1890.

genre nouveau à l'époque *(comme la célèbre série culte* Combat sans code d'honneur*)*. Fukasaku est, hélas, décédé en 2003. J'ai apprécié aussi des films de Seijun Suzuki à qui Tarantino et Jim Jarmusch ont souvent rendu hommage.

Blood and bones
(Chi to hone)

Œuvre du cinéaste Yoichi Saï dans lequel Kitano excelle dans le premier rôle, Blood and bones *est un film choc qui raconte la vie tourmentée de Kim Shun, un jeune paysan qui a quitté son île natale au sud de la Corée, en 1923, et débarque en bateau à Osaka. Il n'a qu'un objectif en tête : faire fortune. Il n'y parvient qu'en partie, et à quel prix pour sa famille. Cet homme brutal, sauvage et non moins charismatique découvre aussi les affres de la solitude, sans pouvoir, par excès d'orgueil, trouver le moindre réconfort. Tout ce qu'il aime, il le détruit. Kitano se met à nu dans ce film. Au propre comme au figuré. Il perce, dévore l'écran. Pour ce rôle hors pair, il décrochera deux distinctions au Japon, le Prix du meilleur acteur lors des Kinema junpo awards 2005 (l'un des plus anciens festivals de cinéma au Japon) et le Prix du meilleur acteur du Mainichi film contest 2005 (le film est en outre couronné du Japan film award, la plus haute distinction du Mainichi film contest). A la sortie du film en France, la presse est élogieuse. «* Blood and bones *: une fresque historique et furieuse qui fascine »* écrit Libération. *« Une interprétation saisissante de Kitano pour une parabole sur le pouvoir, la domination et la solitude »,* estime Le Figaro. *Pour* Le Nouvel Observateur *: « le grand choc de l'été. »*

Blood and bones fut un tournage assez intense, éprouvant. J'y joue le rôle d'un Coréen bourru, qui a émigré au Japon au début des années 20, a appris le dialecte d'Osaka et fait régner la terreur chez lui et autour de lui, au cœur d'un quartier miséreux. Ce fut un rôle très difficile. Devoir parler ce dialecte fut pour le moins ardu. En tournant ce film, j'avais l'impression de revivre l'histoire du quartier, de retrouver des lieux dans lesquels j'ai grandi.

D'ordinaire, lorsque je suis interprète, je ne m'occupe pas du travail du réalisateur. Lui dirige son film. C'est son affaire. Et moi je joue. Je suis là pour ça. J'estime n'avoir rien à dire. Mais de temps en temps, durant ce tournage, je me permettais de poser des questions à Yoichi Saï. Car parfois, quand il me dirigeait, je ne comprenais pas du tout ce qu'il voulait que je fasse. Je lui lançais amicalement : « Mais qu'est-ce que tu racontes là ? » Un peu comme si je remettais en cause ses idées. Je me mêlais probablement de ce qui ne me regardait pas. De toute façon, cela n'allait jamais très loin. Je ne la ramenais pas trop.

Finalement, *Blood and bones* est vraiment un film de caractère. Un film choc, bien maîtrisé. Il a d'ailleurs reçu un très bon accueil en Europe, notamment en France, où les critiques étaient, paraît-il, dithyrambiques. Il faut dire aussi que c'est une page de notre histoire, l'une des plus sombres sur les relations entre le Japon et la Corée. Il retrace avec réalisme ce que fut la vie quotidienne, astreignante, dans les quartiers pauvres et les ghettos coréens du Kansaï[42] durant l'entre-deux-guerres. Les hommes alors se tuaient à la tâche dans les usines pour gagner quelques yens. Ce film a également reçu un bon accueil en Corée. Ce n'est pas rien. Tant mieux si le travail de mémoire entre nos pays est facilité par le grand écran. C'est un progrès. Aujourd'hui encore, le moindre petit pas qui permette d'améliorer les relations, toujours très tendues, entre le Japon et la Corée du Sud, est bon à prendre.

Références

Cela pourra paraître curieux à certains mais je ne connais pas bien le cinéma. Je ne connais ni son histoire ni ses

---

42. Région de Kyoto-Osaka.

réalisateurs. Je n'ai jamais étudié le cinéma dans une école, voire dans des livres. Je n'ai jamais reçu de formation classique, formelle, afin de devenir cinéaste. Je suis un autodidacte, quelqu'un qui a appris sur le tas. Je dis souvent que je réalise d'abord des films pour moi, pour me faire plaisir. C'est vrai, j'en fais pour moi, je suis mon meilleur public ! Souvent, cela m'amuse, des critiques de cinéma qui n'apprécient pas mon style cinématographique et semblent regretter certains grands maîtres du cinéma japonais, comparent dans leurs articles mes longs métrages à ceux de quelques grands noms, comme Yasujiro Ozu, Kenji Mizoguchi au Japon, voire Robert Bresson à l'étranger. Des cinéastes dont je n'ai même pas vu toutes les œuvres ! La vérité est qu'au grand écran, loin des normes académiques, je crois avoir inventé mon propre style.

Parmi les cinéastes étrangers, je reconnais cependant plusieurs influences, et quelques références. Stanley Kubrick, par exemple, est un réalisateur que j'apprécie énormément. Il est sans aucun doute mon cinéaste préféré. Qu'il ait réalisé *Orange mécanique* et *2001 : L'odyssée de l'espace* dit tout son génie. *Barry Lyndon* et *Shining* sont également des œuvres remarquables. Peu de films à son actif, mais lesquels ! Des genres différents, mais jamais vraiment de comédie. Chacune de ses réalisations a marqué son temps et un public très hétéroclite. Je crois qu'il a été influencé par le cubisme, probablement malgré lui. Comme ses films précédents, le dernier, avec Tom Cruise et Nicole Kidman, *Eyes wide shut*, qui a été très apprécié par les Japonais *(et que Stanley Kubrick a terminé sept jours avant de décéder, le 7 mars 1999)*, ne laisse percevoir aucun sens comique. J'ai beaucoup aimé ce film, il m'a intrigué. Kubrick s'y est comme mis à nu. Il y met en scène le mensonge, la perversion et la paranoïa amoureuse, la jalousie, les misérables secrets de l'homme… Je crois qu'il a voulu dévoiler, révéler, toute la part de folie qu'il avait en lui-même. Une folie qui m'intéresse.

De même que j'ai toujours adoré Buster Keaton. Son style comique atteint, à mes yeux, le summum. Je le préfère à Charlie Chaplin. Bien que Chaplin ait été, lui aussi, un génie à sa façon, et un pionnier. Les premiers films muets de Chaplin, de loin les meilleurs, m'ont toujours impressionné et beaucoup ému. *The kid* est un chef-d'œuvre... Chaplin avait un talent inné pour présenter la souffrance des faibles et des moins que rien. Il le faisait avec beaucoup de naïveté. Il a joué et réalisé avec une joie enfantine qui s'apparente à la magie. Il y a dans ses œuvres quelque chose de surnaturel qui, en fin de compte, nous dépasse.

Je me souviens également qu'à la fin des années 60, ou au tout début des années 70, j'avais vu en salle un film dont le titre étranger était *La source*, une œuvre magnifique d'Ingmar Bergman. Sauf qu'une fois à l'affiche, au Japon, le titre était devenu *La vierge de la source*. Je me souviens : j'avais couru en salle en croyant aller me divertir, j'étais persuadé qu'il s'agissait d'un film érotique. Je m'étais bien fait berner.

J'ai aussi vu tous les films d'Alfred Hitchcock. *Mais qui a tué Harry ? (1955)* est mon préféré. Le suspense de ses films est toujours remarquablement bien ficelé. J'ai aussi apprécié *Les oiseaux*, même si le montage laisse à désirer à mon avis.

Quant au scénariste de *Scarface* – film illuminé et porté par la performance d'Al Pacino –, Oliver Stone, je trouve qu'il a beaucoup de talent. C'est vraiment un grand réalisateur. Oliver Stone est avant tout un cinéaste engagé. Il réalise des films, beaucoup de films, pour transmettre des messages politiques auprès du grand public et provoquer des débats, notamment sur la guerre du Vietnam, l'assassinat de Kennedy ou la violence de la société américaine, avec *Platoon, Natural born killers, JFK...* Des films plutôt difficiles. Parfois, j'ai aussi l'impression qu'il veut trop en faire, ce qui lui joue des tours.

Je suis également un grand admirateur de Clint Eastwood. Je l'ai d'ailleurs rencontré au Festival international de Venise – j'y présentais alors *Brother* –, et j'ai senti que nous avions eu un bon feeling l'un et l'autre. J'apprécie un peu moins ses dernières œuvres, comme *Million dollar baby*, ou *Flags of our fathers (Mémoires de nos pères)* et *Letters from Iwo*

Jima (Lettres d'Iwo Jima) – ce dernier, quoi qu'on en dise, qui reste pensé et réalisé du point de vue américain et non pas japonais. Je préfère de loin les premiers Eastwood, en particulier la série des *Dirty Harry*, qui m'a toujours captivé.

Mel Gibson, lui aussi, est un réalisateur qui a de la trempe. Il ressemble à Clint Eastwood par certains côtés, en particulier son parcours. De ses rôles dans *Mad Max* à sa réalisation de *Braveheart*, il a montré qu'il était un homme de cinéma, un *vrai*. Il a énormément de talent, et un certain sens de la provocation. A mon avis, son film *Apocalypto* fera date. La mise en scène est absolument grandiose. Le film est vraiment captivant, spectaculaire ; une prouesse ! J'ai aussi apprécié le recours limité aux effets spéciaux.

J'ai également beaucoup de respect pour Martin Scorsese, dont j'aime le style. *Goodfellas (Les Affranchis)* est à mon avis un de ses meilleurs films. A l'écran, Robert De Niro est tout simplement génial, et dans son rôle, Joe Pesci est à couper le souffle. J'adore Joe Pesci ! C'est un immense acteur. Il est complet... Quand Hollywood a remis l'Oscar du meilleur film à Scorsese pour *The departed (*Les infiltrés, *remake du film hongkongais* Infernal affairs*)*, je me suis dit : « Bravo pour lui », mais j'étais mal à l'aise. Comme d'ailleurs beaucoup de ses admirateurs japonais. Comme si c'était le premier chef-d'œuvre de Scorsese ! Ce prix a ressemblé à un lot de consolation ! On aurait dit une médaille de retraite. Jusque-là, Scorsese n'avait jamais été décoré par la récompense suprême d'Hollywood, alors qu'il est l'un des plus grands. Peut-être qu'il s'en fichait ? Il a dû quand même être ému, j'en suis sûr. Mais, je pense qu'il aurait dû recevoir cet Oscar depuis bien longtemps, au moins pour *Raging bull*, pour *Taxi driver* ou encore pour *Casino* – quel film ! –, Sharon Stone, De Niro et Joe Pesci y excellent. J'ai pris beaucoup de plaisir à voir ces gros malins récupérer et gérer le pognon de la mafia locale pour monter leur casino. J'apprécie encore les films des frères Coen, Ethan et Joel, idoles de nombreux cinéphiles au Japon. J'aime leur style très décalé, sulfureux, tellement amusant.

Mais comme je vous l'ai dit, je n'ai pas vu tant de films que ça. Même ceux d'Akira Kurosawa, je ne les ai pas tous vus. Et c'est vraiment parce qu'en Europe, les journalistes m'interviewaient sur lui et sur ses films que je me suis senti obligé, finalement, d'en voir en rentrant au pays !

Au Japon, il me semble qu'il existe aujourd'hui deux types de cinéastes. Ceux, proches ou héritiers d'Akira Kurosawa, qui aiment mettre en scène des situations très marquantes et des personnages aux identités fortes, et ceux qui, à l'inverse, à la façon de Yasujiro Ozu, au gré d'un cinéma très intimiste fait de petits détails à peine visibles, rendent compte des petits riens et des vibrations de la vie de tous les jours. Je me sens évidemment plus proche des premiers.

Je n'adhère cependant pas à toute l'œuvre de Kurosawa. *Ran*, par exemple, est un film que je considère trop shakespearien à mon goût, par moments à la limite de l'ennui. Ses tout derniers films étaient très beaux, mais également très puissants, trop à mes yeux, difficilement intelligibles. *Dersou Ouzala* est, à mon avis, son plus beau film, c'est un chef-d'œuvre, formidablement filmé, la photographie est sublime, les images de la nature absolument fantastiques. En même temps, je pense que ce film n'est pas un divertissement, c'est une épreuve.

Entre autres films de Kurosawa, j'admire aussi *Rashomon*, ou *Les sept samouraïs (1954)* ; un excellent divertissement ! *Kagemusha (1980)* est encore un de ses autres très grands films. Seul *Sanjuro (1962)*, avec l'acteur Toshiro Mifune, dont Sergio Leone va s'inspirer *(Pour une poignée de dollars)*, a été un ratage total. Je crois qu'aucun cinéaste au Japon n'a depuis été capable d'atteindre son niveau[43].

---

43. Sorti sur les écrans en 1954, *Les sept samouraïs* fut un film important pour le cinéma japonais. Il est considéré comme un des tout premiers films d'action du cinéma mondial. John Sturges en fit un remake en 1960, *Les sept mercenaires*. Réalisé d'après le récit autobiographique *Dersou Ouzala, la taïga de l'Oussouri*, de Vladimir Arseniev, officier-topographe de l'armée russe, *Dersou Ouzala* obtint l'Oscar du meilleur film étranger en 1976. Quant à *Kagemusha*, vingt-sixième film de Kurosawa (réalisé à soixante-dix ans), un des films historiques les plus onéreux jamais tourné au Japon (ayant nécessité un

Je regrette qu'aujourd'hui, alors qu'il n'est plus de ce monde, son œuvre soit si peu respectée. Au Japon, les scripts de ses films sont tombés entre les mains de gens cupides, de médias et d'agences de publicité qui font un peu n'importe quoi. Plusieurs fois, en regardant la télé, je suis tombé sur des spots publicitaires utilisant des images de films de Kurosawa san…

Par contre, je me sens étranger à beaucoup de classiques japonais, comme *Voyage à Tokyo* de Ozu, aux scènes trop longues à mes yeux, où les personnages passent beaucoup de temps à discuter, à boire et à manger. Je ne suis pas familier de ce cinéma. De même, je connais très mal les œuvres de Mizoguchi qui ne m'attirent pas du tout. Je sais pourtant que ses films plaisent beaucoup à de nombreux cinéphiles étrangers qui y retrouvent le Japon qu'ils aiment. J'ai le même a priori pour certains metteurs en scène étrangers. Wim Wenders par exemple. C'est un grand cinéaste, je le reconnais, que je respecte, mais son univers m'échappe, à vrai dire, complètement.

Lorsque j'étais étudiant, je regardais essentiellement des films d'action, des *yakuza eiga (films de* yakuza*)*. J'ai découvert plus tard ceux de Kinji Fukasaku et Seijun Suzuki, deux cinéastes cultes. J'appréciais les films à rebondissements, où ça canardait du début à la fin. Certains films étrangers à la trame parfois très simple m'ont marqué à jamais : *Bring me the head of Alfredo Garcia (de Sam Peckinpah, 1974)*, ou le thriller américain *To live and die in L.A.,* de William Friedkin *(1985)*.

J'admire Jean-Luc Godard autant que Kurosawa. Godard a réalisé des films inoubliables. Leurs styles sont très diffé-

---

budget de trois cents millions de yens – qu'aucune compagnie japonaise ne voulut avancer –, quinze mille figurants et les aides déterminantes de Francis Ford Coppola et de George Lucas), il se déroule dans un Japon du XVIe siècle déchiré par les guerres féodales, et relate les combats acharnés de trois seigneurs de guerre. Le film fut un triomphe aux États-Unis et en Europe, et notamment en France où il fut couronné, en 1980, par la Palme d'or au Festival de Cannes et le césar du meilleur film étranger.

rents. A la même époque, tous deux ont été à l'origine d'un cinéma diamétralement opposé. Akira Kurosawa a réalisé des films grandioses, parfois grandiloquents. Il a marqué une époque, notre identité. L'histoire, au sens noble, le passionnait. Il a tenu compte des tragédies que le Japon a connues au XXe siècle, avec un regard intrinsèquement japonais, c'est-à-dire très traditionnel. Tout en restant très indépendant, Kurosawa tenait compte des réalités de notre pays. Je crois que Godard, inversement, a toujours été un vrai rebelle, un anticonformiste absolu au sein de l'industrie du cinéma. J'ai beaucoup de respect pour lui. J'admire sa sensibilité. J'adore *A bout de souffle*. Et *La Chinoise* est, à mes yeux, un film culte. Quand il a percé, Godard a été l'instigateur, avec d'autres, bien sûr, d'un nouveau cinéma – la « Nouvelle Vague » –, qu'il a expérimenté jusqu'à l'extrême comme moyen de lutte contre un système social pesant et bien-pensant, comme outil radical d'exacerbation de la représentation de la réalité. A la façon de Sartre et de Simone de Beauvoir, Godard a contribué, de son vivant, au bouleversement culturel que l'on connaît. Et pas seulement en France.

En tout cas, vous aurez compris que le géant que je respecte le plus, c'est notre maître disparu, Akira Kurosawa. Si je devais citer trois noms parmi les plus grands cinéastes japonais contemporains, je choisirais Akira Kurosawa, Nagisa Oshima et Kinji Fukasaku.

La critique japonaise

Au Japon, la critique est rigide et très stricte. Il est ainsi difficile d'être totalement reconnu dans mon pays. Vous savez, les Japonais ont un esprit simpliste. Ce n'est pas péjoratif. Je veux dire par là que si la critique française ou italienne s'enthousiasme pour mes films après qu'ils ont été désapprouvés au Japon, les Japonais s'efforceront alors de les regarder autrement, d'un œil complètement différent, plus conciliant. Je suis certain que cela va se reproduire avec ma prochaine réalisation, même si les critiques japonais écriront d'abord que « ce n'est pas un très bon film ». Comme c'est le cas souvent, ils prendront comme prétexte des détails du film qui les gênent, pour flinguer l'ensemble du long métrage. Mais au même moment, ou peu après, les Européens, les Italiens, les Français, les Anglais, les Allemands, les Grecs, les Russes et d'autres, et bientôt les Américains, eux, s'extasieront pour ce film qu'ils qualifieront d'« étonnant » ou de « merveilleux », ou atténueront les critiques négatives. Ils trouveront les mots et inviteront tout de même leur public à aller voir ce film, auquel ils décerneront je ne sais quelle idée positive ou distinction… Et ce sera encore une occasion, au Japon, de tenter de rattraper le coup. J'avoue que je suis très perplexe, et me sens désabusé par cette situation, comme beaucoup de mes confrères d'ailleurs. Je ne pense pas que la situation puisse changer de sitôt. Une fois, j'ai eu droit à une critique positive dans la presse japonaise : le journaliste s'était amusé à compter le nombre de films que j'avais réalisés ! De toute façon, j'en suis certain, mon prochain film sera incompris par le public japonais. Dans mon propre pays, je suis traité comme une poubelle !

Je le répète : je voudrais vraiment que cette situation change. Et j'œuvre en ce sens. Mais les barrières psychologiques et les obstacles culturels sont tellement importants. J'aimerais vraiment que les Japonais – chacun d'eux –, élaborent davantage d'appréciations vraiment personnelles, qu'ils apprennent à penser par eux-mêmes. S'ils n'y parviennent pas, le Japon se fera certainement coloniser, à force de voir les Japonais dépendre constamment de ce que disent et pensent les étrangers…

C'est seulement quand les Japonais n'arrivent pas à comprendre un de mes films qu'ils le jugent « formidable ». Parfois ils ne comprennent rien et estiment carrément qu'il est « super ». Le jugement des Japonais reste un mystère pour moi. Ce que je dis n'a l'air de rien, mais c'est un problème majeur. Il s'agit de la qualité de jugement et de discernement des Japonais.

Si notre Empereur se livrait, croyez-vous qu'il y aurait quelqu'un, au Japon, pour apprécier et juger ses confidences ? Il n'y aurait pas grand monde, je vous l'assure. En tout cas, je serais probablement le premier à donner mon avis ! Avec les formes, bien entendu. Car tout Japonais qui critique à voix haute la cour impériale prend des risques, notamment, celui d'attirer l'attention des *uyoku*[44]. Il y a encore des tabous dans notre pays… D'où la force du comédien qui a la liberté de tout dire, de raconter n'importe quoi. Et, l'arme du rire peut rendre « dangereux » celui qui en use habilement. En ce qui me concerne, on a toujours soigneusement évité que je rencontre l'Empereur. Mon entourage aurait trop peur que je lui lance soudain des propos saugrenus !

Deux ans après avoir tenu ces propos, et à sa grande surprise, Takeshi Kitano sera toutefois invité par l'Empereur à venir se rendre au Palais impérial, à l'occasion d'une cérémonie du thé. Quelques jours après sa visite au Palais (le 13 novembre 2009), Kitano me confiera en riant : « Après avoir été ignoré par la cour, j'ai été invité par la famille impériale à une tea party. En présence de l'Empereur, il y avait autour de moi une dizaine de gardes de sécurité. Peut-être devaient-ils s'assurer que je ne fasse pas de bêtises ni ne dise rien de gênant à sa Majesté ! »

Maître Kurosawa

Au Japon, on ne remet pas en cause ce qui est sacré. Ainsi, pour revenir à Akira Kurosawa, je pense avoir été le seul à avoir osé critiquer certains de ses films, malgré tout le respect et l'admiration que je lui voue. Car Kurosawa est un maître pour moi.

---

44. Groupuscules de l'extrême droite japonaise.

Paradoxalement, les Japonais ont su très tôt que sa renommée était internationale, ce qui ne veut pourtant pas dire qu'ils l'aient aidé à financer ses œuvres tout au long de sa carrière. Ce sont des producteurs étrangers, comme Luis Buñuel, Serge Silberman, George Lucas ou Spielberg, qui l'ont, le plus souvent, soutenu.

Pour ma part, je n'ai pas eu les mêmes soucis en matière de production. Je m'en tire même mieux que d'autres cinéastes. Peut-être parce que je suis une figure connue du petit écran. Beaucoup de mes films sont coproduits par des partenaires bienveillants, des entreprises comme Bandaï Visual, des médias comme Tokyo FM, TV Asahi, TV Tokyo, l'agence de publicité Dentsu…

Il n'empêche, depuis que j'ai osé dire deux mots de travers sur tel ou tel film de Kurosawa, devenu un véritable monstre sacré, sorte d'intouchable parmi les intouchables depuis sa disparition, j'ai été mis sur la touche par certains critiques qui, de leur côté, ne m'ont pas raté. Ils ont écrit que je n'étais décidément « pas normal », sous-entendant que j'étais un type bizarre, un marginal apparenté aux parasites !

Sauf que je respecte profondément Kurosawa, qui m'appréciait. Il aimait mon travail. « Je pense que vous allez sauver le cinéma japonais. Son avenir est entre vos mains » m'a-t-il écrit un jour. Il me l'a répété de vive voix, en 1994, dans son refuge de Gotemba, près du mont Fuji, lors de notre rencontre initiée à l'occasion d'un reportage de la NHK, si je me souviens bien. Mon producteur, Mori, était également présent. Ce jour-là, Kurosawa m'a dit : « J'aime vos films, la façon dont vous filmez et faites irruption avec votre caméra. Votre style est audacieux et téméraire. » J'avais été touché qu'un cinéaste de cette grandeur, d'un tel talent, me complimente ainsi. J'étais très intimidé.

Je n'ai jamais eu l'opportunité, la chance, de voir Kurosawa travailler. En découvrant ses films, ma réaction a toujours été à peu près la même, une réaction très simple :

« Sugoi[45] ! » J'étais séduit par les méthodes de cadrage, les plans longs, parfois interminables, sa façon subtile de dérouler le scénario… Il osait filmer un personnage au loin, en manœuvrant lentement sa caméra sur le côté. Son style a eu un impact assez fort sur moi. Son influence a été déterminante.

Akira Kurosawa mettait en scène des scénarios ambitieux, il pouvait le faire parce qu'il était très résistant, physiquement j'entends. Il était une force de la nature, et sa carrure était à l'image de son énergie. Il n'était vraiment pas un Japonais ordinaire.

En découvrant son tout dernier film, *Yume (Rêves, 1990)*, j'avais été subjugué par la première histoire, le premier des rêves[46]. Akira Kurosawa, s'il avait été plus jeune, aurait pu réaliser un film entier à partir de cet unique épisode.

Je me souviens de notre discussion. Kurosawa m'a demandé : « Sur un plateau, jusqu'à quel point dirigez-vous vos acteurs ? » Je lui ai répondu : « Je travaille le plus rapidement possible. J'expédie mes tournages, car je n'ai guère d'attentes de mes acteurs et actrices. Je demande à un acteur de faire telle ou telle chose, s'il y parvient, tant mieux, s'il n'y arrive pas, je n'insiste pas, je ne multiplie pas les prises, j'en fais une ou deux et en général, c'est dans la boîte ! » Kurosawa m'a poliment répondu : « Moi aussi ». Il m'a bien fait rire, car nous ne boxions pas dans la même catégorie ! Et je n'ignorais pas qu'il était capable de filmer à l'aide de trois caméras, et d'exiger jusqu'à douze ou quinze plans d'une scène.

En fait, la différence principale entre des cinéastes de grand talent, comme Nagisa Oshima et Akira Kurosawa, et moi, c'est qu'eux ont toujours adoré le cinéma, ils en ont toujours été complètement fous. Ils ont été guidés par cette passion. Tous deux ont toujours donné beaucoup d'amour à chacune

---

45. « Super ! »

46. Intitulé « Soleil sous la pluie », dans lequel le héros, un enfant perdu dans la forêt, tombe sur un mystérieux cortège nuptial dont les officiants ont des têtes de renard.

de leur œuvre. Un amour immense. Alors que je ne suis pas un mordu de cinéma. Mon approche est plus décontractée… Je suis incapable d'aimer le cinéma autant que les monstres sacrés.

La Palme d'or à Michael Moore

Je n'ai pas honte de le dire : je m'incline devant un grand nombre d'œuvres cinématographiques américaines. Mais quand Michael Moore a remporté la Palme d'or au Festival de Cannes, pour *Fahrenheit 9/11*, cela m'a profondément dérangé. Des amis japonais étaient en colère. Ils pensaient que si Moore avait été couronné, *L'Été de Kikujiro* aurait pu, aurait dû au moins recevoir un prix. Cannes ne m'avait pas décoré, mais étant par nature disposé au malheur et plutôt mal à l'aise avec le bonheur, je n'ai pas été surpris. Il n'empêche, Cannes a préféré récompenser un documentaire – certes une œuvre cinématographique –, mais un documentaire tout de même. J'ai alors pensé que Cannes n'avait pas eu peur de se discréditer en décorant Michael Moore. Paradoxalement, j'ai eu l'impression qu'en lui attribuant la Palme d'or, l'Europe s'inclinait devant les États-Unis et qu'elle se discréditait d'une façon lamentable. Pourquoi ? Parce que le cinéma américain est extrêmement influent en Europe et qu'attribuer la palme à une œuvre américaine lui garantit forcément un très grand succès. Or, j'ai trouvé que *Fahrenheit*, malgré ses scènes hilarantes et son montage subtil, était une œuvre simpliste, voire confuse, et que sous couvert de critiquer George W. Bush et sa décision d'attaquer et d'envahir l'Irak, le film caricaturait les causes de l'intervention en Irak. Je ne dis pas que ce documentaire n'a pas de valeur. Mais de là à lui décerner la Palme d'or… Moore était d'ailleurs le premier surpris. En fait, j'ai pensé qu'en décorant ce film, on se donnait bonne conscience, et qu'on discréditait un sujet particulièrement grave.

La politique internationale est une affaire très sérieuse, très compliquée. Vouloir l'aborder au cinéma est une entreprise qui peut s'avérer périlleuse. A mon avis, un film ne vaut rien s'il ne situe pas correctement le contexte. Quand Jacques Chirac s'est opposé énergiquement au président Bush, je me suis dit : « Tiens ! Voilà un Européen, un Français, qui a le courage de ses opinions et celui de s'opposer au Président des États-Unis. » Mais qu'une grande institution culturelle, comme le Festival de Cannes, se fasse littéralement, excusez le mot, berner par un documentaire américain antiaméricain, j'ai considéré que c'était nuire à son prestige. A mes yeux, Cannes s'est mis alors dans de sales draps.

> *A propos du conflit irakien, le cinéaste a rédigé une lettre et prêté son nom, en 2005, à une campagne exigeant la libération rapide de la journaliste française Florence Aubenas, alors grand-reporter à* Libération, *kidnappée et otage à Bagdad. « Je soussigné, Kitano Takeshi alias Beat Takeshi, demande la libération immédiate de Florence Aubenas. La politique n'a rien à voir avec l'amour de l'humanité. 20 mai 2005, Kitano Takeshi. »*

Mon producteur

Je réalise que j'ai souvent parlé de mon entourage, mais jamais de mon directeur de production. Masayuki Mori travaille dans l'ombre et veille à la bonne santé de mon « Office Kitano » – que nous avons fondé ensemble en 1988 –, tandis que moi, j'amuse la galerie sur les plateaux de télévision. Mori san est vraiment un sacré bonhomme, un professionnel du petit et du grand écran. Je peux vous assurer qu'il a beaucoup de flair et se dépense comme nul autre pour garantir le succès de mes productions qu'il distribue dans de très nombreux pays, une soixantaine. Il a produit ou coproduit tous mes films, sans exception, aux côtés de plusieurs partenaires fidèles. Il faut avoir du cran, du sang-froid, être visionnaire. Mori san a fait ses études à Tokyo, à l'université Aoyama-gakuin. Nous nous connaissons depuis longtemps. Il m'épaule et me protège depuis mes débuts à la télévision.

A la fin du printemps 2009, l'opportunité m'est donnée de passer un long moment avec Masayuki Mori, président de l'Office Kitano et par ailleurs pilier du comité directeur du festival de cinéma Filmex. L'occasion est rêvée de lui extirper des secrets. Producteur et ange gardien, Mori san joue le jeu, et se livre. Il est celui qui connaît le mieux Takeshi Kitano. Ses réponses, longues et précises, virent à l'hagiographie. Il est intarissable et confirme vite l'essentiel : « Takeshi est un être compliqué. Il y a en lui plusieurs personnalités. Kitano joue toujours à Kitano. Celui que je connais, c'est le Kitano qui rencontre Mori san (rires) ! Quand nous nous voyons, est-il le vrai, l'unique Kitano ? Trente ans ont passé depuis notre rencontre. J'étais alors un des directeurs des programmes d'une émission de télévision sponsorisée par une maison de disques, qui révélait de nouveaux talents, chanteurs et chanteuses encore inconnus. Or, il se trouve que déjà, l'émission était présentée par Takeshi, il en était le MC, il avait su se faire remarquer. Quand j'ai découvert Beat Takeshi, il avait déjà percé avec les Two Beat. Et il passait bien. Il était différent des autres. Son style décapant séduisait le public. Nous avons commencé à travailler ensemble. C'était très stimulant. Il était en effet sensible à tous les détails et cela me faisait plaisir. Nous travaillions main dans la main – et c'est encore le cas aujourd'hui. J'ai découvert son immense talent au début des années 80, son intelligence du rire et des choses de la vie. Ses gags, ses blagues étaient bien vues, toujours justes ! Il y avait déjà du travail et de l'expérience derrière. Il utilisait des techniques étonnantes, des expressions nouvelles, des termes empruntés au vocabulaire scientifique, des histoires surréalistes, hilarantes, qui sortaient d'on ne sait où. Et le public en redemandait. Déjà, il ne craignait rien ni personne et sortait souvent des choses énormes. Pour moi, il reste LE maître, un grand professeur. Je peux vous assurer que j'ai énormément bossé avec lui. Il m'a donné beaucoup, beaucoup de devoirs à la maison (rires) ! C'est un volontaire. Il n'a jamais changé. Toute idée, tout rêve, avec lui, doit être réalisé. Il ne peut pas attendre. Il va vite. Très vite. Sa rapidité est fulgurante et fait la différence. Son énergie est à couper le souffle. Je l'ai souvent accompagné dans des bringues de toute une nuit. On rentrait ensuite chez lui au petit matin. Je ressemblais à une épave. Tandis que lui, ragaillardi par une douche, repartait travailler en pleine forme. Il lui arrive toujours de ne pas dormir et, le matin, après sa douche, il repart gérer mille activités en même temps. Tout cela lui est possible car il est d'abord un être rationnel. A la télé, il est Beat Takeshi, il sait ce que les téléspectateurs attendent de lui. Au contraire, quand il réalise un film, il sait faire des compromis. Il donne, il écoute, il est généreux et humble. Et tout son être, sa personnalité, son essence, apparaissent à l'écran. Autant il n'hésiterait pas à annuler une émission de télé qu'au cinéma, c'est son for intérieur qui parle, il s'expose davantage et prend des risques plus importants. Il voudrait tellement que les téléspectateurs qui suivent ses émissions aillent aussi au cinéma voir ses films, mais quand ce n'est pas le cas, il répond simplement «tant pis !». Il n'empêche, son aura, son pouvoir médiatique, sont énormes. Car de nombreux publics le suivent. Ceux qui suivent ses émissions de télévision ne sont pas ceux qui lisent ses livres. Ceux qui apprécient ses films composent encore un autre public. Avec moi, en tout cas, même s'il est resté le même, j'ai toujours cette appréhension qu'il joue à être tel ou tel Kitano. C'est peut-être une crainte infondée. Mais c'est ainsi, et je ne peux pas m'habituer à lui. Je ne saurai jamais ce qui m'attend. Je suis toujours nerveux quand je le vois pour lui parler du travail. Notre relation tient grâce à cette tension finalement très saine. Et je suis sûr qu'il en sera toujours ainsi. Entre lui et moi, il y aura toujours de l'électricité... »

La musique d'un film

J'accorde une grande importance à la musique de mes films. A chaque fois, pour chaque long métrage, je fais appel à un directeur musical et à un compositeur. En général, je montre à ce dernier, le plus tôt possible, des rushs afin qu'il se mette rapidement à l'œuvre. Composer la musique d'un film est extrêmement compliqué. Aux scènes et aux images doivent correspondre des notes, des sons pour chaque instant.

J'ai notamment beaucoup collaboré avec Joe Hisaishi qui a composé une musique magnifique pour *Hana-bi*. Il a aussi trouvé les bonnes notes pour *Kids return* et *L'Été de Kikujiro*. Avec *Dolls*, notre collaboration, jusqu'alors excellente, a été mise à l'épreuve. Nous ne trouvions pas la musique adéquate. J'avais l'étrange impression que les arrangements composés par Hisaishi san déformaient les images, et, à d'autres moments, que mes images semblaient dénaturer sa musique. Finalement, nous nous sommes résignés et nous sommes contentés de celle que l'on entend dans le film – et qui, je crois, ne nous satisfait pleinement ni l'un ni l'autre. Le problème de la musique n'était pas pour autant résolu puisqu'au montage, il nous semblait que les costumes de Yohji Yamamoto étaient si flamboyants qu'ils prenaient le pas sur la musique. En fait, ma relation avec Joe Hisaishi est, depuis ce jour, très conflictuelle. Nous acceptons l'un et l'autre cette rivalité, parfois brutale, car nous savons qu'elle est créatrice.

Pour *Zatoïchi*, le directeur musical, Keiichi Suzuki, a travaillé extrêmement dur. Nous avons passé ensemble d'interminables heures en studio. Nous avons même changé cinq fois de composition, jusqu'à ce que la musique convienne, et soit en harmonie avec les plans et la trame du film, à la note près ! Sans sa musique et ses rythmes haletants, *Zatoïchi* serait un tout autre film.

De la réalisation au montage

On m'a souvent demandé comment s'effectuaient la réalisation et le montage de mes films. En vérité, je n'ai pas de recette. Chaque film est une aventure différente de la précédente. Le « script » n'a qu'une importance relative. En plein tournage, je n'hésite pas à modifier le scénario de départ si je sens que c'est nécessaire, parfois même par instinct. Il m'est arrivé aussi de modifier radicalement l'histoire, les dialogues, la mise en scène juste avant que la caméra tourne. J'aime bien improviser.

Le montage est un moment particulièrement important. Je préfère donc garder la main sur cette étape. Je monte mes films moi-même. La plupart du temps, je tiens à gérer tous les plans de coupes pour que le résultat soit fidèle aux idées que j'avais en tête au moment de dire « Moteur ». Le montage n'en est pas moins un travail ardu, très long.

> Jam Session (The Official bootleg), *un excellent film documentaire (monté comme une émission pirate) du réalisateur Makoto Shinozaki, dévoile dans le secret des studios comment travaille Takeshi Kitano. Sa méthode évoque une jam session de jazz : chaque membre de l'équipe de tournage, acteurs comme techniciens, contribue à sa façon, tandis que Kitano orchestre et laisse libre cours à l'imprévu, à l'écoute de ses collaborateurs. Son sens de l'improvisation lui vient de son expérience des plateaux de télévision.*

A propos de montage, j'ai eu beaucoup de plaisir à effectuer un « Ciné-manga » pour la revue française *Les Cahiers du cinéma* – un projet qui avait reçu le soutien de la styliste Agnès b. Ce fut une expérience amusante. Cette revue prestigieuse m'avait demandé d'imaginer quatre scènes puis de les commenter, comme dans un processus de construction surréaliste.

Deux acteurs incontournables : le vétéran et le jeune acteur prometteur

J'aimerais beaucoup retravailler avec Ken Takakura, un acteur japonais pour qui j'ai un immense respect. En 1985, nous avions joué ensemble dans un film japonais, *Yasha*.

Ken était déjà très populaire quand j'étudiais les sciences à l'université. On le voyait à l'affiche de films de *yakuza*. Si l'occasion devait se présenter, je lui confierais un grand rôle d'*oyabun*[47]. Dans les années 60 et 70, il était une figure sacrée, un acteur de premier plan, à l'affiche des *yakuza eiga*[48]. Ken m'a toujours dit : « Ne m'appelle pas. Seulement en cas d'urgence ! » Il m'arrive d'avoir très envie de lui téléphoner, de lui parler. Je compose alors son numéro et au moment de taper le dernier chiffre, au lieu de taper le huit, je tape… le zéro. Je n'ose pas le déranger.

La star montante, à mon sens, est le jeune Taichi Saotome. Un vrai génie. Il est encore adolescent mais son talent est immense. Grand danseur, excellent interprète, il a été remarquable dans *Zatoïchi*, alors qu'il n'avait que dix ans, puis dans *Takeshis'*, à treize ans ! Il a débuté sur les planches, à l'âge de quatre ans. Il a déjà joué dans une quantité phénoménale de comédies musicales. Je lui prédis un grand avenir. Je sais qu'à Hollywood, des agents s'intéressent à lui et suivent son parcours. Dès que possible, je voudrais l'emmener à New York, lui faire découvrir Broadway. J'aimerais qu'il découvre le rap et qu'il apprenne le hip-hop. Au Japon, l'attention à son égard a redoublé depuis qu'il a été invité dans mon émission de télé « *Daredemo Picasso* ». Quand il joue au théâtre à Asakusa, en particulier dans le théâtre de Mama Saïto, il fait salle comble.

La léthargie du cinéma japonais

Ces trois dernières années, le Japon a produit près de quatre à cinq cents films par an – si l'on inclut les feuilletons télévisés. Il paraît que c'est un record depuis vingt ans. Beaucoup de monde se réjouit de ces bons chiffres. Pas moi ! Car quantité ne veut pas dire qualité. Ce n'est pas parce que le

---

47. Parrain d'un gang *yakuza*.
48. Polars *yakuza*.

Japon produit soudain des centaines de films par an que notre industrie cinématographique se porte bien. Ce n'est pas avec des films mal écrits, mal interprétés et mal réalisés, complètement ringards, sans fond, sans histoire, au scénario mal ficelé, et finalement sans la moindre signification, que notre cinéma va sortir de sa léthargie. Ces dernières années, à part quelques réalisateurs talentueux – comme Takashi Miike –, le cinéma japonais ne m'excite pas du tout. Mais alors pas du tout ! Je crois qu'il est toujours au creux de la vague. Et que malgré de rares succès, la crise est grave...

Comparez donc avec les cinémas coréen et chinois, d'une vigueur exceptionnelle ! Le nôtre, à côté, décline d'une façon qui semble presque irrémédiable. C'est à peine croyable. Cette situation catastrophique ne semble pas du tout gêner nos responsables politiques qui n'ont jamais pris conscience de l'ampleur de la crise.

Si le cinéma coréen a réussi à atteindre le niveau qui est le sien aujourd'hui, c'est d'abord parce que ce pays – comme la France d'ailleurs –, possède un vrai ministère de la Culture, qui soutient activement, intelligemment les gens du cinéma, en fait toute l'industrie cinématographique nationale. En Corée du Sud, au moins un tiers des films à l'affiche doivent être coréens, et aborder des sujets nationaux. On peut s'en plaindre, mais on peut aussi juger qu'une telle mesure, évidemment protectionniste, a du bon. En tout cas, les résultats sont probants, le cinéma coréen est vivace parce que l'État soutient activement les réalisateurs et les producteurs. Personnellement, j'attache une grande importance à l'accueil de mes films en Asie.

Le cinéma japonais perd du terrain depuis longtemps. Mis à part la percée des *anime (dessins animés)* – comme, par exemple, les œuvres du grand maître Hayao Miyazaki –, son influence n'est plus du tout celle qu'elle était il y a vingt, trente ou quarante ans. Et puis, paradoxalement, on se plaint d'entrées insuffisantes dans nos salles mais nous maintenons le prix d'un ticket d'entrée à mille huit cents yens[49], alors

---

49. Treize euros.

qu'aujourd'hui, télécharger un film payant sur Internet coûte jusqu'à cinq fois moins. Cette politique est donc insensée, dans un environnement commercial où la culture est en vente à bas prix dans le premier *konbini*[50] du coin.

Et dire que dans les années 60, un grand cinéaste comme Akira Kurosawa s'inquiétait déjà de la crise du cinéma japonais et du niveau déjà discutable de notre industrie cinématographique. Kurosawa estimait notamment que les films japonais étaient souvent « simplistes » et manquaient de « nourriture » ! Peut-être Kurosawa se référait-il à ce qu'on nomme au Japon l'esprit du « *wabi-sabi* », un concept spirituel, esthétique, qui désigne une certaine forme de raffinement, voire de rusticité dans la simplicité...

A ce propos, il est vrai qu'il existe dans la culture japonaise un goût pour l'irrationnel, pour des concepts susceptibles d'échapper à la logique des Occidentaux. La culture japonaise du contrôle de soi, du savoir-vivre – les manières de manger, de boire, de regarder, de s'asseoir à table ou sur des nattes de tatami, d'ouvrir et faire coulisser une cloison *shoji* –, remonte surtout à la fin du XIIe siècle... En évoquant la tradition, j'ai l'impression qu'en matière de culture, l'Etat japonais se désintéresse complètement du monde de l'art et ne soutient pas les artistes, ou trop peu.

Pour ma part, j'apporte ma modeste contribution, je fais ce que je peux, et à vrai dire le maximum, pour donner à notre industrie cinématographique une impulsion nouvelle et participer à sa renaissance.

Enfin diplômé !

Ce qui est plutôt cocasse, c'est que j'ai été débarqué de l'université Meiji, car j'étais incapable de poursuivre les cours, mais près de trente ans plus tard, j'ai été diplômé par

---

50. Supérette ouverte vingt-quatre heures sur vingt-quatre au Japon.

son recteur. La cérémonie, le 7 septembre 2004, fut même annoncée sur le site Internet de l'université. J'étais le premier ancien étudiant non diplômé à recevoir mon diplôme au gré d'une « Reconnaissance spéciale de l'université Meiji ». Ce n'est pas tout. On m'a même remis un « Prix spécial du mérite. » Vous imaginez un peu ? Incroyable n'est-ce pas ? Les autorités de l'université Meiji avaient jugé que j'avais contribué, à ma façon, à son rayonnement, à la fois au Japon et dans le monde.

Puis, en 2005, des responsables d'une autre université, celle des Beaux-Arts de Tokyo, située à Yokohama m'ont proposé de devenir *sensei (maître)*. Une proposition qui ne manquait pas de sel ! Je n'en revenais pas, moi qui n'avais jamais terminé mes études. C'était un sacré coup du destin ! J'ai finalement accepté, et à cinquante-huit ans, l'année où je suis devenu grand-père, j'ai donc entamé, le 1er avril 2005, un professorat spécial dans cette université. J'ai ainsi donné, avec beaucoup de plaisir, des cours particulièrement vivants à une dizaine d'étudiants inscrits en troisième cycle, censés devenir les cinéastes de demain. Quelquefois, je me demandais tout de même si j'étais un bon professeur...

En tout cas, j'ai fait tout mon possible pour aider à la formation de nouveaux cinéastes dans notre pays. Mais, si on s'est beaucoup bousculé à mes cours, je crois que c'est surtout parce que j'étais un *drôle* de professeur. Car mon seul objectif était d'amuser les étudiants. Je les emmenais au restaurant français, et boire et déguster des *yakitori (brochettes)*.

Je faisais même parfois cours dans un petit bistrot, ou dans un *yakiniku*. Avec mes étudiants, on discutait en mangeant, on buvait, avant d'aller chanter au karaoké. C'est tout de même plus excitant que des cours ennuyeux, non ? Je vous assure, mes étudiants préféraient, de loin, se soûler la gueule. La vérité, c'est qu'aucun ne désire rester assis derrière une table, pour étudier je ne sais quel bouquin, coincé sur une chaise, entre quatre murs, à s'enivrer de cours théoriques ! Ce qui les motive, c'est sortir, boire, manger, s'amuser, rencontrer des gens, sentir les choses... J'avais l'intention de faire rencontrer des artistes à mes étudiants, leur présenter des personnalités, les initier à la comédie, aux arts de la scène, de manière vivante.

J'ai dit aux gens de l'université : « Je pense que le cinéma ne doit pas être enseigné dans une salle de classe. Il est préférable d'emmener les étudiants en ville et leur montrer la société, leur enseigner le sens de la vie. » Et j'ai ajouté : « Je ne peux pas non plus enseigner à ces étudiants je ne sais quelles méthodes cinématographiques. Car on ne peut pas les enseigner ! On ne devrait pas tenter d'expliquer à un jeune passionné de cinéma comment il doit devenir réalisateur. »

J'ai déjà participé à l'éducation de très nombreux comédiens : mon Gundan, bien sûr, mais aussi des apprentis comédiens et artistes en herbe qui m'ont dit avoir voulu faire ce métier après m'avoir vu faire le pitre et suivi mes émissions à la télé. Des journalistes japonais qui ne m'estiment pas beaucoup ont écrit que j'avais une mauvaise influence sur les jeunes.

En vérité, je me fous bien de leurs opinions. Dans l'absolu, ce n'est pas grave. Chacun est libre de s'exprimer. Je me fiche de ce qu'on pense de moi, de savoir si ce que je fais est bien ou mal. Je préfère qu'ils s'en prennent à moi, plutôt qu'à mes films, surtout s'ils ne les ont pas vus.

Une belle journée *à Cannes*

Une belle journée est le titre du court métrage que Kitano a présenté au Festival de Cannes au printemps 2007. Comme trente-deux autres cinéastes de renom originaires de vingt-cinq pays, il avait été invité à réaliser un film de trois minutes, sur le thème de « la salle de cinéma », illustrant l'amour pour le septième art. Les trente-trois films, émouvants, ludiques, poétiques, amusants, ridicules, nostalgiques, composent au final une œuvre collective forte et inédite : Chacun son cinéma (To each his own cinema), deux heures de bonheur et de devinettes, un hommage vraiment surprenant car les *noms des cinéastes n'apparaissent qu'à la fin des films. Chacun son cinéma fut projeté au Théâtre Lumière après la Cérémonie du soixantième anniversaire. Aucun réalisateur n'avait eu connaissance, au préalable, des fragments de ses confrères. Ce jour-là, Kitano a sorti le grand jeu sur la Croisette...*

Participer au Festival de Cannes du printemps 2007, à l'occasion de son soixantième anniversaire, m'a comblé de bonheur. Ce fut un honneur, un vrai plaisir. Le bureau du festival, son président et son délégué général *(Gilles Jacob et Thierry Frémaux)*, m'avaient proposé, à cette occasion, de venir présenter, avec trente-deux autres réalisateurs étrangers, un court métrage de trois minutes. Trois minutes, c'est court ! Pour ma part, je me suis inspiré d'une scène de *Kids return*. Tenez, installez-vous, je vais vous le montrer...

Quelle chance ! Le petit film vient à peine d'être monté que Takeshi Kitano décide de le projeter, en avant-première, un soir, début mai 2007, chez lui. Son épouse est à nos côtés, ainsi qu'une dizaine de Gundan. Durant trois minutes, pas un mot, chacun savoure ce moment délicieux. Le court métrage est très réussi. C'est un hommage poignant sur pellicule, un mini Cinema Paradiso *nippon, qui dit tout l'amour que le réalisateur voue au septième art...*

Mon court métrage de trois minutes, c'est l'histoire d'une séance de cinéma qui ne commence jamais. On croit qu'elle commence, on se dit, « ça y est c'est parti ! », et puis non, dans le vieux studio de projection, la bobine flanche... Résumer ma vision du cinéma en trois minutes fut un drôle de défi. Quand le journal français *Le Monde* a annoncé que j'allais participer au Festival de Cannes pour présenter ce court métrage, le montage était presque terminé. Nous l'avons réalisé dans le courant de l'automne, dans un coin de nature isolé, près de Shizuoka, non loin du mont Fuji. J'ai utilisé une très ancienne, très vieille salle de cinéma tombée en ruine. On l'a réaménagée et on a un peu revu les alentours, pour rendre l'environnement un peu plus vivant. Pour la salle de projection, on a retrouvé un très vieux matériel datant de l'ère Taisho *(1911-1924)*.

Cette idée des organisateurs du Festival de Cannes de demander à près d'une trentaine de cinéastes du monde entier de réaliser un petit film de trois minutes sur le cinéma, était très pertinente. Car le résultat, à mon avis, est formidable. A la hauteur du pari. Personnellement, j'ai ressenti beaucoup de bonheur en visionnant les courts métrages de mes collègues réalisateurs. Et j'étais si content de les rencontrer. J'en connaissais quelques-uns déjà. On s'est par ailleurs bien marrés pendant la montée des marches. Je portais un *hakama*[51] et faisais le pitre. Je me demande bien ce que les Français ont alors pensé d'un tel accoutrement. Ceux qui me connaissent n'ont certainement pas été surpris.

Non sans une certaine fierté, Takeshi Kitano tend alors plusieurs documents et décline un à un, consciencieusement, les noms des réalisateurs qui ont participé à l'aventure :

Regardez cette liste ! *Chacun son cinéma* rassemble notamment le Grec Théo Angelopoulos, les Français Olivier Assayas, Claude Lelouch, Raymond Depardon, le Polonais Roman Polanski, l'Allemand Wim Wenders, la Néo-Zélandaise Jane Campion – laquelle était présidente du jury à Venise quand j'ai gagné un prix ! –, l'Égyptien Youssef Chahine, les Chinois Chen Kaige, Wong Kar-wai, Zhang Yimou, l'Israélien Amos Gitai et le Palestinien Elia Suleiman, les Danois Bille August et Lars von Trier, les Américains Gus Von Sant, Michael Cimino et David Lynch, l'Italien Nanni Moretti, les Canadiens David Cronenberg et Atom Egoyan, les frères Coen des États-Unis, les frères Dardenne de Belgique, le Portugais Manoel de Oliveira, les Taiwanais Hou

---

51. Un large pantalon traditionnel japonais fendu aux côtés présentant cinq plis à l'avant, un au dos, jadis porté par les nobles du Japon médiéval et prisé des samouraïs.

Hsiao Hsien et Tsai Ming-Liang, le Britannique Ken Loach, le Chilien Raoul Ruiz, le Mexicain Alejandro González Iñárritu – le jeune réalisateur de *Babel* –, le Finlandais Aki Kaurismäki, l'Iranien Abbas Kiarostami, le Russe Andrei Konchalovsky... Du beau monde n'est-ce pas ? Tous de la grande famille du cinéma...

*

* *

12.

Drama

Feuilletons télévisés locaux, les soaps japonais, les fameux drama, *sont diffusés sur toutes les chaînes de télévision japonaises pendant toute l'année. Inspirés de mangas, de romans d'amour, d'histoires policières, de contes d'horreur, voire de récits d'urgences médicales ou de mélodrames, les téléfilms qui remportent le plus de succès sont adaptés au cinéma – comme le fameux TV drama* Ring (Le Cercle), *récupéré par les réalisateurs japonais et américain Hideo Nakata et Gore Verbinski. Kitano a joué un détective dans l'un de ces* drama, Ten to sen (Les points et les lignes), *adapté du roman fantastique de Seicho Matsumoto et diffusé fin 2007. Le premier épisode débute avec la découverte de deux corps sur une plage, au sud du Japon, sur l'île de Kyushu. L'un est celui d'un certain Sayama, un haut fonctionnaire du ministère du Territoire, des Infrastructures et des Transports, mêlé à une affaire de corruption. Le second corps est celui d'une jeune femme, serveuse dans un ryotei, un restaurant traditionnel de Tokyo. La police locale conclut au double suicide. Mais dans ses habits classieux, le détective Torikai (Kitano), sur le point de partir à la retraite, n'est pas convaincu et mène une enquête en solitaire. Kitano en enquêteur posé et réfléchi, comme un bon Columbo...*

Interpréter ce rôle d'enquêteur dans ce feuilleton fut une expérience intéressante. *Ten to sen* est un bon téléfilm policier, très bien écrit, rempli d'intrigues et de rebondissements, sur fond d'affaire sale impliquant un haut fonctionnaire du gouvernement. Je me suis bien entendu avec le réalisateur, Kan Ishibashi, mon aîné, puisqu'il est âgé de près de soixante-dix ans.

Lorsque *Ten to sen* a été diffusé sur la chaîne Asahi TV Corporation, fin novembre 2007, le succès a été immédiat. Ce fut le plus fort taux d'audience de la semaine. 23,8 % dès le premier soir, un samedi. Et le lendemain soir, 23,7 %. *Ten to sen* a même été récompensé, fin 2008, du Grand Prix du Tokyo drama award[52]. Depuis, plusieurs chaînes me font des propositions pour que j'apparaisse dans d'autres séries télévisées.

Avant de tourner mon premier film *Violent cop*, j'avais déjà incarné un tueur en série dans un *drama, Okubo Kiyoshi no hanzai (Le crime d'Okubo Kiyoshi)*, diffusé en 1983, l'histoire vraie d'un psychopathe, assassin de huit femmes, dissimulé derrière un masque de clown au moment de commettre ses crimes. Ce drama a connu un énorme succès au petit écran ! C'était la même année que j'avais obtenu le rôle du sergent Hara dans *Furyo*.

Dans la peau de Tojo

Rien n'est forcément simple avec Takeshi Kitano. Pas toujours facile de le suivre. Il ne manque pas de contradictions. Avec lui, les critiques de cinéma se perdent en conjectures. Car Kitano jongle avec les paradoxes. Il dit pourtant raffoler des idées étrangères issues d'esprits cartésiens. Alors qu'il exhorte son pays à faire la paix avec l'Asie et appelle le Japon à mieux respecter l'histoire et à reconnaître ses crimes

---

52. Un festival japonais couronnant les téléfilms.

passés, en Asie, au siècle dernier, il n'a pas hésité, courant 2008, à la demande insistante de plusieurs producteurs, à enfiler l'uniforme un peu trop grand pour lui du général (et criminel de guerre) Hideki Tojo, dans un feuilleton télévisé diffusé en décembre 2008 sur une chaîne privée. Nulle analogie possible avec Chaplin interprétant Hitler pour mieux le ridiculiser : produit par la chaîne TBS, le drama (long de 4 h 30) *sur Tojo, diffusé le 24 décembre 2008, n'est pas un téléfilm comique, mais un soap prétendument historique, levant un coin du voile sur la prétendue « humanité » d'un général controversé. Malgré la prouesse des maquilleurs, la ressemblance n'est pas évidente, et le public japonais a moyennement apprécié. Avant que ce* drama *ait été diffusé, Takeshi Kitano s'est vu décerner par le magazine masculin GQ Japan le titre d'« Homme de l'année 2008 au Japon ».*

Voilà un rôle qui a fait grincer des dents ! Mais pourquoi donc ? Pourquoi serait-il interdit, impossible, ou tabou d'incarner dans un téléfilm un homme controversé ? En tant qu'acteur, faut-il uniquement incarner des personnages qui font l'unanimité ? De toute façon, ce n'était pas la première fois que j'endossais à l'écran l'uniforme de l'armée impériale – en 1983, il y avait eu *Furyo*. Je n'étais pas inquiet des réactions éventuelles venant d'Asie. Car on connaît mes positions.

L'histoire de ce feuilleton, en vérité, ne manque pas d'intérêt et dévoile un moment très précis, charnière, de la vie de Tojo, Premier ministre du Japon à l'heure de la Seconde Guerre mondiale. Moment crucial où on l'a vu hésiter, en son âme et conscience, et aller jusqu'à prôner l'arrêt de la guerre… C'était en septembre 1941, lors d'une discussion avec l'empereur Hiro-hito trois mois avant ce fatidique 8 décembre *(date de l'attaque sur Pearl Harbor selon le calendrier japonais)* et le déclenchement de la guerre. Le *drama* aborde exclusivement ce moment clé. Bien que l'on sache ce qui est survenu par la suite, il m'a semblé que les doutes de ce général méritaient que ce téléfilm soit écrit et porté au petit écran. Même si avec le recul, la majorité des intellectuels japonais considèrent Tojo comme le responsable du déclenchement de la guerre.

En tout cas, j'ai trouvé que le résultat du *drama* était intéressant. En lisant le scénario, j'ai appris un peu plus précisément ce qu'avait été la relation entre l'empereur Hiro-hito et le général Tojo, les dissensions au sein du gouvernement et entre responsables militaires, et le processus d'entrée en guerre du Japon contre les Etats-Unis. L'autre intérêt de ce *drama* est sa portée pédagogique. Le feuilleton a été suivi d'un débat sur le plateau, ce qui est assez rare pour un sujet aussi controversé.

Certes, quand les producteurs de TBS m'ont envoyé une offre pour interpréter ce rôle délicat, j'ai hésité. Était-ce bien à moi d'incarner Tojo ? Une décision comme celle-là ne se prend pas à la légère. Mais les producteurs de la chaîne insistaient tellement que je n'ai pas voulu les décevoir. Ils me disaient : « On ne peut pas penser à un autre acteur pour tenir ce rôle, il n'y a que vous qui puissiez l'interpréter dans ce *drama*, donc, s'il vous plaît, acceptez ! » Ils me suppliaient. J'ai cédé. Après avoir accepté, d'autres acteurs, et non des moindres, ont aussitôt rejoint l'équipe. J'ai pensé qu'après tous les rôles de mauvais garçons, de mafieux et de sales types que j'avais joués au cinéma, me glisser dans la peau de Tojo n'était pas un drame en soi. J'incarnais seulement un dur de plus !

*

* *

13.

La peinture, royaume de mon imagination

Kitano est l'un des très rares cinéastes qui peint les paysages de ses films. L'un des rares à utiliser un tableau pour se donner une idée sur une scène ou un dialogue. La peinture, d'après lui, est davantage qu'un art majeur : c'est l'art idéal de la représentation. Pinceau en main, Kitano puise son inspiration dans ses rêves et ses cauchemars, mais aussi dans des estampes d'antan, dans la littérature classique ou contemporaine, voire dans les mangas. Il dit avoir été ébloui par le Louvre et les chefs-d'œuvre d'Italie. Michel-Ange et ses anges, Léonard de Vinci et le faux sourire de Mona Lisa, le hantent au moins autant que les femmes nues, natures mortes, visions d'enfer et scènes de massacre de Delacroix. L'atelier de peinture de Kitano est installé dans un lieu calme, au sud de Tokyo, rempli de centaines de toiles, dessins, esquisses qu'il a longtemps refusé d'exposer et de commercialiser.

En ce moment, je peins une femme nue. J'ai débuté ce tableau il y a quelques jours. Je l'avais presque fini la nuit dernière mais cette toile me cause beaucoup de soucis. Je n'en suis pas content...

J'ai de la peinture partout sur moi, sur tous mes tee-shirts en ce moment. Car je peins tous les jours, tous les soirs ces jours-ci, jusqu'à minuit. Quand j'ai le temps de me reposer, après l'enregistrement d'une émission de télé, un tournage, j'aime venir m'enfermer dans mon atelier et peindre jusque tard dans la nuit.

Cet autre tableau, représentant des animaux, je l'ai réalisé en quelques heures. Il apparaît dans mon film *Achille et la tortue.* Et voici le portrait d'un enfant en train de sourire. Alors que sur cette toile, le visage du garçon tremble un peu. Ici, c'est la tête de Dali, et là, avec toutes les couleurs, le visage de Saddam Hussein – j'aime bien sa figure. Je suis aussi fasciné par la symbolique des chiffres, je viens de commencer ce tableau consacré au chiffre « cinquante ».

Pour autant, mes tableaux n'ont pas de titre. Ce n'est pas un mystère, c'est ainsi. Pourquoi en auraient-ils ? Ce que je trouve à l'inverse plutôt très mystérieux, c'est que les tableaux aient un titre. Pourquoi devraient-ils absolument en avoir ?

Je ne dessine pas que des animaux et des insectes. Je dessine de tout : des scènes que certains jugeront naïves, figuratives et totalement absurdes, la vie au village, les villageois, un plat d'*okonomiyaki*, une sorte de pizza japonaise, des Japonais stupides, tout, n'importe quoi qui me passe par la tête. Cela m'amuse.

Parfois, en pleine nuit, l'envie de peindre me prend à cause d'une image ou d'une scène apparue en plein sommeil. Je me lève et je m'y mets. Une fois le tableau terminé, je réalise que le résultat n'a rien à voir avec l'idée originale. Puis je me recouche. Le lendemain matin, face à ce que j'ai peint, je sursaute : « Mais qu'ai-je donc fait ? »

Pourquoi je peins ? Je ne sais pas, je n'ai pas de réponse qui me vienne de suite à l'esprit. Peindre, dessiner, cela m'a toujours plu. Sauf qu'enfant, quand j'avais réussi à récupérer ici ou là des crayons à dessin ou de quoi peindre, ma mère m'en empêchait. Adolescent, j'aimais la peinture occidentale, les grands peintres européens, ceux de la Renaissance notamment, comme Léonard De Vinci, que j'ai eu la chance de découvrir dans de beaux livres d'art. J'étais aussi très attiré par les œuvres de Matisse et de Picasso. Ou encore par le style très épuré de Cocteau.

J'ai surtout commencé à beaucoup peindre, de nouveau, après mon accident. C'est au cours des mois de réhabilitation qui ont suivi, que l'envie de dessiner et de peindre m'a repris. J'ai d'abord commencé à moins boire, pour pouvoir me dévouer corps et âme à la peinture.

Après cet accident, j'ai annulé toutes mes activités, le cinéma, les émissions de télé, j'ai été contraint à l'arrêt durant des mois. Au cours de ma convalescence, je n'avais rien à faire. Je m'ennuyais terriblement – tellement que j'ai choisi de peindre pour tuer le temps.

Le but ultime des peintres n'a-t-il pas toujours été de reproduire une scène vue de façon réaliste, ou bien d'aller au plus abstrait ? Pour ma part, la peinture est davantage un passe-temps. Même si elle a toujours été une passion – je ne parle pas de celle de mon père, artisan en laques, puis peintre en bâtiment, qui passait ses journées à repeindre des façades de maisons, et s'entraînait pour cela sur la porte de la nôtre ! Aujourd'hui, en tout cas, il est évident que mon attitude à l'égard de l'art en général, et de la peinture en particulier, n'est absolument pas sérieuse.

Davantage que l'écriture, je crois que le dessin et la peinture tiennent un rôle prépondérant dans ma façon de concevoir le scénario voire l'histoire d'un film. En général, l'écriture cinématographique est influencée par la vie de tous les jours ; elle résulte de l'actualité ou de faits divers, de la mémoire collective, de rencontres – parfois avec des livres –, et même des rêves ou des cauchemars... Or, ce n'est pas tout à fait ma façon de fonctionner. L'écriture d'un film commence souvent, pour moi, avec des esquisses, des croquis, des dessins, quand il s'agit de composer les premières figures. Juste avant de tourner, il peut encore m'arriver de dessiner ou de peindre, afin de mieux saisir les tenants et les aboutissants d'une scène, d'une histoire... La peinture, je crois, est un recours possible pour signifier ce qui ne peut l'être avec des mots. Dans *Hana-bi*, j'ai utilisé certains de mes tableaux comme s'ils étaient des mots, ceux de mon personnage Horibe qui, paralysé dans un fauteuil roulant, peint comme pour conjurer le sort en imaginant le voyage de son ami Nishi et de sa femme. Ainsi, grâce à ses toiles, Horibe peut poursuivre son dialogue avec eux. C'est en jugeant quelque peu ennuyeuse une approche minimaliste dans l'*ikebana (arrangement floral)* pour laquelle une seule fleur et un vase très simple sont requis, que j'ai eu l'idée d'associer un animal et une fleur unique pour la série de tableaux qu'on aperçoit dans *Hana-bi*. C'est ainsi qu'une fleur de tournesol est devenue le visage d'un lion, qu'une autre fleur est devenue la tête d'un pingouin... J'ai aussi dessiné chaque esquisse, tous les tableaux qu'on aperçoit dans *Achille et la tortue*, toutes des œuvres du même personnage, enfant, à l'âge de trente ans, puis âgé. Je crois que le rêve ultime d'un réalisateur est de régler lui-même chacun des détails de ses films. Comme pour ma part, cela est impossible, j'utilise mes tableaux dans mes films un peu comme des pièces à conviction. Je crois que cela provient de mon désir profond de dessiner mes films moi-même.

Curieusement, bien que droitier, il m'arrive de peindre avec la main gauche, comme peindrait un enfant.

L'histoire de l'art me fascine : on passe d'un courant à un autre, parfois sans transition, du réalisme à l'impressionnisme, puis au cubisme, au surréalisme... Je trouve cette évolution très mystérieuse et absolument extraordinaire. Parfois, il ne se passe rien. Une parenthèse entre deux mouvements qui ressemble à de l'attente. Et puis, enfin, il se produit quelque chose de nouveau.

J'aime peindre et dessiner. J'ai toujours aimé dessiner. Depuis une dizaine d'années, je peins presque tous les jours, la plupart du temps avant de me coucher. Quand je ne trouve pas le sommeil ou que je n'ai pas envie de dormir, je peins, je dessine. Souvent, il m'arrive de mettre la dernière touche à une toile en quelques heures, ou de finir un tableau en une nuit. Je fais également des petits dessins naïfs, sur des petits bouts de papier. J'aime ça. J'adore aussi gribouiller des croquis ou des détails absolument inutiles, complètement nuls, mais qui m'amusent beaucoup. Ce sont mes *rakugaki*[53] à moi.

Dans *Glory to the filmmaker !*, je me suis inspiré des techniques de Paul Klee et de Picasso. Tous deux peignaient et dessinaient comme s'ils étaient encore des enfants, et mettaient de côté leurs techniques, intentions et émotions d'adulte pour créer de manière infantile, ludique. J'admire Paul Klee. Grande figure du Bauhaus, artiste jugé « dégénéré » par les nazis, il est, à mes yeux, un peintre majeur. Ses tableaux associent des éléments abstraits sans signification et d'autres plus figuratifs. Il y a quelque chose d'onirique chez lui qui me touche énormément. Sa peinture parle à l'esprit car elle ne montre rien. Certains critiques ont pu dire que Klee était un peintre simpliste, comme on a dit de Satie qu'il était un compositeur de mélodies faciles parce que répétitives. Mais à mes yeux, Klee est un artiste majeur. En fait, Klee a surtout inventé une technique : il créait à l'instinct, excluant toute réflexion, influencé par son côté enfantin, l'enfant qu'il était probablement resté.

> *Le même Paul Klee notait dans son* Journal *(1957) : « En ce monde nul ne peut me saisir car je réside aussi bien chez les morts que chez ceux qui ne sont pas nés. Un peu plus près du cœur de la création qu'il n'est d'usage. Et pourtant encore bien trop éloigné. »*

Dans un genre très différent, j'apprécie aussi l'art d'une jeune artiste japonaise qui se fait appeler Tokyoko. Elle s'inspire de son environnement et de culture pop, un mélange d'hystérie déjantée et de fascination narcissique. Ethan Coen, le célèbre réalisateur – l'un des deux frères Coen –, a aidé à l'organisation de sa toute première exposition aux Etats-Unis, dans une galerie de New York.

Pour ma part, j'espère, dans l'avenir, avoir davantage de temps pour peindre et dessiner. J'espère encore m'améliorer.

---

53. Petits dessins traditionnels et peu sérieux.

Même si je sais que je n'égalerai jamais Matisse, Cocteau, ou le dessinateur japonais Leiji Matsumoto[54].

Peindre, dessiner, n'est guère facile. D'autant que j'ai bien conscience de mes carences. Je sais que beaucoup de mes tableaux, dessins et gribouillis n'ont absolument aucun sens. Des amis les trouvent rigolos, plutôt étranges, et ils ont bien raison. Des galeries m'ont déjà proposé d'exposer et de commercialiser mes dessins, mais jusqu'à récemment, je n'y tenais pas trop. En France, par exemple, il y a une quinzaine d'années, le Festival d'Avignon, qui célébrait alors le thème de « la Beauté », avait souhaité organiser un espace qui représenterait la beauté telle que je la vois. Mais le projet n'a pas pu se faire, malgré l'hommage que les organisateurs m'ont tout de même rendu. Ensuite – ce devait être en 2001 –, quelques-unes de mes reproductions ont été exposées à Paris, à la Fondation Cartier pour l'art contemporain, dans le cadre d'une exposition consacrée au plasticien japonais Takashi Murakami.

Aujourd'hui, je suis prêt à tout montrer, le pire comme le meilleur, le vrai Takeshi, mes saletés, mes bévues, mes folies, mes âneries… Mes collections de détritus. Une exposition dans laquelle j'au tenu à m'exprimer d'une façon très personnelle, a d'ailleurs été programmée au printemps 2010, à Paris, avec la même Fondation Cartier. Pour ce projet démesuré, j'ai demandé à mon producteur, Masayuki Mori, de rassembler toutes mes peintures, tous mes dessins, jusqu'aux plus minables, afin de les dévoiler aux Occidentaux, les seuls peut-être à même de pouvoir les juger, afin qu'ils sachent vraiment qui je suis. Car je crois que les Européens me surestiment.

*
* *

---

54. Leiji Matsumoto, créateur de la célèbre série du *Capitaine Harlock*, dit *Albator*.

14.

Mon dada pour les sciences

Un soir de printemps, autour de quelques verres de bordeaux, Takeshi Kitano évoque sa passion pour les sciences en griffonnant sur un cahier des formules mathématiques...

Mon accident, en 1994, a modifié quelque peu ma perception de la vie. Après une telle épreuve et la longue période de convalescence, vous n'êtes plus tout à fait le même. On me croyait fini, j'ai eu envie de vivre comme jamais : j'ai énormément peint et réalisé toujours plus de films. C'est aussi à ce moment-là que j'ai repris l'étude des sciences et des mathématiques.

Enfant et adolescent – j'ai déjà eu l'occasion de le dire –, j'étais fortiche en maths, j'avais d'ailleurs des notes souvent bien meilleures que celles de mes copains qui ont, plus tard, été sélectionnés dans les filières scientifiques de l'université de Tokyo *(Todaï, la plus prestigieuse de la capitale, emblème des élites nationales)*. A l'université Meiji, j'ai voulu, pendant un moment, me spécialiser dans la technologie des rayons laser, l'une des techniques de pointe au Japon à cette époque. Il me semblait que j'avais eu la chance de naître dans un pays extraordinaire passionné par la recherche appliquée et le développement scientifique.

Mon engouement pour les sciences s'explique aussi je crois par le sentiment que j'ai eu de revivre – de renaître ? – après mon accident, alors que j'aurais pu y passer, cet accident en deux roues ayant bien failli me coûter la vie. En sortant du coma, l'épreuve du réveil a eu une grande signification pour moi. J'ai alors cru qu'on m'offrait une seconde vie. Pour certains individus, ce type de réveil post-traumatique peut aboutir à un nouvel éveil de la conscience. Certaines personnes, athées jusqu'alors, se mettent à croire en l'existence de Dieu, d'un dieu. Moi, à la place, j'ai choisi la science. Certes, je reconnais que plus j'étudie les sciences, plus l'idée de l'existence de Dieu me semble être légitime. Parfois, une très belle formule mathématique me fait penser qu'une force surhumaine – Dieu peut-être ? – a pu l'imaginer.

Aristote était déjà arrivé à la conclusion que « la création de l'univers est impensable ». Aujourd'hui, les théories du big-bang – les premières à m'intéresser – intégrant les lois de la physique quantique, n'ont pas encore percé toutes les clés du mystère originel, les énigmes du temps et de l'espace. Je m'intéresse beaucoup, d'ailleurs, aux recherches et aux théories du grand astrophysicien britannique Stephen Hawking.

Sur terre, nous avons tous l'impression de vivre dans un temps synchrone et égal à chacun. Mais cette impression est absolument fausse. Le temps n'est pas perçu à l'identique selon les cultures. Le temps n'est pas un concept universel. Il ne représente pas la même chose pour chaque homme. Pour la petite histoire, il se trouve que je suis un homme très occupé, mais que j'ai toujours l'impression d'avoir du temps devant moi. D'ailleurs, je ne porte pas souvent de montre. A tel point qu'à chacun de mes anniversaires, je reçois des montres en cadeau – des amis, des connaissances croient que je n'en possède pas. Un jour, l'un des hommes d'affaires les plus fortunés du Japon m'en a offert une d'une valeur inestimable. Elle est encore dans la boîte à gants de ma voiture…

Si j'en avais la possibilité, j'aimerais vivre hors du temps. Un peu comme au cinéma, lorsque vous voyez un film, vous avez l'impression de vivre en dehors de la réalité. J'aimerais pouvoir fuir cette contrainte, cette fatalité à laquelle personne n'échappe. Je suis persuadé qu'il existe un lien évident entre cinéma et calculs mathématiques. Un film réussi résulte d'une équation mathématique. Car le cinéma consiste finalement à détourner le regard de l'homme de la réalité, à tromper son œil, vingt-quatre images par seconde. Même s'il est inspiré de faits réels, un film reste abstrait, quelque chose qui n'est pas tout à fait vrai. On touche là aux sciences ! Et les sciences me passionnent. N'est-il pas extraordinaire qu'une simple formule explique la loi de l'apesanteur ?

Comme dans l'univers, l'ordre règne dans un film, avec ses équations, soustractions, divisions, tandis qu'un scénario peut être le résultat d'un désordre. Je rêve de monter un film en tirant les scènes au sort. Ce serait un montage fantastique, sans queue ni tête, renversant, vraiment étourdissant. En voyant ce film, le spectateur serait obligé d'imaginer le sien...

Curieusement, je déteste utiliser un ordinateur ou, pire encore, Internet. Je suis incapable d'écrire un courriel. Je trouve ce moyen de communication trop impersonnel et, sous couvert de progrès, terrifiant. Le courriel, c'est comme le système du tout-à-l'égout. On en envoie comme on tire la chasse d'eau. Et, pendant ce temps-là, les gens ne se parlent plus, ils ne se téléphonent plus et se rencontrent moins. En fait, je déteste ordinateur, clavier et touches... Je déteste lire sur un écran. Surtout un scénario. Je préfère même lire un texte griffonné sur des bouts de papier. Les écrans d'ordinateur me glacent le sang. Je n'apprécie que le petit et le grand écran !

Mon intérêt pour la science ne faiblira pas. Au contraire. Mes convictions, en matière scientifique, sont presque obsessionnelles. Car la science relie tout ce que nous aimons. Je ne peux, par exemple, me passionner que pour la littérature. Ce qui m'intéresse c'est que la science et la littérature soient liées. De nos jours, malheureusement, les cursus éducatifs de la plupart des pays développés sont plutôt mal conçus. C'est notamment le cas au Japon. Les programmes scolaires ne sont plus empiriques mais fragmentés. La science est, par exemple, enseignée séparément de la philosophie. Or, jadis, certaines lois naturelles étaient pensées grâce à la philosophie puis exprimées par des formules et des calculs mathématiques.

De son vivant, Léonard De Vinci, était un grand peintre, mais aussi un véritable scientifique. Il n'a pas défini sa vie autour de l'une ou l'autre de ses passions. Elle formait un tout dans son esprit. Je privilégie cette façon empirique de voir et de faire, cette versatilité qui était le propre des artistes de la Renaissance.

De nos jours, je suis persuadé que ces deux disciplines clés, la philosophie et les mathématiques, devraient être enseignées dans un seul et même cours, selon des méthodes bien plus ambitieuses. On découvrirait comment deux parallèles se rejoignent à l'infini, en philosophie comme en mathématiques.

Je prône, pour les jeunes, une éducation pluridisciplinaire, plus fonctionnelle et bien plus pratique que celle d'aujourd'hui. Les adolescents seraient bien plus heureux, j'en suis persuadé...

*

* *

15.

Sacré Japon !

Je roule en Rolls-Royce. C'est un cadeau de ma femme. Un signe de richesse que tous les Japonais ne peuvent pas se permettre... A ce propos, je vais vous dire : au Japon, si cela continue, la classe moyenne va disparaître. J'exagère bien sûr.

Certes, elle existe toujours cette classe moyenne. Mais depuis quelques années, notre société est de plus en plus inégalitaire, et les riches comme les pauvres de plus en plus nombreux. Nous avons aussi notre prolétariat. Pas seulement des sans-abri, vagabonds et clochards, mais aussi des millions de nouveaux pauvres qui peinent chaque jour à vivre correctement, à payer leur loyer, l'école des enfants, à boucler les fins de mois, et qui s'entassent dans des quartiers éloignés et isolés des grands centres urbains. Leurs conditions de vie me font penser à celles de l'ancien Bronx aux États-Unis.

Dans notre pays, les disparités sociales s'accentuent. Tandis qu'une minorité fréquente les meilleurs restaurants et les boutiques de luxe, la majorité des Japonais n'osent plus sortir dans les beaux quartiers. Je crois bien que la société japonaise, un peu trop souvent érigée en « modèle » par de nombreux commentateurs occidentaux, se transforme à un rythme qui m'inquiète.

Dans *Dolls*, j'ai voulu utiliser des images qui aident à comprendre cette réalité sociale. Ainsi, dans la scène du cauchemar filmé de nuit, l'utilisation du vinyle bleu fait référence aux sans-abri qui, dans les grandes villes, se réfugient et végètent sous des ponts, dans des squares, près de voies ferrées... Quant aux carpes arc-en-ciel, elles représentent, au contraire, le Japon des aristocrates et d'une élite, perchée dans leurs tours d'ivoire, qui ne sait plus comment les classes inférieures vivent et souffrent. L'ancien Premier ministre Tanaka possédait plusieurs de ces carpes. On dit qu'une seule carpe arc-en-ciel vaut, au minimum, trois ou quatre millions de yens *(vingt-deux mille à vingt-neuf mille euros)*. Le Japon donne toujours l'impression d'avoir les attributs d'une grande puissance capitaliste. Mais c'est un libéralisme en trompe-l'œil, car notre Etat est aussi socialiste. Collectiviste et socialiste. C'est un des grands paradoxes de notre étrange pays : certaines de nos banques accordent encore des prêts à des particuliers, à des taux ridicules. Le Japon est en réalité à mi-chemin entre un capitalisme ultrasauvage et une variante de communisme qui ne dit pas son nom.

Plus un yen à la banque

On assiste à une paupérisation croissante de la société japonaise. Selon une étude rendue publique l'an passé, plus de vingt pour cent des Japonais n'auraient plus un yen à la banque, pas un sou d'épargne. Ceux qui ont les moyens placent désormais leur argent à l'étranger. Depuis cinquante ans, c'est une première dans notre pays. Jusqu'à quand le Japon restera-t-il la seconde économie mondiale ?

Pour comprendre cette situation socio-économique, il faut remonter à l'après-guerre. Dans les années 1950 à 70, les services d'assurance et de couverture sociale ont très vite progressé dans notre pays. Les Japonais en ont beaucoup profité. Les banques et la poste nationale, surtout, ont épargné des quantités si importantes d'argent que cette thésaurisation en est devenue inquiétante. D'où la volonté de l'ancien Premier ministre Junichiro Koizumi de privatiser les services postaux. Il voulait que les Japonais touchent les dividendes de ce magot, un des plus gros trésors publics de la planète... Koizumi avait également l'intention de libéraliser le secteur et permettre aux entreprises occidentales d'occuper le terrain.

Mais cette privatisation a touché les personnes âgées, plus vulnérables, qui vivent en grande partie de leur épargne postale. Et nous connaissons désormais cette situation plutôt triste et déshumanisante, elles sont mises au ban de la société, placées dans des institutions sordides qui leur sont réservées. L'environnement familial a lui aussi changé, comme en Occident d'ailleurs. Auparavant, il était rare que les enfants et les petits-enfants se séparent de leurs grands-parents. Plus maintenant. Je trouve lamentable la condamnation et le rejet, au sein de nos sociétés dites modernes et développées, de ce qui appartient à la vieillesse ou symbolise la vieillesse. Hélas, ce n'est pas qu'une question de volonté, mais aussi de revenus. Souvent, les enfants n'arrivent plus à joindre les deux bouts et à prendre en charge leurs parents. D'autant plus que nos services médicaux réservés aux gens âgés sont franchement en retard. A ce rythme, que va devenir la société japonaise ?

Folles extravagances

En 2006, le Japon a été agité par un grave scandale : l'affaire Livedoor. Cette entreprise était considérée pendant des années comme un modèle du secteur de l'Internet et des nouvelles technologies. En fait, son jeune patron, Takafumi Horie, cible du milieu politique à cause de ses déclarations maladroites, était non seulement un spéculateur mais aussi un manipulateur. Il aurait pu connaître un succès énorme, faire fortune et bâtir une très grande entreprise. Mais, tenté par l'argent facile et sale, il a été dégommé pour l'exemple[55].

Il faut dire qu'Horie était assez proche de l'ancien gouvernement Koizumi, qui voyait en lui une référence pour les jeunes entrepreneurs japonais. Parti de rien, Horie avait réussi à monter tout seul son entreprise et à la développer en un temps record. Mais sa réussite était devenue choquante, même insolente aux yeux de certains. D'autant qu'Horie avait la critique facile contre les hommes politiques, les crimes de guerre du Japon, les échecs de son programme spatial, etc. Une force mystérieuse a fait imploser Livedoor, et Horie avec. Ce scandale a été fomenté pour mettre en cause la politique ultralibérale de l'ancien Premier ministre Koizumi. Certains se demandent si Shizuka Kamei, ancien baron du Jiminto *(Parti libéral démocrate, PLD, formation de droite arrivée au pouvoir en 1955)* et ancien haut responsable de l'Agence de police, viré du PLD comme un malpropre par Koizumi et son clan, n'a pas agi derrière son dos en provoquant la chute d'Horie. Quant au « suicide » d'un certain Noguchi, un proche d'Horie retrouvé mort dans une chambre d'hôtel à Okinawa, de nombreux éléments laissent penser qu'il a été assassiné. Personnellement, je considère encore cette affaire comme révélatrice de l'ambiance délétère qui prévaut au Japon depuis longtemps. Ces types décrochent souvent le ciel au prix de folles extravagances.

En général au Japon, quand on vient d'une famille modeste, on reste toute sa vie relativement modeste. Ceux

---

55. Le « scandale Livedoor », du nom du portail Internet, a éclaté en janvier 2006. L'arrestation de son P-DG, Takafumi Horie, jeune gourou de la nouvelle économie adulé par une partie de la jeunesse nippone mais haï de l'establishment, avait provoqué un vent de panique à la Bourse de Tokyo. Jeune prodige des affaires, adoubé par le Premier ministre Koizumi lors des élections législatives de 2005, Horie fut condamné, à l'âge de trente-quatre ans, à deux ans et demi de prison ferme pour malversations financières, trucage de comptes et diffusion de fausses informations visant à manipuler le cours d'une action. Ryoji Miyauchi, trente-neuf ans, ex-directeur financier de Livedoor, écopa quant à lui de vingt mois de prison ferme. Trois autres dirigeants furent condamnés à des peines de douze à dix-huit mois de prison. L'affaire déchaîna la critique sur les « années Koizumi ».

qui étaient carrément pauvres et deviennent soudain très riches, comme Horie, sont suspects. Leur réussite est jugée anormale. Politiquement incorrecte. Car au Japon, c'est très simple : les pauvres sont pauvres et seuls les riches ont le droit d'être riches. Le Japon n'est pas l'Amérique. Depuis des décennies, les États-Unis ont fabriqué et cautionné l'idée du succès individuel. Le fameux « rêve américain ». L'espoir donné à chacun de s'élever socialement et matériellement. Au Japon, c'est complètement différent. Le Japon est resté, quoi qu'on dise, une société de classes fonctionnant sur un modèle encore assez archaïque. Une famille japonaise partie de zéro qui subitement devient riche est très rare. Et si un pauvre réussit et accumule une énorme fortune, en milliards de yens, vous verrez qu'il attirera l'attention. S'il joue au fier et se vante un peu trop, il ne fera pas long feu. Le cas de Horie, à cet égard, est éloquent. Il a été durement combattu par les milieux conservateurs parce qu'il n'avait pas la tête du client. Il venait d'un milieu modeste.

De même, les boursicoteurs n'ont pas bonne presse. Notre histoire montre que les détenteurs d'actions, les agents de courtage et autres amateurs de titres, qui ont prospéré grâce à l'argent facile, n'ont jamais été très appréciés. Ils ont toujours été un peu considérés, par une certaine élite à Tokyo, comme des marchands de Venise, dont il ne faut guère trop attendre.

Pour ma part, je ne joue plus depuis longtemps. Je n'apprécie plus les jeux d'argent, même ceux hérités des anciens temps – comme le *bakuchi*[56]. Cela ne correspond plus à mon tempérament. Seules mes activités télévisées – selon moi un grand jeu de hasard car elles dépendent des audiences – me passionnent.

---

56. Un jeu de pari traditionnel où les joueurs misent de l'argent, voire des biens.

La « *bulle* »

C'est surtout pendant la période dite de la « bulle » *(immobilière et financière)*, au cours des années 80, que l'image du courtage a connu beaucoup de succès. Mais, quand cette « bulle » a implosé, au début des années 90, les Japonais ont compris quels étaient les risques de la spéculation sans frein. Il n'empêche, le courtage est réapparu dans notre économie et prospère de nouveau depuis une petite dizaine d'années. Surtout le courtage en ligne. De nombreux Japonais, dont beaucoup de femmes au foyer, font fructifier leur magot sur Internet. Ils perdent souvent des sommes colossales. La « bulle » ne nous est pas tombée sur la tête par hasard.

Depuis les années 70, le Japon n'a cessé d'aligner miniboom sur miniboom économique. Beaucoup d'argent circulait dans notre pays. *« Money »* était le maître mot, présent dans toutes les bouches. Tous les Japonais se rêvaient propriétaires et achetaient appartements, maisons, voitures de luxe à des prix dépassant l'entendement. C'était complètement fou. Un jour, la « bulle » a implosé. Quand le pays s'est réveillé, ses banques croulaient sous des montagnes de mauvaises créances.

Les dégâts, terribles, sont encore visibles. Depuis une quinzaine d'années, le Japon se sent extrêmement vulnérable. Sa croissance est quasi nulle. Les scandales se succèdent. Comme cette incroyable affaire Aneha, du nom de cet architecte japonais qui, en 2006, a admis avoir construit une vingtaine d'immeubles équipés de dispositifs parasismiques insuffisants, afin de réduire ses coûts et dégager davantage de profits. Cet architecte avait menti et falsifié tous les documents attestant de la conformité aux normes de sécurité. Il a fallu détruire ces immeubles neufs et reloger en urgence des centaines de familles sous le choc.

Le Japon subit environ vingt pour cent des secousses telluriques les plus violentes enregistrées chaque année dans le monde.

Jadis, le Japonais était honnête, brave, audacieux et courageux. L'est-il toujours aujourd'hui ? Nous sommes bel et bien entrés dans une ère perverse chahutée par un nouveau système capitaliste qui a fait voler en éclats : respect, amitié, fraternité. Ne me croyez pas communiste. Mais je suis, définitivement opposé à toute forme de capitalisme sauvage. Trop exacerbé, le capitalisme a un côté obscur. Il déshumanise.

L'affligeante privatisation de la culture

Je constate encore que dans cette ère étrange qui est la nôtre, on veut que le succès culturel soit préprogrammé. La culture, de nos jours, est victime de sa privatisation et l'impact est terrible. Au Japon, on voit, par exemple, de grandes entreprises acheter toutes les places ou une partie des places d'un spectacle ou d'un concert pour les offrir à leurs employés ou à leurs clients. C'est affligeant.

Il faut dire que dans notre pays, les pouvoirs publics soutiennent peu la culture, et l'effet de ce désintéressement est dramatique. La culture intéresse peu, ou pas du tout, nos hommes politiques. Les Premiers ministres japonais se suivent, et rien ne change. Junichiro Koizumi est resté au pouvoir durant cinq ans, de 2001 à 2006. Qu'a-t-il fait pour la culture ? Pas grand-chose. Depuis des années, on vient me proposer de devenir ministre de la Culture – ce serait le premier du pays car le Japon est encore, hélas, sans véritable ministère de la Culture, contrairement à des pays comme la France ou la Corée du Sud. Mais personnellement, je n'ai ni les compétences ni les connaissances, pas plus que le bagage universitaire nécessaire. Vous m'imaginez ministre ? Y penser me fait d'ailleurs bien rire. Sans compter qu'avec mon caractère, une fois nommé, je me sentirais obligé d'être à l'écoute du monde souterrain – du milieu *yakuza* – comme le font beaucoup d'hommes de pouvoir au Japon. On m'a même proposé plusieurs fois de défendre des programmes, des candidats à des élections... Mais moi, je soutiens d'abord ceux qui travaillent pour la cause de l'Afrique !

Certes, il y a pourtant beaucoup à faire, pour défendre et développer notre industrie du cinéma, ou en vue de maintenir et de conserver nos arts traditionnels. Au XVIᵉ siècle, le kabuki était un art vivant qui n'intéresse aujourd'hui plus grand monde. Ma grand-mère, originaire du Shikoku, collectionneuse d'estampes *ukiyo-é* et fille d'un maître en arts traditionnels et de kabuki, jouait du shamisen, et d'autres instruments du kabuki – elle était si attachée à son shamisen qu'à ses funérailles, mon père l'a fait incinérer avec elle...

Dans les campagnes, beaucoup de monde adule encore l'art du nô et du kabuki. Mais dans les grandes villes japonaises, ces arts disparaissent lentement. Les gens se rendent-ils compte ? Les Japonais ont beaucoup changé. Ils délaissent au fil du temps leur propre culture. Cela me rend amer de constater que mon pays perd peu à peu son identité culturelle. Les gens ne sortent plus guère comme avant. Ils se parlent moins. Ils ne donnent plus leur point de vue sur les choses. Sauf sur l'Internet et encore, de manière anonyme...

Alors que la pop culture japonaise et ce qu'on appelle le « cool Japan » triomphent dans le monde, on assiste paradoxalement à un déclin de la grandeur culturelle de notre pays. Est-ce à cause de la fulgurante occidentalisation de notre société depuis 1945, comme le pensent certains ? Des influences américaines et européennes ? L'apport des cultures étrangères a été en vérité bénéfique à notre pays. Les Japonais sont les seuls responsables de la situation actuelle, en délaissant comme ils le font leur culture traditionnelle, ce qui me rend amer.

Il faut dire que nous vivons une drôle de période historique, un moment assez ravageur. Preuve en est, nous suivons désormais les guerres en direct sur CNN. Tout va vite, très vite, trop vite. Tout, autour de nous, change à une vitesse vertigineuse. Nous avons à peine le temps de nous adapter au moindre bouleversement. Tout change : les styles de vie comme les sentiments, les mentalités comme les idées politiques...

La politique

Je ne suis ni de droite ni de gauche. Je ne suis pas davantage d'extrême droite ou d'extrême gauche. Ceux qui croient le contraire se trompent. Je ne peux soutenir la thèse qui ferait croire que des êtres humains sont inférieurs ou supérieurs à d'autres en raison de leurs idées politiques. Je ne me crois pas plus au centre ou au-dessus de la mêlée, à la rigueur peut-être au-dessous, ce qui me garantit une assez bonne visibilité. Je me méfie de l'interprétation de ce que l'on pense être la réalité. L'autochtone de Papouasie-Nouvelle-Guinée qui, pour la première fois, a vu passer un avion, était persuadé qu'il s'agissait d'un oiseau étrange traversant le ciel. Les gens sont libres d'interpréter ce qu'ils voient. Mais le mal est fait dès lors que l'interprétation est erronée. Parfois, elle résulte de l'adulation. Adorer est risqué, me semble-t-il. En Corée du Nord, la population a été victime d'une telle propagande qu'elle voit dans son « Cher Leader » un quasi-Dieu. A l'étranger, Kim Il-sung, comme son fils, Kim Jong-il, sont simplement ce qu'ils sont : des dictateurs. D'ordinaire, la politique est censée aider à mieux saisir la réalité, à comprendre et améliorer la société, même de façon relative. Mais souvent, quand la liberté de jugement est mise à mal, la politique n'est que tromperie.

Je n'ai presque jamais voté. A mon avis, les comédiens et comiques n'ont absolument pas besoin du droit de vote. J'ai l'intime conviction que même si le système politique évoluait d'une façon radicale au Japon, nous autres, les gens du spectacle, ne changerions pas. Nous resterions les mêmes. Nous ferions encore les guignols et des claquettes. Nous n'essaierions même pas de renverser une dictature. Pire : nous nous y adapterions et ferions encore plus de numéros comiques sous ce régime. Nous nous moquerions chaque jour de ses dirigeants. Nous ridiculiserions le pouvoir en place avec notre meilleure arme : le rire. Nous autres, comiques, ne sommes pas des héritiers du Mahatma Gandhi. Nous ne sommes pas les porte-voix d'une cause politique. Nous sommes seulement des parasites ! Un jour, le romancier Akiyuki Nosaka m'a dit : « Si soudain il y avait la guerre, toi, Takeshi, tu t'enfuirais quelque part. Tu es ce type de mec ! » Je lui ai répondu : « Oh non, je ne suis pas aussi courageux. Je me foutrais plutôt en l'air. Ce serait plus facile encore que de résister à l'autorité. » Vous voyez, dans la pire des situations, je ne jouerais pas à être un grand homme. Je ne chercherais surtout pas à devenir un héros, bien au contraire. Foncièrement, je ne suis pas idéaliste. J'en suis revenu de tous ces rêves qu'on fait quand on est jeune.

Au Japon, comme dans beaucoup de pays, les hommes politiques, pour la plupart d'entre eux, ne se soucient que de leurs intérêts. Leur unique but est de s'accaparer du pouvoir. Voyez le Jiminto *(Parti libéral-démocrate, PLD)*, cette formation conservatrice qui a gouverné quasiment sans interruption notre pays depuis les années 1950. *(Hormis un bref intermède au début des années 1990 avec la victoire aux élections d'une coalition de partis d'opposition et minoritaires et la nomination au rang de Premier ministre du libéral Morihiro Hosokawa.)* C'est peu dire que ce parti a échoué. Bien qu'il soit parvenu à s'accrocher si longtemps au pouvoir – notamment avec l'aide de la Soka Gakkai, une puissante formation bouddhiste adossée au parti politique Komeito, membre de la coalition conservatrice qui gouvernait –, il n'est plus du tout populaire. C'est un parti qui ne fait plus rêver. Au contraire. Son unique ambition a été longtemps de parvenir par tous les moyens à éviter une démocratisation de notre système politique national et toute alternance.

Car le drame, dans la vie politique japonaise, fut aussi, durant de longues années, l'absence de véritable parti d'opposition. La gauche reste quasi inexistante au niveau parlementaire. Ce qu'on appelle le Parti socialiste en France a son équivalent au Japon, mais en beaucoup plus discret. Quant au Minshuto *(Parti démocrate du Japon, PDJ, fondé en 1996)*, qui fut longtemps, prétendument, le premier parti d'opposition – plus ou moins de centre gauche ou de centre droit, on ne sait plus trop –, il ne l'était pas en vérité. Ses membres sont en effet pour la plupart des transfuges de partis divers, du centre, de gauche, de droite, et même d'extrême droite. Dans l'opposition, le Minshuto critiquait pour une bonne part les actions du gouvernement au pouvoir. Mais dans le fond, la majorité de ses parlementaires ressemblent à ceux qui nous gouvernaient. Les différences entre eux ne sont pas si claires.

A l'issue des élections législatives de l'été 2009, le Minshuto a été porté au pouvoir avec une majorité écrasante des suffrages. Beaucoup, parmi ceux qui ont voté pour ce parti étaient extrêmement heureux qu'enfin, après soixante ans de monopartisme dans une démocratie fragilisée, ils aient pu matérialiser le rêve d'une élection véritablement démocratique. Finalement, le Japon a accompli sa révolution. Les gens étaient si ravis de confier les rênes du pouvoir au Minshuto. Ils ont eu le sentiment, alors, d'accomplir une révolution démocratique, d'autant plus démocratique et exemplaire qu'elle a été rendue possible dans les urnes, grâce à leurs votes. Mais quelques mois à peine après l'arrivée au pouvoir du Minshuto, des électeurs ont commencé à ressentir un certain désenchantement. Certains se sont mis à penser qu'en fait, le Minshuto n'était différent du Jiminto que par le nom.

Faut-il s'attendre à mieux ? A ce à quoi rêvaient les gens en portant au pouvoir le Minshuto ? Ou bien est-ce que la situation politique actuelle mènera à une impression d'abandon, voire de désespoir ? Je crains qu'au Japon, hélas, quel que soit le nom du parti qui gouverne et quels que soient les visages de ceux qui tiennent ce parti, c'est toujours pareil. Politiquement parlant, j'ai bien peur qu'il en soit toujours ainsi dans notre pays. Les gens votent pour le changement parce qu'au fond, rien ne change. Il y a ce sentiment, lourd, pesant, que les choses ne peuvent changer comme il le faudrait. Et peut-être que les politiciens ne sont pas en cause après tout ! Peut-être parle-t-on des gens, des traditions dans notre pays, des règles figées comme des habitudes, qui font qu'on n'aime pas le changement.

La vérité est qu'il n'existe plus, au Japon, de véritable culture de pouvoir comme d'opposition. Le fait est que le Japon en est encore à se poser des questions qui pourraient être aussi celles de la Chine communiste : défi du multipartisme, pluralisme démocratique...

J'irais même plus loin : je pense que notre classe politique est pourrie. Victime de son incapacité totale à construire un système bicéphale, avec un parti qui domine et gouverne, et une opposition qui soit digne de ce nom, qui parvienne, tous les cinq ou dix ans, à s'emparer du pouvoir. Il est à peine croyable qu'un seul parti ait pu gouverner si longtemps dans notre pays... Malheureusement, contrairement aux Français qui ont fait 1789 et se sont battus pour la liberté et l'avènement de la démocratie, les Japonais ne comprennent pas l'impérieuse nécessité du bipartisme. Ils ignorent carrément de quoi il s'agit.

Regardez comment l'ancien Premier ministre Shinzo Abe s'était entouré de ministres incompétents, impliqués pour beaucoup dans un nombre de scandales effarants. Quant au Premier ministre Taro Aso, qui avait succédé au très effacé Yasuo Fukuda, il était incompétent. Il avait pris l'habitude, au début de son mandat, de multiplier les discours, perché sur un minibus dans le quartier Akihabara de Tokyo, refuge des amateurs de mangas et de jeux vidéo. Quelle idée ! C'était déjà un signe que les choses se passeraient mal. Aso aurait dû apprendre plus tôt à lire de bons livres, les grands romans de la littérature mondiale et des essais de valeur, au lieu d'ingurgiter sans arrêt des mangas comme il s'en est vanté... Début 2009, durant l'enregistrement, un après-midi, de mon émission « *Takeshi TV Takkuru* » – je fêtais alors les vingt ans de cette émission ! –, un parlementaire du Minshuto a estimé que Taro Aso était « si nul » qu'il devait « démissionner au plus vite, de toute urgence, dans les jours qui viennent ». Je l'ai interrompu aussitôt. « Tu dis n'importe quoi, lui ai-je répondu. Moi, j'appelle à sa démission dans les heures qui viennent. Le problème, c'est que je ne suis pas certain qu'il nous écoute. C'est l'heure de la sieste. Il doit être en train de dormir »...

Le Japon est certes privé de régime présidentiel, mais faisons au moins en sorte que ses Premiers ministres soient des hommes ou des femmes qui portent en eux, à long terme, une véritable volonté de changement, comme c'est un peu le cas dans la plupart des démocraties, non ? Regardez comment les Américains ont fait preuve de beaucoup de clairvoyance et de maturité. Ils ont su porter aux nues un sénateur afro-américain, Barack Obama, qu'ils connaissaient à peine quelques mois auparavant, et dont j'ai trouvé la percée remarquable. Le changement politique peut-il être durable chez nous ?

En Corée du Sud, même si le chef de l'État a un parcours politique derrière lui, c'est d'abord un ancien homme d'affaires. Ne peut-on imaginer que notre Premier ministre soit lui aussi issu des milieux d'affaires ? Ne peut-il être, par exemple, le patron d'une grande entreprise qui aurait fait ses preuves ? Pourquoi devrait-on se priver de certaines intelligences ? Notre système de parti devrait aujourd'hui se réformer afin d'éviter que le Premier ministre soit seulement élu par le parti dominant. Il ne faudrait pas non plus qu'il soit nommé par ce cercle élitiste, ce club fermé, ce syndicat des grands patrons, qu'on appelle au Japon le Keidanren, et qui a, trop souvent, pesé sur les élections. L'échec doit nous faire réfléchir.

Il est temps, dans notre pays, de casser le système de cooptation et de népotisme, hérité des ères Meiji et Showa, qui fait que les fils ou petits-fils de politiciens, ministres ou Premiers ministres, deviennent à leur tour ministres et Premiers ministres. Le Japon doit réformer d'urgence son système politique.

Les yeux dans les yeux

La situation française est également très intéressante. Regardez comment cette femme de gauche, Ségolène Royal, avait réussi, en 2007, à franchir les étapes et à devenir candidate à une élection présidentielle ! Elle n'a pas remporté le scrutin, certes, mais le fait qu'elle soit allée aussi loin témoigne d'une réelle évolution des mœurs chez les Français. En même temps, je ne peux pas imaginer que les Français se soient dit : « Tiens, on va choisir entre un homme et une femme. » S'ils ont préféré Sarkozy, c'était, il me semble, pour des considérations politiques. Ah ce Sarkozy ! Quel type celui-là ! J'ai un certain respect pour le bonhomme, même si on peut ne pas être d'accord avec ses idées, avec son style et ce qu'il dit. J'ai l'impression qu'au moins, il annonce la couleur, puis passe à l'action. J'apprécie ce genre de tempéraments, même si sa franchise et sa volonté d'être toujours en mouvement doivent lui jouer de sacrés tours. J'ai été impressionné par la manière dont lui et son ex-épouse – Cécilia, c'est ça ? – avaient géré avec une rare transparence leur divorce devant les Français. Cette affaire s'est déroulée dans un calme très étonnant, les Français semblaient juger cela tout à fait normal. Une nouvelle preuve de maturité. Je n'ose imaginer quelles seraient les réactions au Japon si l'un de nos Premiers ministres annonçait son divorce alors qu'il est au pouvoir – même s'il est vrai qu'un de nos anciens Premiers ministres, Koizumi, était lui déjà séparé quand il a été nommé. C'était assez nouveau… Au Japon, pas un seul homme politique, pas même le Premier ministre, ne peut parler aux Japonais comme le fait Sarkozy, ou comme l'ont fait avant lui tous les présidents français, c'est-à-dire les yeux dans les yeux, en direct sur un plateau de télévision. En France, on laisse les citoyens se faire un avis sur ceux qui les gouvernent. La télévision agit ensuite comme un rempart de la démocratie. Elle demande en permanence des comptes à ceux qui possèdent le pouvoir. Les erreurs autant que les abus ne sont guère permis. C'est sain pour la vie démocratique.

Au Japon, c'est une autre histoire. Les hommes politiques sont mandatés pour défendre et garantir la pérennité du système économique. Pour que les produits fabriqués au Japon ne soient pas boycottés à l'étranger, les hommes politiques se murent dans un silence de plomb afin de ne froisser personne. Ils ne peuvent pas dire tout haut ce qu'ils pensent. Le contraire menacerait les intérêts économiques du pays.

En fait, la situation politique japonaise me désespère. Croyez-vous qu'avec l'opposition au pouvoir, les choses changent de fond en comble comme en France ou aux États-Unis ? Même pas. Je peux vous assurer qu'avec un Premier ministre venant du Minshuto, ce sont *grosso modo* les mêmes pratiques, la même culture de gouvernement, les mêmes problèmes, la même lourdeur bureaucratique...

Une preuve supplémentaire de la décadence de notre vie politique : la place des femmes. Jamais une femme n'a été désignée comme Premier ministre. C'est révélateur des travers machistes de notre système parlementaire. Qu'une femme devienne ministre, c'est heureusement accepté – mais depuis quelques années seulement. Mais qu'une Japonaise puisse accéder au poste de chef de gouvernement, c'est encore inimaginable. L'opinion publique est prête, mais pas les partis et l'administration, dominés quasi exclusivement par des hommes, et dont le pouvoir est considérable. Notre pays est extrêmement archaïque. Le Japon a au moins trente ans de retard sur l'Europe. Quand on songe qu'au Royaume-Uni, Margaret Thatcher est devenue Premier ministre à la fin des années 1970...

De toute façon, je crois que si, par miracle, une Japonaise parvenait à devenir chef de gouvernement, les hommes, forcément majoritaires, qui seraient à ses côtés l'empêcheraient de gouverner correctement. Par manque de confiance, ils lui mettraient des bâtons dans les roues. Elle serait manipulée, téléguidée, déstabilisée...

Courant 2007, Yuriko Koike, ancienne ministre entrée au gouvernement durant l'ère Koizumi (2001-2006), ne resta qu'un mois environ au poste de ministre de la Défense, à cause des offenses et des humiliations de hauts fonctionnaires et militaires haut gradés, dont elle a été victime.

Imbécillité

Contrairement à ce qu'on croit trop souvent, la bêtise n'épargne pas ceux qui nous gouvernent. Ce n'est pas être démagogue que de le constater. Dans notre pays, un ancien ministre de la Santé a déclaré un jour que « les femmes sont des machines à accoucher ! ». Dire une telle stupidité prouve bien qu'il ne méritait pas d'être ministre. Les gens, et les Japonaises surtout, se sont bien sûr fâchés. Son objectif n'était sûrement pas de blesser ni d'abêtir la condition féminine, ce ministre voulait tirer le signal d'alarme et encourager les jeunes femmes à faire des enfants, le taux de natalité de notre pays étant très faible[57]. Il a toutefois réalisé que son discours avait été maladroit et présenté ses excuses. Mais croyez-vous qu'il ait démissionné ? Hors de question. Il est resté tranquillement à son poste, avec le soutien du Premier ministre. Voilà où nous en sommes au Japon : gouvernés par des hommes d'un autre temps qui, malgré leur âge, s'accrochent au pouvoir, comme de vieux monolithes. Ils ne sont pas foncièrement mauvais, mais simplement dépassés par l'évolution des mentalités et de la société.

Quant au problème de savoir si les Japonais ne font pas assez d'enfants, tout dépend de la façon dont on considère cette question. Car le vieillissement de la société est en partie un mythe. S'il y a beaucoup de gens âgés, cela ne signifie pas forcément que mon pays n'est pas dynamique. En outre, pour certains experts qui estiment que la planète a atteint ses

---

57. Moins de 1,3 enfant par femme.

limites et que les politiques natalistes sont irresponsables, le Japon est un modèle. Un pays qui donne l'exemple ! Mais les premiers inquiets sont les Japonais. Les jeunes générations actuelles se demandent comment leurs pensions futures vont être assurées si les caisses de retraite sont vides et si l'Etat social ne joue plus son rôle, si le chômage et les délocalisations augmentent, etc. Enfin, le moment est peut-être venu, au Japon, de promouvoir les mariages mixtes. Un jour, il faudra bien que les derniers Japonais, ceux qui auront survécu aux conséquences du réchauffement climatique, se marient avec des étrangers...

Qu'on ne compte pas sur moi pour porter haut les couleurs d'un parti politique ! Même si on me fait du charme et des avances ! Je ne serai jamais candidat, à aucune élection, d'aucune sorte. Car il n'y a qu'une chose que je sache faire, c'est divertir. Il faudrait que je devienne complètement fou pour rejoindre un parti et me présenter comme candidat à des élections.

A l'automne 2009, le compositeur Ryuichi Sakamoto, à l'affiche de Furyo *aux côtés de Kitano, me confiera ces propos lors d'un entretien : « Takeshi san est un des individus les plus intelligents que j'ai rencontré. Il serait un grand président, si seulement notre société le permettait. »*

Le gouvernement officiel... et le souterrain

Au Japon, dans notre pays où presque tout fonctionne sur l'idée de clan, il existe deux types de gouvernement : l'officiel, dont le pouvoir est relativement limité, et le souterrain, qui donne des ordres au gouvernement officiel. Si le premier n'écoutait plus le second, il y aurait des problèmes. Au Japon, quelles que soient les activités professionnelles, il y a presque toujours, derrière, la main des *yakuza* ou d'individus qui leur sont proches. Ce sont des gangsters d'un genre particulier – même si traduire littéralement *yakuza* par gangsters n'est pas tout à fait exact. Tous ne sont pas des malfrats armés de flingues. Mais ils font régner l'ordre à leur façon, un peu comme une police parallèle qui agirait avec l'accord... de la police. C'est souvent une des conditions pour que leurs affaires prospèrent. On leur reconnaît depuis des siècles un rôle officieux pour assurer la sécurité ! Ils sont vus comme un pouvoir officieux ou parallèle par certains. Ils sont en tout cas omniprésents.

Certains Premiers ministres japonais ont fait travailler, en douce, des équipes de *yakuza*. Les secteurs florissants de la télévision, du show business et des sports professionnels ne sont pas épargnés. Pourquoi ? Parce que ces mondes sont régis selon des valeurs et des codes assez identiques, dans leur fonctionnement, aux systèmes hiérarchiques en vigueur au sein des *yakuza*. On pourra même voir, dans un bar, des gens issus de tous ces milieux, mafia et télévision, mafia et sports professionnels... se soûler ensemble et trinquer à leurs succès respectifs. Ces valeurs sont indéracinables, profondément ancrées dans la culture japonaise. Et la situation ne changera pas de sitôt, car le Japon est et restera une société de clans, où tout fonctionne à travers eux. Ceux qui n'acceptent pas ce fonctionnement sont exclus – le pire pour un Japonais, qui déteste être marginalisé.

Au Japon, qui aspire pourtant à de plus importantes responsabilités au sein des Nations unies, il existe encore plusieurs grands clans mafieux, notamment le Yamaguchi, le plus important en taille ; le Sumiyoshi, dont le pouvoir va grandissant ; ensuite le clan Inagawa ; le clan Kudo, à Kyushu, ou encore le clan Kokusuikaï.

Des étrangers, la presse occidentale, de nombreux essayistes, ont longtemps été fascinés par le Japon qu'ils présentent encore en « exemple » ou en « empire » de je ne sais quoi. Il y a aussi une tendance à croire qu'au Japon, « c'est mieux » qu'ailleurs. Bien avisés, certains « spécialistes », en vérité assez mal renseignés, font l'éloge de sa puissance technologique et industrielle, qui serait supérieure à celle des

Américains et des Européens, ou font l'éloge de son modèle social, de ses règles de savoir-vivre et de politesse... Sauf qu'ils oublient ou feignent d'ignorer d'autres réalités – peut-être parce qu'ils ignorent l'histoire du Japon et ne connaissent que les beaux quartiers de Tokyo... Des « experts » présentent encore le Japon comme un modèle en matière d'ordre social, voire de sécurité, à cause de ses faibles taux de criminalité. Mais ces taux sont des leurres ! La vérité est très différente : le Japon est une société violente, de plus en plus dangereuse. Surtout dans les bas-fonds – et il en est ainsi depuis le IXe siècle –, où la situation est peu reluisante, pas aussi exemplaire que certains le croient. Et quoi qu'on dise et tente de démontrer, le Japon reste encore, en partie, aux mains des *yakuza*. Ce pays est l'un des rares pays au monde où la mafia a autant pignon sur rue. Il est impossible d'éradiquer leur pouvoir, d'éliminer leur influence, ou même leur existence. Avec des méthodes de voyou, ils font régner leur ordre jusqu'au cœur des milieux de la finance et du pouvoir politique. Et gare à ceux qui oseraient se mettre en travers de leur chemin...

Un jour, un journaliste allemand qui était en reportage au Japon a été stupéfait de constater que le Yamaguchi-gumi, un des plus puissants syndicats du crime *(il rassemble près de dix-sept mille cinq cents membres membres au sein de cent douze bandes)*, possédait un siège, des filiales et une kyrielle de bureaux. Il lui a semblé incroyable, surréaliste même, qu'à l'entrée d'un bâtiment, soit indiqué : « Ici réside le Yamaguchi-gumi. » A Tokyo, comme dans la plupart des grandes villes japonaises, des plaques indiquent souvent, à l'entrée des immeubles, le siège ou les bureaux d'un gang. Les cartes de visite de leurs membres ont même parfois le nom et le blason de leur organisation. Parfois, un *oyabun*[58] fait une très discrète apparition là où les autorités s'y attendent le moins. Il débarque ainsi incognito dans un grand restaurant de la capitale et dîne en toute tranquillité sans que

---

58. Parrain *yakuza*.

personne n'ait pu l'identifier. Son repas terminé, il se retire sur la pointe des pieds sans avoir été reconnu. Depuis près de quatre siècles, en dépit des évolutions, la mafia reste à peu près la même. Ses clans sont très bien structurés. Leurs liens évoquent ceux d'une famille nucléaire traditionnelle, avec père, mère et enfants. Le père est l'*oyabun*, les enfants sont les *kobun*[59]. Ils sont unis par les liens du sang, un code d'honneur impliquant le sens du sacrifice, et par un même esprit de fraternité.

J'ai une anecdote à raconter qui en dit long sur certaines « traditions » japonaises. Un jour, dans un bar du *shitamachi (dans les bas-quartiers de Tokyo)*, un boss *yakuza* a battu très violemment, quasiment à mort, un individu. A la surprise des témoins, ce dernier, en sang, s'est avancé vers le mafieux pour lui présenter ses excuses. C'était une façon de le remercier d'être encore en vie. Puis, quelques mois plus tard, rebelote, cet individu a invité le chef *yakuza* à prendre un verre. Quand ils se sont retrouvés, le mafieux était tout miel. Les deux hommes ont alors beaucoup bu. Quand l'individu a constaté que son ancien assaillant était complètement ivre, il s'est à son tour jeté sur lui et lui a littéralement fracassé la tête… Mais ce type de « fait divers », comme on dit, ne fait pas forcément la une ou un filet dans les journaux. Croit-on que tous les délits commis tous les jours par les gangs dans notre pays sont répertoriés par la police ? Je peux vous assurer que certaines affaires criminelles sont volontairement passées sous silence. Chacun sera donc libre de tirer les conclusions qu'il veut sur le « faible » taux de criminalité au Japon.

Aujourd'hui, à cause de la crise, les gangs mafieux se retrouvent en situation de concurrence dans les grandes villes. Les principaux syndicats du crime souffrent du ralentissement économique des quinze dernières années, notamment dans l'immobilier. Ils ne sont toutefois pas menacés dans leur existence. Ils se métamorphosent. Et restent très bien protégés par le milieu politique.

------

59. Disciples.

Sur le territoire japonais, les yakuza possèdent des dizaines de milliers d'entreprises parfaitement légales (près de trente mille, estime-t-on, dans l'immobilier, le BTP, les jeux d'argent, les trafics d'influence – usure, racket –, la finance et le recouvrement de crédit, l'industrie du sexe, les sports professionnels, les trafics de drogue et d'amphétamines, etc.) ; ils sont de mèche avec le milieu des affaires et sont aussi présents dans le paysage audiovisuel. Plusieurs organisations ont noyauté un certain nombre de maisons de production, également, créant ainsi leurs propres émissions, et ayant parfois le dernier mot sur le contenu de certains programmes télévisés...

Depuis quelques années, **on** entend dire que l'atmosphère est on ne peut plus tendue au sein de l'Inagawa-kaï, le grand gang de Tokyo, et que quatre sous-groupes sont entrés en rébellion et ne veulent plus respecter la discipline interne. Le dernier, surtout, n'écouterait plus les supérieurs. C'est ce type de situation très dangereuse que craignent au maximum les autorités de notre pays. Car les balles peuvent alors siffler à tout moment. Mais les *yakuza* savent aussi qu'ils doivent faire très attention. L'entrée en vigueur de la loi antigang, il y a quinze ans, n'est rien en comparaison des dispositifs anti-mafieux récents. Plus qu'auparavant encore, les *yakuza* sont priés de se tenir à carreau. Ils peuvent moins facilement que par le passé débarquer ici ou là, imposer leurs lois et commettre des gaffes. Au moindre écart, ils sont repérés, et arrêtés. Ils se font donc discrets, utilisent des sociétés-écrans. Il en existe un nombre considérable dans notre pays.

Dans mes films, je décris souvent avec humour le monde des *yakuza*, préférant d'ailleurs, avec eux, placer un gag à la place d'un dialogue. C'est une façon de les tourner en dérision, mais cela ne m'inquiète pas, si je ne les comprenais pas, ils me tueraient probablement. Je montre leurs leaders comme de grands enfants menant la belle vie tous les jours, car tous savent que le prochain sera peut-être le dernier. Je vais vous confier quelque chose. Au Japon, on dit que plus de la moitié des gens importants connaissent quelqu'un affilié à un gang. Un jour, j'ai dit cela à mon producteur, Masayuki Mori. Il a écarquillé les yeux et sursauté. « Mais moi je ne suis pas du tout un *yakuza* ! » m'a-t-il lancé. « Moi si !, lui ai-je répondu. J'appartiens au clan Mori ! » Vous auriez dû voir sa tête !

Le culte de la personnalité de Junichiro Koizumi

J'ai entendu dire que le grand-père de l'ancien Premier ministre Junichiro Koizumi, originaire de Yokosuka, était, par exemple, un membre de la mafia locale. Or, quand ces gens-là demandent un service à leurs proches, ces derniers obtempèrent. Qui sait d'ailleurs si Junichiro Koizumi n'a jamais fait autre chose que d'écouter ses pères et son entourage… Il a tout de même été un homme politique très particulier : charismatique, avec du caractère, du doigté et un certain don pour amuser la galerie. Il a incité beaucoup de monde à se tenir bien droit dans leurs bottes et à marcher dans ses pas. A la façon d'un Goering ! Je blague, bien sûr, mais aux élections précédant la fin de son mandat, il a carrément appliqué les règles du Jihad : manipuler presse et télévision, « terroriser » pour remporter le scrutin. J'exagère à peine ! Le culte de la personnalité dont il a fait l'objet a été une première dans notre pays. Le résultat n'a pas été surprenant, certes : comme tout tournait autour de lui, les Japonais se sont, de nouveau, intéressés à la vie politique de leur pays. Avant Koizumi, le politique était tabou. Il a changé la donne. C'est une preuve de son charisme, avec toutefois quelques nuances. Car Koizumi a été, aussi, le Premier ministre japonais le plus suiviste des États-Unis depuis cinquante ans. Avant lui, aucun chef de gouvernement n'avait autant collé aux basques des Américains.

Sacré Japon !

Mon pays est une colonie américaine

Je ne suis pas antiaméricain mais je constate que mon pays est quasiment une colonie américaine, plus de soixante ans après la fin de la guerre. En partie à cause du traité de sécurité nippo-américain, et pour des raisons économiques, financières, géopolitiques, notre nation est devenue l'esclave des États-Unis. Un peu comme si les Américains faisaient encore payer au Japon l'attaque de Pearl Harbor !

Les Américains ont entamé, grâce à l'élection d'Obama, leur retrait d'Irak, mais maintiennent toujours au Japon, officiellement pour des raisons de défense – menaces nord-coréenne, russe et chinoise, menaces nucléaires –, de nombreuses bases militaires – près de quatre-vingt-dix –, dont une trentaine, gigantesques et fort coûteuses, dans le seul chapelet insulaire d'Okinawa, qui fut même occupé par les Etats-Unis jusqu'en 1972. Plus de quarante mille soldats américains sont encore postés sur le territoire japonais. En plus, et c'est problématique, le coût de cette présence n'est pas supporté par Washington. Il incombe presque entièrement au Japon, soit quatre milliards de dollars au total à la charge du contribuable japonais. Or, sur place, autour des installations militaires, les habitants n'en peuvent plus, car une telle concentration de bases à Okinawa, sur un territoire aussi petit[60], pose des problèmes, notamment des nuisances sonores supérieures aux seuils autorisés – c'est le cas par exemple de la grande base aérienne de Kadena –, ou des accidents lors de manœuvres. En vertu d'accords conclus entre le Japon et les Etats-Unis, des milliers de marines sont redéployés à Guam. Mais ces progrès à la marge ne régleront pas la question. D'autant qu'un des paradoxes de la présence de ces bases est qu'elles ne profitent pas – ou trop peu – à l'économie locale d'Okinawa. Le chapelet des Ryukyu, dont les îles d'Okinawa constituent une partie, reste la région la plus pauvre du Japon.

---

60. Cent kilomètres de long sur vingt de large.

253

Le chômage y est deux fois plus élevé que dans le reste du pays, et le produit intérieur brut par habitant y est très inférieur à la moyenne nationale. La seule industrie qui fonctionne à peu près, c'est le tourisme...

Ces bases ont été établies au Japon après la Seconde Guerre mondiale, à partir des années « d'occupation » de notre pays par les Américains *(1945-1952)*, à un moment où ces derniers entendaient contenir l'expansion communiste soviétique et chinoise. La Chine, l'Union soviétique et ses dominos – comme Cuba –, étaient clairement identifiés comme des ennemis. Les Américains avaient une peur bleue de voir le Japon virer trop à gauche et basculer dans le camp communiste. MacArthur a été très malin : en démystifiant l'Empereur tout en le laissant vivre au Palais, il en a fait le symbole de l'unité du peuple et ainsi décomplexé les forces de droite et d'extrême droite. Le Japon est depuis devenu une démocratie encourageant l'émergence et la défense des droits de l'homme, et qui s'est appuyée pendant longtemps, sans trop de scrupules, sur un parti conservateur tout-puissant bénéficiant de liens solides avec Washington. Les partis de gauche en étaient réduits à un rôle de spectateur. Mais cette époque est révolue. Les Etats-Unis et le Japon devraient dès lors revoir les bases de leurs relations.

Il y a vingt ou trente ans, quand ce qu'on appelait le *« Japan bashing » (forme de critique antijaponaise primaire)* était quasi permanent, les Américains sanctionnaient le Japon à chaque mesure politique considérée comme un obstacle ou une opposition. Aujourd'hui, les deux économies sont tellement liées que la situation est totalement différente. Les États-Unis importent à présent les produits du *« cool Japan »* – dessins animés, jeux vidéo, mangas, mode, design, septième art –, et semblent davantage nous respecter. Les deux pays sont interdépendants et lorsque les États-Unis toussent, le Japon s'enrhume.

A l'allure où vont les choses, je suis certain que les autorités japonaises resteront encore longtemps soumises aux États-Unis, un peu comme des enfants dociles. C'est la triste réalité de notre pays. Je crois qu'à la grande différence des

Français, les Japonais sont incapables de s'opposer frontalement aux Américains, c'est-à-dire de s'imposer pour faire valoir leurs droits et mener leur propre politique. Comme s'ils ne le pouvaient pas. Nous vivons dans un pays qui se satisfait de ses contradictions et les accepte. D'après l'article 9 de notre Constitution promulguée en 1947 par les Etats-Unis *(qui ôte au Japon le « droit à la guerre »)*, et selon les principes du Traité de San Francisco *(1951)*, le Japon n'a, en théorie, pas le droit de posséder une armée. Or, aujourd'hui, que constate-t-on, à l'heure où l'on ne sait pas comment financer nos régimes de retraite ? Le Japon est redevenu une grande puissance militaire. Il est à la tête du quatrième ou cinquième budget militaire mondial – équivalent à environ trente milliards d'euros par an.

Le Japon tient à affirmer sa souveraineté. Il paraît donc légitime aux dirigeants japonais de poursuivre dans cette voie, qui garantit la puissance, mais la course aux armements que se livrent toutes les grandes économies d'Asie – la Chine et le Japon en tête, mais aussi Taiwan, la Corée du Sud, la Corée du Nord et d'autres – ne facilitera pas la pérennité de liens pacifiques et de confiance. Le budget militaire chinois augmente chaque année d'environ dix pour cent *(de dix à quinze pour cent, avoisinant trente milliards d'euros)*. Il devient peu à peu égal à celui du Japon. Or, je pense que le Japon, la Chine et les autres pays de la région, devraient emprunter la voie de l'apaisement, s'entendre, conclure des traités de paix et d'amitié, et investir tous ces milliards dans les dossiers prioritaires de chacun de ces pays : lutte contre la pauvreté, éducation, santé, retraites, environnement... Mais sans doute suis-je trop naïf...

Dépendances

Octobre 2005. Kitano rencontre à Tokyo le député français et ancien ministre de la Culture, Jack Lang. Les deux

hommes se sont retrouvés au Pérignon, un restaurant fran-
çais du quartier de Nihombashi, à Tokyo. Autour de la table
sont présents Catherine de Montferrand, épouse de Bernard
de Montferrand, alors ambassadeur de France au Japon,
Gilbert Erouart, conseiller de Jack Lang, et Françoise
Degois, journaliste à France Inter. Zomahoun officie comme
interprète. Très vite, l'atmosphère se détend. Curieusement,
après quelques mots sur l'état du cinéma japonais, les deux
hommes abordent des sujets plus politiques. Kitano expose
d'emblée certains aspects de la géopolitique du Japon.

Si le Japon ne dépendait plus des États-Unis, il **prod**uirait certainement des armes nucléaires, car il dispose de grandes réserves de plutonium. C'est une question de volonté mais également de possibilité, ou plutôt d'impossibilité, car le Japon ne le peut pas. Il n'empêche que l'avenir, par nature, est fait d'incertitudes. L'envoi par notre pays de forces armées en Irak a montré comment notre gouvernement est capable de violer, à tout moment, en toute impunité, de façon flagrante, sa Constitution pacifiste imposée après 1945 par l'occupant américain.

Le Japon se retrouve aujourd'hui dans une situation politique et économique très délicate, en grande partie à cause de son histoire vis-à-vis de ses voisins d'Asie. Quoi qu'on dise, nos relations demeurent très tendues du fait de la colonisation japonaise et de nos guerres successives au siècle dernier. Les peuples asiatiques sont allergiques à la nouvelle militarisation du Japon. Et si un jour les Japonais modifiaient un peu trop radicalement, ou pire, abandonnaient totalement l'article 9 de leur Constitution, cela causerait un choc et susciterait beaucoup d'inquiétude, et pas seulement en Asie d'ailleurs.

Depuis quelques années, le Japon a renforcé sa stature diplomatique en doublant son aide publique au développement et son assistance à l'Afrique. Mais son influence reste limitée car le Japon n'a pas de politique étrangère suffisamment ambitieuse et réfléchie. D'où l'échec de notre pays, et d'ailleurs du G4 – Japon, Allemagne, Inde et Brésil –, quand il s'agit de s'imposer à l'ONU et d'obtenir la réforme de cette organisation. Et la Chine peut continuer de s'opposer à notre souhait d'obtenir un siège de membre permanent du Conseil de sécurité.

En même temps, il est regrettable que le Japon en soit réduit à brandir l'arme de l'aide au développement pour préserver son influence diplomatique. Une aide d'ailleurs déséquilibrée. Certes, l'Afrique est devenue une priorité, mais soixante pour cent de notre assistance est consacrée à l'Asie. La Chine a reçu la part du lion de l'aide publique japonaise – argent que Pékin a d'ailleurs longtemps considéré comme des réparations de guerre ! – et a utilisé une part importante de cette manne financière pour assister à son tour d'autres pays pauvres, la plupart africains, mais à son profit ! Au Japon comme en Chine, ce fut longtemps un secret bien gardé.

Les rancunes de l'histoire

L'histoire ne peut pas être réécrite en vue de satisfaire des intérêts particuliers. L'histoire est complexe et laisse des traces, des blessures mal cicatrisées. Les troupes du Japon impérial ont commis des horreurs sur le territoire chinois, à Nankin notamment. Elles ont broyé des populations entières. Des soldats japonais ont décapité des paysans chinois. Il ne faut pas le nier, ni l'oublier. Quoi qu'en pensent certains, les faits historiques sont les faits historiques. En Asie, les rancunes héritées du siècle dernier sont encore vives. Dans notre pays, il existe une tendance fâcheuse à l'amnésie dès lors qu'il est question des crimes de guerre commis par l'armée japonaise. Car, contrairement à l'Allemagne, le Japon n'a pas été « dénazifié ». Les Japonais sont-ils attentifs à l'image de leur pays, à sa crédibilité, en Asie et dans le monde ? Trop de politiciens japonais refusent encore de dire la vérité dès lors qu'il est question de la Seconde Guerre mondiale. Et lorsque nos Premiers ministres s'excusent auprès des Etats asiatiques, pour les atrocités commises il y a soixante-dix ou quatre-vingt ans – comme ont pu le faire Kakuei Tanaka ou Tomiichi

Murayama –, la situation reste ambiguë car, en même temps, l'Etat japonais refuse d'indemniser les familles des victimes, voire les survivants eux-mêmes. Le Japon continue de considérer l'histoire de la façon qui l'arrange !

Sur ce sujet, malheureusement, nos hommes politiques sont aveugles. Il me semble qu'il est arrivé au gouverneur de Tokyo, Shintaro Ishihara, de nier ou minimiser des crimes de guerre commis dans le passé par le Japon – comme par exemple celui des « femmes de réconfort » : Coréennes, Chinoises, Thaïlandaises, Philippines, Australiennes, Européennes, forcées de se prostituer dans les bordels de campagne de l'armée nippone. Ishihara ne mesure pas, comme il faudrait, le sens de l'histoire et la douleur des victimes. Sacré Ishihara ! Lors de l'inauguration d'une grande exposition de la Fondation Cartier pour l'art contemporain au MOT *(Musée d'art contemporain de Tokyo)*, réunissant quelques-uns des artistes étrangers et japonais parmi les plus prestigieux de cette fondation, il a encore fait des siennes, en critiquant maladroitement certaines œuvres exposées. Un hebdomadaire japonais a rendu compte d'un article polémique paru dans un journal français *(Libération)*, qui s'en prenait à son tour à Ishihara. Cette histoire m'a bien fait rigoler. Ishihara est décidément incorrigible.

D'ailleurs, lui et Oé[61] se détestent. Oé est, soit dit en pas-

---

61. Né en 1935, Oé Kenzaburo, écrivain, lauréat du prix Nobel de littérature en 1994, a été marqué par l'influence néfaste du nationalisme dans une société militarisée. Défenseur de la démocratie, il milite pour que son pays ne remette pas en cause l'article 9 de sa Constitution. En 2004, il a fondé une association de défense de la constitution pacifique. En introduction du texte de la conférence prononcée par Oé, en décembre 2005 à Paris, repris par la *Revue des deux mondes*, ainsi que d'un entretien avec le prix Nobel, Manuel Carcassonne résume les « obsessions majeures » du grand écrivain : « Le rapport, écrit-il, entre le centre (Tokyo, la culture officielle, l'adhésion aux valeurs de la majorité) et la périphérie (la naissance sur l'île de Shikoku en 1934 et l'éducation dans le Japon de l'après-guerre, la vie avec un fils handicapé [Hikari] né en 1963) ; mais aussi le combat d'un démocrate et pacifiste contemporain d'Hiroshima pour le non-réarmement du Japon ; mais aussi la volonté de transmettre aux nouvelles générations un autre message que l'abrutissement moral et l'éradication du sens critique. A cet égard, loin du nationalisme qui a souvent été le terreau odorant de nombre d'intellectuels japonais, Oé prône un double mouvement, d'une part vers

sant, régulièrement critiqué par l'extrême droite japonaise – officiellement négationniste –, pour ses écrits ou pour ses propos encourageant les Japonais à regarder en face l'histoire du XXe siècle. Je me demande si Ishihara ne serait pas un peu jaloux d'Oé et de son prix Nobel. Un jour, il m'a téléphoné et m'a lancé : « Vous êtes mon ami ou celui d'Oé ? » En ce qui me concerne, Oé Kenzaburo m'a fait très plaisir lorsqu'il m'a envoyé une belle lettre après avoir vu mon film *Takeshis'*. Et malgré ses mésaventures avec Ishihara, il a écrit un livre qui parle de lui presque comme s'il était un frère. Allez comprendre !

Dans le même temps, je constate qu'on accuse toujours les mêmes peuples et les mêmes États des pires crimes. Bien sûr, il est nécessaire de dire la vérité et de défendre le devoir de mémoire. Il est indispensable de se souvenir des pages les plus noires de l'histoire de notre pays. Mais on ne doit pas oublier, non plus, que la plupart des pays et des peuples ont commis des horreurs. La Chine, par exemple, lorsqu'elle affichait sa volonté de conquête et d'expansion.

Sans remonter jusqu'aux massacres des Indiens ou à la traite des esclaves, les Américains ont également tué un nombre considérable de civils et commis de graves crimes au Vietnam, dans les pays du Siam. Les Anglais, les Espagnols, les Portugais, les Italiens, les Turcs, les Russes… Tant de pays, de peuples, se sont aussi trompés. Tout comme les Français, au temps des colonies, de la collaboration avec le régime nazi, ou encore en Algérie. Il ne faut rien oublier. L'histoire ne peut être réécrite.

Aujourd'hui encore, on découvre certains effets pervers hérités du colonialisme d'hier. Les exploités des XIXe et XXe siècles se vengent. Ces dernières années, dans les banlieues françaises par exemple – quand Chirac était président,

---

le refus de l'américanisation (combat, il faut bien le dire, un peu perdu d'avance) et d'autre part vers l'ouverture à l'ailleurs. (…) Toute son œuvre résume les folies du siècle, dans un mouvement qui va de la fureur à la sagesse. De l'ensauvagement nucléaire à la civilisation désarmée. »

je me suis rendu dans l'une d'elles, où résident des gens originaires d'Afrique, pour beaucoup musulmans –, des explosions de violence, comme celles de l'hiver 2005, ont reflété le malaise d'une partie de la jeunesse qui a pu avoir l'impression de se sentir exclue, pas tout à fait chez elle en France, déjà parce que leurs parents n'ont jamais été, selon moi, correctement intégrés. Le problème est identique aux États-Unis avec les questions noires-africaines et hispaniques, et dans tant de pays. Au Japon, se posent aussi des questions de ce type, comme par exemple l'intégration de la communauté coréenne. Les ex-colonisés de Corée tiennent en grande partie, dans notre pays, l'industrie du *pachinko*, une activité très lucrative qui participe, paradoxalement, à une certaine paix sociale. Mais attention aux rancœurs entre peuples. Elles sont dangereuses et peuvent conduire à la haine, voire, carrément, à la guerre…

L'Empereur dépolitisé

L'État japonais est particulier. Cet État doit composer avec la présence de l'Empereur, maintenu après la guerre par les Américains et ses alliés, mais dépolitisé de ses fonctions. Depuis, l'Empereur n'est plus qu'un symbole… alors qu'il était auparavant considéré comme un dieu au Japon. Depuis 1945, il n'est même plus un demi-dieu, seulement un « être humain ». De nombreux Japonais ont été choqués par cette métamorphose. L'Empereur est désormais égal au commun des mortels. Ces dernières années, preuve que le Japon change, on parle de l'Empereur, de sa famille, du système impérial, un peu plus librement. Il y a encore quelques années, personne n'osait vraiment en parler. Nul n'osait lever le petit doigt pour aborder publiquement les responsabilités de l'Empereur Hiro-hito dans les aventures guerrières du Japon, dans les années 1930 et 1940. Avant la Seconde Guerre mondiale, beaucoup de Japonais avaient foi en l'Empereur. Il était leur « Roi soleil. » Ils criaient « Tenno banzaï ! » *(Dix mille ans pour l'Empereur).* Les *kamikaze* se suicidaient en son nom. Ils allaient percuter leur avion sur les cuirassés américains au nom de « l'Empereur Dieu ». Après la défaite, l'Empereur a été privé de ses pouvoirs politiques. Des années et des décennies plus tard, beaucoup de Japonais trouvent encore bizarre qu'il ne se soit jamais exprimé publiquement au sujet de Yasukuni. Mais il ne peut pas le faire, tout simplement.

> *Yasukuni est le nom d'un sanctuaire shinto, à Tokyo, abritant un mémorial de la guerre honorant, parmi quatre cent mille « héros morts pour la patrie » depuis la fin de l'ère Meiji et jusqu'en 1945, la mémoire et les noms de quatorze grands criminels de guerre jugés et condamnés par le Tribunal des Alliés de Tokyo.*

En finir avec Yasukuni

Il faut en finir avec le problème de Yasukuni ! L'État japonais devrait envisager de séparer, une fois pour toutes, les victimes et les criminels de guerre honorés dans ce sanctuaire. Du moins les Japonais devraient-ils débattre de cette question – et pas seulement à l'occasion de la visite de tel ou tel Premier ministre.

Comment les pays d'Asie victimes des crimes de l'armée impériale japonaise au cours du XXe siècle peuvent-ils comprendre que le Japon honore encore des criminels de guerre dans un mémorial situé au cœur d'un lieu de culte shinto, en plein cœur de Tokyo ? Le Japon doit évoluer. Il a modernisé avec succès son économie au cours des deux derniers siècles – et plus encore depuis 1945, faisant même dire à certains que « le Japon n'a pas forcément perdu la guerre » ! Il doit aussi moderniser ses mentalités. Comment peut-on accepter qu'un Premier ministre japonais s'excuse sincèrement auprès des peuples d'Asie, pour les crimes commis durant la guerre, avant de se rendre à Yasukuni en habits de Premier ministre, comme a pu le faire à de nombreuses reprises l'ancien Premier ministre Koizumi?

Le problème de Yasukuni renvoie, à mon avis, à un problème général de rancœur et de rapports de forces. Il est grand temps de constater, au Japon, que les États vainqueurs de la Seconde Guerre mondiale ont remporté cette guerre. Ceux qui ont perdu ont été, dès lors, à la merci des gagnants. Et les perdants ne peuvent être réhabilités en tant que vainqueurs qu'au prix d'efforts gigantesques, comme ceux, par exemple, déployés par l'Allemagne depuis des décennies. Mais au fond, les vaincus ne seront jamais tout à fait réhabilités dans le conscient des peuples étrangers. Il est important, au Japon, que chacun comprenne bien que ce sont les rapports de forces qui dirigent le monde. On peut le regretter mais c'est ainsi.

Quoi qu'il en soit, le moment est venu pour tous les peuples asiatiques de s'asseoir ensemble autour d'une même table pour discuter non seulement des questions de libre-échange et de commerce, mais aussi et surtout du fond : l'état de nos relations diplomatiques. Il y a des problèmes : parlons-en ! Il y a des divergences, discutons-en, comme de vrais amis. Les peuples d'Asie doivent aussi, de leur côté, apprendre à vaincre leurs rancunes.

*

* *

16.

Ordres et désordres

L'Asie est un continent éblouissant. Contrairement à ce qu'on croit souvent, ses cultures reposent d'abord sur l'individu mais dans un cadre social strict, éducatif, familial, relationnel, professionnel... Surtout en Asie du Nord. Aux murs des écoles chinoises, des idéogrammes indiquent aux enfants qu'il faut « apprendre assidûment », « se comporter avec droiture »...

Cette Asie où chacun crée son univers

Je crois que les Asiatiques ont le sens de la mixité. Ils sont persuadés que dans notre monde, il y a un peu de tout et qu'il faut savoir picorer les miettes de ce tout. Dommage qu'ils soient si prompts à se chamailler !

Dès que l'occasion se présente, je demande à mes équipes d'inviter des personnalités asiatiques dans mes shows télévisés. En 2005, mon émission *« Daredemo Picasso »* a enregistré un rare pic d'audience grâce à la présence sur le plateau d'une star du cinéma coréen, Lee Byung-hun, idolâtré au Japon par le public féminin.

En tant que cinéaste, je veux tout mettre en œuvre pour contribuer au rapprochement et à l'entente entre les peuples japonais, chinois et coréen. Pour des raisons évidentes qui tiennent au passé, les relations entre ces trois pays demeurent extrêmement difficiles. Les barrières sont nombreuses, à commencer par l'enseignement de l'histoire à l'école. On a beaucoup parlé, au Japon et ailleurs, des lacunes des manuels japonais. On tente de régler le problème avec la mise en place de comités mixtes d'historiens japonais, coréens et chinois notamment.

Sauf qu'en Corée et en Chine, ce n'est guère mieux : les jeunes y sont même les victimes d'un lavage de cerveau qui ne dit pas son nom. Dès lors qu'il est question du Japon — et bien que la guerre ait pris fin il y a maintenant plus de soixante ans –, on enseigne essentiellement à ces enfants et adolescents les atrocités commises à l'encontre de leur peuple par l'armée impériale japonaise. Le sentiment antijaponais est largement distillé dans l'enseignement. Je le regrette d'autant plus qu'en ce début du XXIe siècle, rien n'est vraiment fait, ou trop peu, pour inverser la tendance. Inversement, je peux vous assurer qu'au Japon, les jeunes ne sont pas éduqués dans le ressentiment des peuples chinois et coréen. La majorité des Japonais nés après la Seconde Guerre mondiale aspire à des relations pacifiques et sereines avec les pays voisins.

Nos relations avec ces pays sont, hors de l'économie et du commerce, dans un piteux état et surtout gouvernées par les mauvais souvenirs. Des efforts doivent être fournis par toutes les parties, dans notre intérêt à tous. Le fait que les relations entre ces pays demeurent bloquées par des questions histo-riques est vraiment stupide. Comme beaucoup de Japonais, je me suis réjoui de la décision prise par le gouvernement sud-coréen de lever l'embargo sur les produits culturels japonais, longtemps interdits à Séoul. Et le problème n'est pas encore complètement réglé. Quand *Hana-bi* et *Zatoïchi* sont sortis dans les salles sud-coréennes, j'ai ressenti une immense joie. La promotion du film était impressionnante à Séoul et largement annoncée dans le métro, les taxis, de nombreux journaux et magazines et même sur les bus. Toute ouverture avec la Corée est bonne à favoriser.

Ainsi, je ne suis pas d'accord avec certaines pressions exercées par les puissances occidentales contre de grands pays comme la Chine et l'Inde. Ces pressions sont le fait de l'ignorance, notamment sur des thèmes largement rebattus comme le contrôle des naissances et la politique de l'enfant unique.

Dictature

Que va-t-il se passer en Corée du Nord ces prochaines années ? Certains pensent que la fin du dictateur Kim Jong-il, ou même celle, à plus long terme, de la « dynastie » des Kim, pourrait marquer l'avènement de la démocratie en Corée du Nord. On peut rêver. Quel sera, un jour, le déclic vers la réunification de la péninsule coréenne ? Je ne sais strictement pas ce qui va se passer. Qui peut prédire l'avenir de cette dictature ? Personne n'en sait rien. Mais je trouve que la situation nord-coréenne rappelle celle de l'Allemagne de l'Est. Le Mur de Berlin s'est écroulé soudainement, sans prévenir. Peut-être le régime nord-coréen sentira-t-il, à un moment donné, qu'il a davantage intérêt à aller vers l'unification, plutôt que de rester isolé ? En attendant, la situation des droits de l'homme dans ce pays est préoccupante, absolument catastrophique. Il y a toujours un flot continu de Nord-Coréens qui fuient leur pays via la frontière chinoise. L'information qui nous parvient sur leur sort reste très difficile à vérifier. La Corée du Nord demeure un pays si hermétique. Il y a en outre énormément de propagande à son sujet. Et qu'on ne s'y trompe pas : la propagande n'est pas que nord-coréenne d'ailleurs, elle est également américaine, occidentale, chinoise et même japonaise !

Le Japon, qui a annexé la péninsule coréenne au début du XXᵉ siècle, considère exclusivement la Corée du Nord comme une menace. Surtout depuis ses essais nucléaires... Et dans notre pays, la question très douloureuse pour les familles des Japonais kidnappés par des agents nord-coréens, dans les années 1970 et 80 – vous connaissez sans doute l'histoire tragique de Megumi Yokota – est toujours d'actualité.

Megumi Yokota compte parmi ces Japonais (on parle de plusieurs dizaines de cas) kidnappés au Japon même, dans les années 1970 et 1980, par des agents nord-coréens. Elle fut enlevée, à l'âge de treize ans, sur une plage de Niigata (sur la côte ouest du pays) le 15 novembre 1977, et fut ensuite, vrai-semblablement, assignée à résidence à Pyongyang où elle aurait enseigné le japonais. Megumi Yokota est-elle encore en vie ? A en croire le régime nord-coréen, elle se serait suici-dée dans un hôpital de Pyongyang, le 13 mars 1994, à la suite d'une longue dépression. Une version qui ne satisfait per-sonne au Japon, surtout pas la famille Yokota. La Corée du Nord a livré au Japon une dépouille présentée comme celle de Megumi. Mais d'après les résultats d'analyses ADN, il ne s'agissait pas d'elle. Lors d'un sommet entre le Japon et la Corée du Nord, à Pyongyang, le 17 septembre 2002, le gou-vernement nord-coréen a reconnu ces enlèvements, et présenté ses excuses. Une quinzaine de ressortissants japonais enlevés par la Corée du Nord ont été identifiés, dont cinq ont pu retourner au Japon en octobre 2002. Le mystère reste entier quant au sort réservé aux autres. Dans l'hypothèse de leur survie, le Japon exige qu'ils soient rapatriés et que les auteurs des enlèvements puissent être livrés à la justice japonaise.

J'ai été surpris de constater que lorsque Bush a annoncé, courant 2008, que la Corée du Nord était retirée de son fameux « axe du mal », de sa liste noire des États soutenant le terrorisme, les Japonais ont à peine réagi. Leur réaction a été franchement timorée, alors que les Américains sem-blaient ne plus prendre en compte la question des Japonais kidnappés par la Corée du Nord. Le gouvernement japonais s'est exprimé. Mais pas suffisamment, à mon avis...

Au fond, il est impossible d'aborder le sujet des kidnappés japonais sans évoquer l'histoire. On ne peut pas nier que pendant l'occupation de la péninsule coréenne *(1910-1945)* – la Corée du Nord n'existait pas encore –, le Japon a commis des atrocités. Dans les années 1920, 1930 et 1940, le conquérant a déporté des milliers de travailleurs coréens sur son territoire pour les exploiter dans ses usines. Des familles coréennes continuent, elles aussi, de réclamer justice. Le nœud du problème est bien plus complexe qu'on ne le croit.

Racisme ordinaire

Le racisme est une plaie, une maladie hélas universelle. Extrêmement répandue encore, beaucoup plus qu'on ne le pense, dans de nombreux pays développés. Malgré l'élection présidentielle de Barack Obama, la situation américaine est loin d'être idyllique : la barrière raciale, le racisme ordinaire n'ont malheureusement pas disparu. Et si les Noirs et les Hispaniques croient qu'ils peuvent s'en sortir comme l'Américain blanc moyen, je crois qu'ils se font encore une illusion.

En ce début de XXIe siècle, il semble totalement surréaliste que presque toutes les richesses existantes et produites soient concentrées entre les mains d'à peine un cinquième de la population mondiale. Comparativement, le reste des habitants de la planète vit dans la pauvreté, dans la misère parfois la plus absolue. Des milliards d'humains vivent avec l'équivalent de cent yens, moins d'un dollar par jour.

Ce cinquième de la population mondiale

Les peuples riches, du Nord en majorité, sont-ils réellement intéressés par le développement des pays du Sud ? Près de 80 % de la population mondiale ne mange pas à sa faim et n'a pas accès à l'eau potable. A Haïti, le produit de consommation le plus courant sur les marchés est la galette de terre – vendue l'équivalent d'un yen *(un centime d'euro)* –, dont raffolent les enfants car elle cale leur petit estomac pour quelques heures.

Le clou de l'affaire, c'est que certains pays développés ont peur d'aider de façon radicale les pays les plus pauvres. Ils se disent qu'encourager ces peuples défavorisés à sortir de leur misère constitue, en fin de compte, une menace, non militaire – cela serait trop beau pour les lobbys de l'armement –, mais un risque pour leurs équilibres sociaux, leurs régimes de santé et de retraite. Dans ces pays, certains esprits malintentionnés pensent qu'un développement un peu trop rapide des pays en voie de développement est susceptible, à terme, d'affaiblir leur économie nationale. Dans les conversations que l'on peut avoir avec certains puissants de ce monde, il ressort que certaines politiques menées par une poignée de pays riches ont pour objectif de maintenir, le plus longtemps possible, ceux du Sud dans la dépendance.

Le chanteur Bono, lui, tient un discours respectable sur l'Afrique. Il se démène pour aider le continent africain. Bono a raison de se concentrer sur la question de la dette des pays africains. Au passage, je ne suis guère connaisseur de son groupe U2, mais j'apprécie leur musique, même si c'est parfois un rock un peu lourd à mes oreilles…

En Chine et en Inde, c'est l'explosion démographique qui menace tout. Elle est de plus en plus ingérable. Une minorité accède chaque année aux richesses et profite de la croissance. Quant à la majorité, elle survit avec les moyens du bord et se tait. Dans ces pays, il n'y a pas de véritable redistribution des richesses. La valeur de la personne humaine n'est malheureusement pas prise en compte.

En matière d'inégalités entre pays riches et pauvres, je suis pessimiste. D'autant que le différentiel entre tous ces États est d'abord technologique. Technologie et science sont maîtrisées par la même infime partie de la population mondiale – par ce petit cinquième de privilégiés. C'est cette minorité qui contrôle et détient le vrai pouvoir sur cette planète. Aussi, quand on parle de « progrès humain », je ne sais pas s'il faut rire ou pleurer. De quel progrès parle-t-on ? En vérité, il n'y a pas de progrès. Le monde ne va pas de l'avant. Quand on s'en tient uniquement aux faits et chiffres, il semble qu'au contraire, les choses se dégradent. Il faut imaginer d'urgence des remèdes, mettre au point des alternatives réalistes afin d'enrayer les déséquilibres mondiaux. Il faut alléger les maux des populations qui souffrent. Faute de quoi le pire est devant nous.

Planète en péril

Au cours du torride été 2007, alors qu'il rencontre à Tokyo le Français Etienne Bourgois, chef d'expédition, courant 2008 et 2009, de la mission Tara d'étude du réchauffement climatique en Arctique, Kitano dévoile son penchant pour l'écologie.

Adolescent, grand fan du commandant Cousteau, je me voyais devenir biologiste marin. La vie en a décidé autrement. Toutefois, j'ai toujours conservé cet intérêt pour la Terre, la mer et la nature. Aujourd'hui, je constate, comme tout le monde, que les grands équilibres naturels sont gravement menacés par le réchauffement du climat. Le climat connaît en outre de profonds bouleversements, dont nous percevons à peine l'ampleur et les effets à moyen et long terme. Je me souviens de ces pluies diluviennes qui s'étaient abattues sur Tokyo au début de l'année 2007. On aurait dit qu'elles annonçaient la fin du monde !

La planète est vraiment dans un fichu état. Au Nord, les glaces fondent. Au Sud, les pauvres n'ont rien à se mettre sous la dent. Le climat est complètement déréglé. Et l'homme en paie le prix.

La responsabilité des dérèglements et du réchauffement du climat incombe d'abord aux États pollueurs. Ce sont les premiers responsables du réchauffement climatique, États-Unis et Chine en tête. Les Américains représentent à peine six pour cent de la population mondiale mais sont responsables du quart de la pollution sur terre. Et depuis 2008, on le sait, les Chinois ont commencé à polluer au moins autant qu'eux. A propos de ces deux pays, je trouve édifiant que depuis qu'il est interdit de fumer dans les lieux publics aux États-Unis, les géants américains du tabac, qui voient de fait leurs profits baisser, ont décidé de renforcer leur présence commerciale en Chine – allez donc noircir les poumons de centaines de millions de Chinois ! – mais aussi au Japon, où la réglementation est encore peu contraignante.

Comme tout le monde, je me pose des questions : comment peut-on lutter efficacement contre le réchauffement du climat ? Comment peut-on sauvegarder la nature ? Faut-il que les pays riches offrent davantage de moyens financiers aux pays pauvres à titre compensatoire ? Les efforts déployés pour lutter contre ces fléaux sont insuffisants et partiels.

Depuis quelques années, des scandales n'arrêtent pas d'éclater au Japon, avec la découverte sur le marché de produits agricoles, essentiellement importés de Chine, avec un niveau de toxicité très élevé et nocif pour la santé. Les consommateurs sont inquiets. Mais le Japon a aussi une part de responsabilités dans ces affaires car il est l'un des tous premiers producteurs d'engrais exportés en Chine. C'est un cercle vicieux.

Malgré des efforts importants, le Japon, cinquième pollueur mondial, participe directement à cette pollution, comme tous les grands pays développés et industrialisés.

Délocalisations

Que la Chine ne fasse pas assez pour lutter contre la pollution, rendre la qualité de l'air meilleure et lutter contre les pluies acides et les tempêtes de sable jaune qui ensuite s'abattent sur le Japon et la Corée, c'est un fait ! Mais, je trouve assez incroyable, disons très culotté, que certains dirigeants américains, européens et japonais, accusent à tort et à travers la Chine de trop polluer alors que tous savent pertinemment que les industriels automobiles américains, japonais et européens y sont implantés, et par la force des choses, participent à la pollution qu'ils dénoncent. Les Chinois font des efforts, même si l'évolution est assez lente – mais comment aller plus vite à l'échelle d'un pays si gigantesque et si peuplé, dont la population représente onze fois celle du Japon ? Fin 2008, Pékin a annoncé un plan de six cents millions de dollars destinés à financer des plantations d'arbres sur le territoire chinois – plan que même Al Gore a jugé « exemplaire » !

On peut accuser la Chine de trop polluer, mais si nous voulons être logiques, nous devons exiger le retour dans notre pays des usines japonaises qui y sont délocalisées. Des milliers de nos entreprises vont produire en Chine, ou dans des pays comme le Vietnam et la Thaïlande – et du coup polluer l'environnement local – car la main-d'œuvre y est beaucoup moins onéreuse qu'au Japon. Les dégradations de l'environnement ne semblent pas gêner outre mesure certains patrons peu scrupuleux. Par contre, que les revenus des ouvriers asiatiques soient bas, et qu'on puisse profiter de cette situation, « quelle chance ! », se disent-ils. Ce type de raisonnements devrait être condamné avec fermeté. En plus, ce scénario pervers se répète. Voyez la Chine ! Elle agit comme le Japon… mais en Afrique ! Elle investit massivement sur ce continent, en exploitant la main-d'œuvre locale. Leurs ouvriers reçoivent un salaire inférieur à celui qu'ils percevraient en Chine…

Il revient aujourd'hui au Japon, à tous les États riches, industrialisés et pollueurs, ainsi qu'à nous tous, citoyens et consommateurs, de se demander quel monde, quel environnement on veut laisser aux générations futures.

*
*   *

17.

L'Afrique dans mon cœur

*Fin mai 2006. Tout juste de retour d'Italie, plus exacte-
ment de Florence, Takeshi Kitano dîne au Pérignon, un
grand restaurant français de la capitale nippone. Le repas
est agrémenté de trois bouteilles de romanée-conti 1989 –
des bouteilles si coûteuses pour évoquer un sujet aussi
grave ! Le cinéaste est définitivement plein de paradoxes...
Il vient de se voir décerner dans un somptueux palais, en
présence d'un important parterre de personnalités italiennes
et européennes, parmi lesquelles Sophia Loren et la reine
du Danemark, le prix Galileo de la culture, qui récompense
son œuvre et surtout ses efforts en vue de promouvoir les
échanges culturels internationaux, notamment ceux qu'il a
déployés en Afrique. Créé par une fondation privée italienne, ce prix est décerné à des personnalités d'horizons
divers, comme Shimon Pérès, Jack Lang, Carlos Fuentes
avant lui, ou encore Ingrid Betancourt en 2008.*

En Italie, dans la très belle ville de Florence, dont l'architecture ancienne, les vestiges de la Renaissance et de l'art
florentin m'ont impressionné, j'ai été très surpris, en tout cas
très heureux de rencontrer pour la première fois Sophia
Loren. Quelle belle femme ! Elle m'a salué, m'a serré la

main. J'ai été subjugué par son charme. Elle est magnifique, toujours aussi séduisante. Et quelle grande actrice ! Elle est la mère du cinéma italien. Elle m'avait tellement impressionné dans le film d'Ettore Scola, *Une journée particulière (*Una giornata particolare, *Oscar du meilleur film étranger en 1978),* portrait acerbe de l'Italie mussolinienne, dans le rôle qu'elle partageait avec Marcello Mastroianni.

Mais de quel droit ai-je mérité ce prix Galileo ? Pourquoi moi plus qu'un autre ? Je n'ai pas fini de me poser la question ni de la poser à ceux qui ont décidé de me le remettre. En me rendant en Italie, je ne suis pas prêt d'oublier mon transit à l'aéroport de Roissy-Charles de Gaulle. Au dernier portillon de sécurité, un agent m'a dit sur un ton un peu sec : « Enlevez votre pardessus, votre ceinture et vos chaussures... » Avant de me lancer : « Hé Kitano ! Regardez par ici ! » Et de me prendre en photo avec son téléphone portable alors que j'étais en train de me rhabiller...

A la remise du prix, dans ce magnifique palais florentin rempli d'histoire, d'art et de sacré, j'ai quelque peu paniqué à l'idée de faire une allocution en présence de la reine du Danemark – une grande femme, très élégante – et d'autres représentants de la noblesse d'Europe. Tant de gens qui n'ont pas besoin de travailler... J'ai fait rire l'audience en racontant toutes sortes de bêtises et de choses méchantes. « Nous ne devons pas oublier, ai-je dit, alors que je reçois ce prix grâce à mes réalisations, qu'ici et là sur la planète, il y a des gens qui, eux, ne reçoivent pas assez à manger ! » J'imaginais bien que tout le monde n'apprécierait pas ces propos en pareil lieu et pareille circonstance.

Mais il me semble que chacun a bien compris le sens de ma provocation. C'était ma manière de stigmatiser le grand déséquilibre entre riches et pauvres, ma façon de dénoncer l'égoïsme des sociétés occidentales et des autres, comme la nôtre, au Japon, qui baignent dans l'opulence, tandis que dans tant de pays d'Afrique et du monde, des populations entières souffrent, n'ont pas accès à l'eau, aux soins médicaux, aux besoins de première nécessité, et sont décimées sous nos regards prétendument impuissants, otages des guerres, des pouvoirs dictatoriaux et des diktats militaires, prisonniers des virus, victimes des pires maladies, sida, paludisme et autres.

Je ne connais pas bien l'Afrique. J'ai seulement voyagé au Kenya et en Afrique du Nord, en Egypte. Mais sans y avoir mis les pieds, j'ai un rapport très fort, très sentimental avec ce continent qui est aussi le berceau de l'humanité. L'Afrique occupe une place particulière dans mon cœur. Encore plus depuis que j'ai fait la connaissance de Zomahoun, le « roi du Bénin » !

Kitano veut parler du Béninois Rufin Zomahoun, devenu membre de son Gundan, et en outre acteur – il surgit dans Takeshis' *et dans* Glory to the filmmaker !. *Tous deux se sont connus en 1998, sur le plateau de l'émission de télé « Koko ga hendayo Nihonjin ! » (« Gens du Japon, cela n'a aucun sens »). Ils se sont un temps perdus de vue, puis se sont retrouvés. Depuis, Kitano a fait de Zomahoun l'un de ses disciples. Le Béninois est devenu un compagnon fidèle, un ami de voyage, un frère de vie. Personnalité polyglotte fort connue au Japon, Zomahoun est né et a grandi à Dassa-Zoumé, un village du Bénin. Après la mort de son père en 1980, il fut élevé par son oncle qui vivait en ville et l'encouragea dans ses études. Outre sa langue natale, le yorouba (nom d'une ethnie rassemblant quelque vingt millions d'Africains dans plusieurs Etats, dont les ancêtres ont constitué la majorité des esclaves déplacés en Amérique du Sud, au Brésil, aux Caraïbes et à Cuba), et un français très élégant appris enfant au Bénin – ex-Dahomé et ancienne colonie française –, sur les bancs de l'école de son village, il jongle depuis des années avec le japonais, qu'il parle, lit et écrit. Il maîtrise encore le chinois, étudié à Pékin à partir de 1987, où il a (sur)vécu sept ans grâce à des bourses des gouvernements béninois et chinois. Il y soutint même en chinois une thèse de doctorat (« La pensée confucianiste de l'éducation »). Embauché comme homme à tout faire et jardinier à l'ambassade du Rwanda à Pékin, il est remarqué par l'ambassadeur rwandais, qui en fait son interprète personnel. Après ses années en Chine, Zomahoun est invité par un ami japonais rencontré en Chine à venir découvrir le Japon. Une nouvelle vie débute alors. Zomahoun obtient un visa pour l'archipel, arrive au Japon par ses propres moyens, et s'installe dans la banlieue de Tokyo. Là, il étudie le japonais chaque matin, travaille dans une usine fabriquant des bandoulières de sacs de sport l'après-midi, et jusque tard le soir, dans une société de déménagement. Dans l'usine où il a été embauché comme ouvrier tourneur, survient, durant l'été 1994, une expérience douloureuse, un accident du travail : Zomahoun perd un doigt dans une machine, l'index de la main gauche. L'hôpital, la grande attention et l'extrême gentillesse du personnel hospitalier japonais, l'ont profondément marqué. Les mois suivants, Zomahoun retourne sur les bancs de l'université pour y enseigner le chinois. Il perfectionne aussi son niveau en japonais. Sorti d'affaire, il créera à Tokyo une organisation non gouvernementale, Ifé, grâce à laquelle, depuis des années, des étudiants, des fonctionnaires et des spécialistes béninois, obtiennent des bourses d'études au Japon, avec le soutien de Kitano, et de plusieurs ministères japonais dont celui de l'Éducation, afin d'y améliorer leurs connaissances. « Au Japon, précise Zomahoun, ces* étudiants découvrent l'économie, le système social. Ils améliorent leurs savoir-faire en agronomie, en médecine, en mécanique ». *Avec son ONG, Zomahoun a développé au Bénin un réseau de sept écoles élémentaires, plusieurs avec le soutien de Kitano. L'une, Takeshi Nihongo Gako, dispense des cours de japonais.*

Il y a deux ans, grâce à l'action que nous menons avec Zomahoun, nous avons permis à dix-sept étudiants béninois de venir étudier au Japon, dans les universités de Tokyo, de Ritsumeikan, de Chiba, de Yamagata, de Rikkyo, et quelques autres encore. La dernière fois que Zomahoun est parti au Bénin, je lui ai demandé d'acheminer dans son pays un grand nombre de ballons de football et de fournitures scolaires que nous avions commandés en Chine. Les ballons ont été acheminés jusqu'à Cotenou dans les soutes d'un avion cargo d'Air France. Je pense que le football est un des moyens, parmi d'autres, d'amener de l'espoir, au Bénin et ailleurs en

Afrique, comme l'illustre l'organisation de la prochaine Coupe du monde de football en Afrique du Sud. Je me dis, parfois : et si un jour le Bénin parvenait à devenir plus fort, plus présent sur la scène internationale grâce au football ? Et si des écoliers béninois, à force d'entraînement et de volonté, réussissaient à devenir de grands footballeurs, comme c'est le cas en Côte-d'Ivoire par exemple ? Je suis certain que cela rapporterait beaucoup au peuple béninois. A un certain moment, j'ai pensé encourager les écoliers d'Afrique à découvrir et jouer au base-ball. C'était une mauvaise idée. Car en Afrique, le football demeure le sport le plus populaire et le plus pratiqué par les jeunes – et de loin ! Là-bas, c'est vraiment comme en France : le football déchaîne les passions. A ce propos, je n'oublierai jamais cette image des Français, et en particulier des inconditionnels de Zidane, déçus de voir leur pays si rapidement éliminés de la Coupe du monde de football de 2002, en Corée du Sud, après avoir été les champions du monde !

Au Bénin, je suis très heureux d'agir avec Zomahoun. Je soutiens en particulier plusieurs écoles primaires, publiques – l'une porte le nom de Meiji Shogakko –, et d'enseignement de la langue japonaise. Ces écoles se situent aux alentours de villages très reculés de plusieurs provinces *(celles de Borgou, Donga et dans l'une dite de l'Atlantique)* proches du désert du Niger. Ce sont des régions extrêmement pauvres. Plusieurs écoles ont été construites il y a déjà des années grâce à l'action et aux moyens personnels de Zomahoun. Environ mille deux cents élèves sont inscrits dans trois de ces écoles. Mais ces établissements scolaires n'ont pas encore d'électricité. Ainsi, quand il pleut, ou lorsque le soleil disparaît derrière les nuages, les écoliers sont obligés de rentrer chez eux. J'ai donc fait expédier sur place quatre groupes électrogènes capables de générer assez d'électricité, et ce grâce à la seule force humaine. En pédalant simplement un moment, l'énergie s'accumule dans une batterie et l'électricité stockée peut être consommée plus tard. Un ingénieur que je connais, Monsieur Takita, a mis au point, de son côté, d'autres mini-générateurs électriques destinés aux écoles béninoises.

Derrière le rideau

Je pense également, plus tard, faire installer des panneaux solaires dans les écoles élémentaires que je soutiens. Au Japon, ne sommes-nous pas leaders en la matière ? Il existe dans notre pays d'excellentes entreprises, Sharp, Panasonic, et d'autres, réputées pour être à la tête du secteur de l'énergie solaire. J'ai commencé à m'y intéresser. Le problème, ce sont les coûts, très importants. Pour installer un large panneau solaire dans une des écoles, cela coûte, au minimum, huit millions de yens[62], fabrication, transport et installation inclus.

J'interviens encore pour la distribution de fournitures scolaires, le forage de puits et les problèmes liés à la répartition de stocks d'eau. Ces temps-ci, avec un ami ingénieur, j'essaie de concevoir des vélos, assez solides, peu coûteux, pour les écoliers. Ainsi que des postes de télévision très simples. Lorsque ces téléviseurs seront prêts et que l'électricité fonctionnera bien, nous insérerons des programmes en français pour permettre aux écoliers d'améliorer leurs connaissances en français.

Je voudrais expédier des pianos au Bénin, et que les étudiants du Bénin obtiennent des bourses afin d'étudier au Japon, pourquoi pas dans les universités de la préfecture de Miyazaki dirigée par un de mes ex-disciples. Ils pourraient y parfaire leur savoir en sciences et en ressources humaines.

L'an passé, j'ai tenu à ce que soit réalisé un documentaire sur Zomahoun, au Bénin, qui devrait être, un jour, diffusé en prime time sur une de nos grandes chaînes de télé, afin que les Japonais connaissent un peu mieux ce pays. J'ai demandé

---

62. Environ soixante-neuf mille euros.

à l'un des Gundan, Aru Kitago, assisté de Lilian, un de mes jeunes fans français qui est aussi un réalisateur, de le réaliser. Ce documentaire, c'est un peu le « *Roots* »[63] à l'envers de Zomahoun !

Je mène des actions de ce type avec mon propre argent. Et pour en avoir, je suis d'autant plus heureux d'en gagner beaucoup comme présentateur à la télévision. C'est tout ce que je peux dire… En général, je n'aime pas trop en parler. Je préfère rester discret sur les actions que je mène. Il est dans la tradition japonaise de ne pas glorifier ses actes de générosité. J'agis derrière le rideau et focalise certaines de mes actions via plusieurs organisations, en particulier non gouvernementales…

Dans la tradition japonaise, il peut s'avérer embarrassant de faire connaître le bien qu'on fait. Après l'enfance que j'ai eue, la pauvreté dans laquelle j'ai grandi, aider les nécessiteux est pour moi une évidence. C'est même une obligation morale. Toute personne riche qui ne partage pas et jouit seule de ses biens est indigne. Il est essentiel d'avoir un sens aigu du partage et surtout de ne pas s'en glorifier. Être philanthrope, oui bien sûr, mais cela doit rester, pour chacun d'entre nous, un choix personnel. Car en quoi cela est-il extraordinaire de donner ? N'est-ce pas naturel ? Pourquoi faudrait-il se vanter du bien que l'on fait, quelle que soit l'ampleur de son action ? Il ne faut pas se vanter. Ce n'est pas en disant qu'on donne qu'on est apprécié. Je remarque que dans la plupart des sociétés riches et industrialisées, parmi les grandes puissances mondiales, beaucoup d'entreprises et des individus riches et puissants se montrent extrêmement charitables et du coup, le font savoir. Les sommes faramineuses qu'ils accordent à des projets humanitaires sont même annoncées publiquement. En réalité, je crois qu'ainsi, ils tirent la couverture à eux et trouvent à ces annonces des avantages

---

63. *Roots* est un film tiré du récit d'Alex Haley qui retrace la saga d'esclaves africains et le destin du Gambien Kunta Kinte.

autres qu'humanitaires. A mon avis, c'est une forme de tapage médiatique.

Dans notre culture japonaise, si l'on sait et que l'on découvre que vous faites du bien, cela peut s'avérer même, carrément, une source de honte. C'est une spécificité de notre culture peut-être peu évidente à comprendre pour des Occidentaux. Pour certains Japonais, l'altruisme comme trait de caractère, la générosité comme qualité, relèvent tout simplement de « l'esthétique du cœur ». Je n'aime pas glorifier mes actes de générosité, ni qu'on le fasse. Je préfère qu'on dise que je suis un homme odieux, cela me met plus à l'aise...

En fait, je n'aime guère certains mots, comme « compassion » ou « pitié »... Ce sont des mots qui nous obligent à regarder sans arrêt ceux qui souffrent. Or, je le sais trop bien, la bienveillance et les bons sentiments ne durent pas. Croire le contraire est un leurre, voire le comble de l'hypocrisie. En chaque être humain se mélangent des sentiments mêlés d'intérêt personnel et de petits secrets inavouables. Par exemple, à la télévision japonaise, dans une émission où l'on va dire le plus grand bien de la charité, les invités célèbres qui auront fait bonne figure sur le plateau, recevront quand même un cachet. N'est-ce pas étrange ? Je me méfie d'une certaine forme de charité trop bien ordonnée.

Et puis, si j'agis sérieusement, je ne me prends pas au sérieux, sinon il n'y aurait plus aucune limite à mon action et je pourrais céder tout ce que j'ai. Je vendrais ainsi tous les biens qui m'appartiennent, tous mes actifs immobiliers et le reste. Or, je ne suis ni l'abbé Pierre – eh oui, je connais ce Français qui a mené de nombreux combats pour aider les plus démunis *(l'association Emmaüs fondée par l'abbé Pierre a fêté en 2008 ses trente-cinq années de présence au Japon)* –, ni Mère Teresa. Je ne suis pas un saint, et encore moins un ange. Je suis plutôt un odieux personnage.

Et c'est bien pour cela que je déteste ces mots : « entraide », « charité »... Si vous voulez aider les démunis, faites-le, foncez, mais de grâce : en silence. Personne n'a besoin de savoir ce que vous faites dans tel ou tel pays, auprès de tels gens, telle communauté. Cela n'intéresse personne, non ? Cela ne regarde que vous, n'est-ce pas ? Si je voulais aider, d'une manière plus radicale, je serais dès lors obligé de faire des choix radicaux. Or, en dehors de mes activités professionnelles, je n'aime pas établir des ordres de priorité dans mon quotidien, ni dans mes actions, ni dans mes envies. Ma femme, elle, juge pour sa part que les montants assez importants que je consacre à des œuvres humanitaires sont, finalement, égaux à ceux que je pourrais dépenser dans des dîners en ville. La bienveillance n'a pas la même valeur pour tous.

Donner aux pauvres, assister les victimes, épauler les faibles : il existe, dans ce monde, des organisations dont c'est la raison d'être, et d'autres dont c'est aussi, en théorie, l'objectif, mais qui font en partie l'inverse – c'est le cas, notamment, au sein des Nations unies, responsables, malgré elle, d'un certain nombre de malheurs et de dérives. Certaines affaires ont gravement discrédité l'action humanitaire. Souvenez-vous, après le tsunami de 2004, des millions de personnes dans le monde ont fait d'importants dons aux ONG chargées des secours sur place. Or, le public apprenait un an plus tard qu'un tiers seulement de ses dons avaient été réellement alloués et dépensés dans ces pays, Indonésie, Thaïlande, Inde, Sri-Lanka… Le reste a servi à financer ces structures très lourdes, aux frais de fonctionnement colossaux, à payer les salaires souvent mirobolants de leurs employés, de leurs cadres, fonctionnaires, comme de vraies succursales privées. Rien de tel pour discréditer l'œuvre humanitaire. Au sein de l'Organisation mondiale de la santé (OMS), ce n'est pas mieux. Cette institution s'est ridiculisée à maintes reprises. Le *charity business* est une triste réalité.

Le Japon et l'Afrique

Il n'empêche, je suis de plus en plus frappé par le fossé grandissant entre les pays les plus riches et les pays les plus pauvres. Fossé qu'illustre la tentative désespérée des migrants d'Afrique pour gagner clandestinement les côtes européennes, malgré les dangers, les lois restrictives qui les attendent. La situation est identique en Asie, où les plus démunis tentent le tout pour le tout pour aller vivre et travailler dans les pays développés de la région. Je crois qu'on doit complètement repenser la philosophie et le système de l'aide au développement des États industrialisés, à commencer par le nôtre, ici même, au Japon. La fuite des cerveaux est un autre problème majeur. Tout doit être fait pour encourager le retour dans leur propre pays des Africains qui peuvent aider à leur développement. Ce n'est pas une blague, il paraît qu'on trouve davantage de médecins béninois dans la région parisienne qu'au Bénin !

Quant au Japon, certes, il fournit une aide conséquente à l'Afrique. La part de son aide a beaucoup augmenté durant les années Koizumi *(2001-2006)*, grâce à la volonté de l'ancien Premier ministre, qui lors de la conférence Asie-Afrique de Bandung en 2005, avait annoncé le doublement de son aide à l'Afrique, censée passer de moins de 10 % au double du budget du Japon consacré à l'aide publique au développement. Soit de cinq cent trente millions de dollars à un milliard de dollars. Mais ce n'est pas assez et tout le monde le sait. Les entreprises japonaises doivent faire plus que des affaires.

Pour ma part, je suis très heureux de parler et de convaincre des responsables japonais de la nécessité d'agir, en Afrique surtout, de façon très concrète, sur le terrain. De ce point de vue, le jeune patron Takashi Inoue[64] a tout compris. C'est un homme exemplaire. L'an dernier, il a accompagné Zomahoun au Bénin et a pu constater par lui-même quels étaient les besoins vitaux des écoliers que nous aidons. Dans une de ces écoles, où est enseigné le japonais, l'école « Takeshi Nihongo Gako », les classes sont surchargées. Seul un tiers du millier d'écoliers inscrits peut suivre les cours. Qu'a fait Takashi

---

64. Âgé de quarante ans, président du groupe Next, expert en technologies de l'information.

Inoue ? Il a décidé de financer lui-même la construction d'une nouvelle école primaire publique, ainsi que le forage d'un puits tout près. Il a fait livrer ensuite sur place des fournitures scolaires.

J'encourage d'autres chefs d'entreprise japonais à faire comme Inoue san, à se rendre en personne dans les pays pauvres. Je dis bien « en personne ». Bien souvent, ces entreprises interviennent dans l'humanitaire au nom de leurs seuls intérêts, afin de soigner leur image. Cette démarche est à mon avis condamnable. Il est ainsi important de responsabiliser l'aide privée, que les responsables se rendent compte directement sur place. Je pense qu'il faut tout repenser. Les termes de l'aide que le Japon fournit à nombre d'Etats sont à revoir… Est-il irréaliste d'imaginer qu'à l'instar de Takashi Inoue d'autres P-DG japonais aillent dans des pays nécessiteux, en vue d'œuvrer à des projets humanitaires ? Nous sommes à ce jour dans le domaine de l'utopie, mais à l'avenir, sait-on jamais ! En attendant, l'un de mes amis, le *talento* Tokoro George, figure bien connue des plateaux de télévision et pas encore P-DG, a lui aussi collaboré à nos actions. Il a acheté avec ses propres deniers trois minibus d'une marque américaine, qui ont été aménagés spécialement et expédiés à nos écoles béninoises. Des dizaines d'écoliers qui y sont scolarisés faisaient jusqu'à dix voire quinze kilomètres à pied, matin et soir. Désormais, ces minibus les ramassent le matin, les conduisent à l'école et les ramènent chez eux le soir.

Après le quatrième TICAD[65], j'ai fait une remarque assez acerbe, dans l'une de mes émissions, qui a fait réagir. J'ai dit que le Japon donnait souvent l'impression de donner de l'argent, beaucoup d'argent, à un grand nombre de pays africains pour des raisons finalement suspectes : bénéficier notamment de leur soutien en vue d'une réforme de l'ONU

---

65. Conférence internationale sur le développement de l'Afrique organisée tous les cinq ans au Japon en présence des représentants des États et gouvernements africains.

qui permettrait au Japon d'obtenir un siège de membre permanent au Conseil de sécurité… Or, l'heure est venue, pour l'Afrique, d'exister, de se prendre en main, et de ne plus vendre son âme au diable.

Bien sûr, en Afrique, la situation politique locale laisse franchement perplexe. L'essor démocratique y est encore une illusion. Encore trop souvent, la pauvreté dépend du régime en place, de l'environnement social et politique, du climat aussi. La situation est suffisamment dure dans certains pays d'Afrique pour que des individus originaires de ces pays préfèrent venir gagner leur vie de façon un peu louche au Japon et travailler pour le compte de *yakuza* qui leur assurent revenus et papiers de séjour. Ils se retrouvent à vendre de la drogue dans certains quartiers de Tokyo, ou embarqués dans du sale business de trafics humains et de femmes étrangères recrutées dans des clubs et autres bars à hôtesses de la capitale. Les Africains doivent tout faire, tout, pour cesser d'être des assistés éternels.

Nous savons tous que les pays du Sud sont encore victimes d'injustices, souvent contre rémunération, comme dans le cas des déchets déversés sur le sol ou dans les eaux des rivières par exemple. Au nom d'accords de libre-échange, le Japon a considéré, ces toutes dernières années, les Philippines comme un pays-poubelle en allant y déverser, dans certaines régions à l'abri des regards, des milliers de tonnes de résidus électroniques et technologiques. C'est honteux !

Au Japon, il nous faut encore faire de plus grands efforts, apprendre à être plus justes, sans forcément chercher de contreparties. Dans le même temps, je suis bien obligé de constater que la pauvreté grandit dans notre propre pays. Autour de moi, des proches sont aussi victimes d'inégalités. Participer à certaines œuvres en Afrique ne veut pas dire, non plus, qu'il faille détourner son regard de certains problèmes que rencontrent nos concitoyens. Les entreprises qui ont les moyens doivent également tout faire pour soulager la misère de certains. C'est l'un de leurs devoirs.

Jeunesse japonaise

Les jeunes Japonais doivent s'aérer l'esprit, voyager, parcourir le monde, découvrir de leurs propres yeux les réalités de la planète, partir à la découverte d'autres peuples et civilisations, pas uniquement dans les pays dits « développés », mais également dans les moins favorisés. Il nous faut aussi inviter au Japon des jeunes du monde entier qui ont grandi dans des pays misérables, afin qu'ils découvrent par eux-mêmes comment les choses se passent ici, chez nous.

Il est en effet dommage qu'à peine sortie du lycée et de l'université, la jeunesse de notre pays, dans sa grande majorité, ne trouve pas le temps de voyager. A peine diplômés, nos jeunes intègrent le monde de l'entreprise, des groupes tels que Sony, Panasonic, Toyota… sans avoir pris la peine de découvrir les réalités de pays si différents du leur.

*
* *

18.

Les amis

Régulièrement, au cours de l'hiver 2007, Takeshi Kitano me donne rendez-vous chez lui, dans sa demeure de Gaienmae, dans le quartier de Kita-Aoyama, au cœur de Tokyo, en compagnie de Zomahoun, de plusieurs Gundan, d'amis de tous horizons, et parfois en présence de son épouse et de sa fille, Shoko.

Il n'y a rien d'extraordinaire chez moi !

Rien d'extraordinaire ? Ce n'est pas certain. Le salon oblong de Kitano, enfoui au sous-sol de sa résidence de quatre étages, est envahi d'objets. Des paires de chaussures de claquettes, un piano à queue, une horloge massive, une longue commode, des dizaines de photos et de lettres encadrées tapissant des murs jaune pastel, un set de golf, des gadgets divers. Kitano fait signe de le suivre dans une pièce en tatami adjacente au salon.

En général, personne ne peut pénétrer dans cette pièce. Mais je voulais vous montrer cette œuvre intitulée « Ma petite amie » que j'ai réalisée il y a cinq ans. J'y tiens beaucoup… Quant à ces peintures-là – dont cette toile de quatre-vingt-dix-huit centimètres sur cent vingt-cinq ! –, ce sont des tableaux et des dessins originaux peints par Akira Kurosawa pour les besoins de son dernier film, le splendide *Yume (Rêves)*. Des tableaux, d'une valeur inestimable, qu'il m'a offerts...

De nombreux livres, consacrés au peintre Bonnard, à Jean Cocteau et à Stanley Kubrick, sont en bonne place. Ainsi que quantité de récompenses, prix, coupes, médailles, décorations et lettres ; le diplôme de son prix de chevalier des Arts et des Lettres remis par la République française est bien en évidence. Kitano aime les photos. Il y en a partout chez lui, toutes encadrées : on le voit poser avec les champions de base-ball, Ichiro et Matsui, le champion de golf Aoki – des icônes dans l'archipel –, avec de nombreuses stars américaines également comme Clint Eastwood, Dennis Hopper, Keanu Reeves... Un autre cliché le montre, ému, applaudi par un public debout dans la salle du Palais du Festival à Cannes, à la fin de la projection de L'Été de Kikujiro. *Dans un coin sont disposés des gants de boxe et un sac de frappe. Ce soir-là, Takeshi s'entraîne depuis plus d'une heure aux claquettes. Cela fait penser à cette scène de* L'Été de Kikujiro, *quand le yakuza de quartier qu'il interprète apostrophe deux comédiens répétant leur numéro de claquettes dans un vieux pub.*
« – Vous en faites du boucan. Qu'est-ce que vous foutez ?
— Des claquettes.
— C'est quoi ça ?
— Vous devez connaître... Gene Kelly, Fred Astaire...
— Cela me fait une belle jambe... »

J'ai toujours été fana de boxe. Aujourd'hui encore, je regarde régulièrement des combats à la télévision. Je m'en suis inspiré pour *Kids return*. Ce qui m'impressionne le plus chez les boxeurs, c'est qu'ils peuvent prendre ou perdre jusqu'à cinq kilos en une seule journée !

Un soir, le cinéaste a convié chez lui, en plus des habitués, trois amis d'enfance. Kitano rit aux éclats. Kazumasa Arayashiki, scolarisé dans le même lycée que Kitano, un grand homme moustachu qui joua un temps la comédie avec lui, raconte en s'esclaffant quelques souvenirs cocasses partagés avec Kitano. La conversation ressemble vite à un sketch de manzaï.

— Kazumasa Arayashiki : C'est magnifique chez toi ! Tes objets de décoration sont trop beaux.

— Kitano : Je te les donnerai un jour, mais gare à toi si tu les vends !

— Kazumasa Arayashiki : Au lycée, Takeshi était très timide. Parfois, il se faisait embêter. Il se promenait toujours avec un médicament. Il se plaignait d'avoir mal au ventre. Mais ce médicament était en fait la cause de son mal de ventre.

— Kitano : Non seulement tu perds la mémoire, mais tu perds aussi tes dents et tes cheveux. Ce qui te fait dire n'importe quoi. La seule chose qui me rende jaloux de toi, ce n'est pas ta moustache, ce sont tes sourcils. Ils poussent tellement qu'ils partent vers le haut au fur et à mesure que tu vieillis alors que moi, en prenant de l'âge, je perds les miens.

— Kazumasa Arayashiki : N'essaie pas de faire ton malin, Takeshi ! De toute façon, je suis plus amusant que toi. Quand nous étions jeunes, j'étais déjà le plus intéressant. Après moi, c'était toi le plus marrant. *(Il profite de la présence d'un Français dans la salle.)* Et tu as raison, j'ai perdu la mémoire. Au lycée, j'étudiais le français mais je ne me souviens que de « Je t'aime »...

— Kitano : Tais-toi donc ! Tu ne vois pas que tu ennuies tout le monde avec tes sornettes ?

— Kazumasa Arayashiki : Quand on était jeunes, on partait en excursion en ville, dans des quartiers de Tokyo où on allait assez rarement. A chaque fois, tu t'en souviens Takeshi ?, t'en profitais pour disparaître. On te perdait tout le temps. Le soir, on rentrait au quartier sans toi !

— Kitano : Oui, en ce temps-là, je souffrais alors d'une grave maladie : j'étais idiot et ne voulais surtout pas vous contaminer !

J'ai toujours été entouré de gens de tous horizons et de personnes bizarres. Certains de mes fans, par exemple, sont devenus des amis, dont beaucoup d'Européens. En fait, j'ai mis un certain temps à comprendre que mon style cinématographique pouvait leur plaire. Je ne vais pas m'en plaindre !

J'ai un grand ami italien, Greg Feruglio. On s'est rencontrés à Venise en 2003, pendant la Mostra. Depuis, il vient presque chaque année me rendre visite au Japon. La dernière fois, je l'ai emmené déguster un café Blue Mountain à mille cinq cents yens *(onze euros)* dans un café établi, près de la station de Tokyo. Arrivé au café, je lui ai dit de s'asseoir. « Tiens, installe-toi là, je vais chercher les cafés ! » Je suis allé prendre la commande au comptoir. Greg n'en revenait pas. Mais la serveuse, et surtout les clients dans la salle, semblaient encore plus étonnés de me voir là, dans un café de la capitale, commander des cafés. Moi, je voulais simplement savourer un Blue Moutain, avec mon ami italien. On a bien ri de les voir ainsi stupéfaits !

Quelques-uns de mes livres sont traduits et publiés en Europe, comme *La Vie en gris et rose*, titre qu'avait choisi Shinchosha[66] sur mes souvenirs d'enfance, paru en France l'an passé. Je n'oublierai jamais l'accueil que les Français m'ont réservé pour la première de *Zatoïchi*. Ce fut un moment fantastique… J'aime beaucoup la France. J'adore les Français qui sont des gens absolument formidables. Ils trinquent au champagne ! Ils ne font vraiment rien comme les autres. Je compte d'ailleurs quelques connaissances en France, à Paris surtout, comme mon ami Jack Lang, et de nombreux fans, comme Lilian et Belmami[67] – ce dernier est marié à une Japonaise… Les Français sont de véritables aventuriers. Je pense d'ailleurs que le caractère courageux des Français, qui

---

66. Un grand éditeur de Tokyo.
67. Mustapha Belmami vit et travaille à Paris. Lilian Ginet réside à Toulouse et étudie le cinéma. En 2007, il a travaillé comme assistant réalisateur sur le film documentaire réalisé au Bénin (cf. chapitre : « L'Afrique dans mon cœur »).

peuvent se montrer aussi sérieux que les Japonais, est très bénéfique pour le monde entier.

La France a aboli la peine de mort

La France est vraiment un grand pays qui a eu, et a toujours, une quantité étonnante de grands penseurs, de grands politiques, de grands artistes, de grands écrivains. Les Français ont le sens de l'art, de la culture, de l'esthétique, de l'architecture, des mots. Ils réalisent et produisent de très bons films. J'ai aussi été très impressionné par des ouvrages d'auteurs français, comme *Le deuxième sexe* de Simone de Beauvoir, *La nausée* de Sartre – j'ai confondu un jour son visage avec celui de Toulouse-Lautrec ! –, *La peste* de Camus... Je connais moins les écrivains français actuels.

J'aime aussi de nombreux films français des années 60 et 70, la trempe d'Alain Delon dans ses rôles de flic froid, Jean Gabin, Belmondo, Lino Ventura... J'ai aussi toujours adoré l'acteur Michel Constantin. Il avait une gueule ! Beaucoup de charme et d'élégance. Un sourire de tombeur !

En France, lors d'un séjour à Deauville, pour le Festival du film asiatique, j'en ai profité pour me promener au bord de cette mer mythique pour la libération. Sur les dunes, j'ai été stupéfait de voir autant de bunkers construits par les Allemands, presque intacts. On m'a expliqué qu'en Normandie, il restait encore plein de bombes enfouies sous le sable. Du coup, je faisais très attention où je mettais les pieds.

La France est aussi le pays de l'abolition de la peine de mort ! Et, je suis contre la peine de mort.

Les Françaises

On m'a dit aussi, mais c'est à vérifier, que certaines Françaises me trouvaient du « charme » ! Vraiment ? L'une d'elles aurait même signalé à un de mes amis qu'elle me trouvait « beau » ! C'est incroyable, n'est-ce pas ? Et si c'est vrai, alors, je dois agir vite, prendre d'urgence des mesures radicales. Je dois dès maintenant apprendre le français, fuir le Japon, et m'installer en France. Je deviendrais le Jacques Chirac du Japon ! Je ferais d'incessants allers-retours entre Tokyo et Paris, au moins cinquante fois par an pour être rapidement naturalisé Français ! Avec la politique d'immigration du président Sarkozy, ce ne serait certes pas très simple, mais il faudrait tout de même essayer. Et puis, si ça se trouve, je serais devenu père d'un petit Parisien...

Tenez ! Figurez-vous qu'une fois, à Tokyo, alors que je m'apprêtais à pénétrer dans un prestigieux restaurant, on m'a poliment barré l'entrée. On m'a prévenu que quelqu'un de très important y dînait. C'était Jacques Chirac, en visite privée. Un peu comme Eric Clapton ! Lui aussi vient très souvent au Japon, pays qu'il adore, pour s'y changer les idées.

Ces célébrités ont quand même de la chance. Moi, si j'avais une copine à Paris, j'irais tous les six mois passer une semaine en France... Je vous assure que si une Française s'intéresse à moi, je prends l'avion demain matin pour Paris.

Mince, si ma femme lit ça, elle va me tuer !

*

* *

19.

Confidences sur tatami

Depuis la disparition de ma mère, je pense à elle tous les jours. J'entends sa voix. Je prie pour elle chaque matin. Je veux rester fidèle à sa mémoire. Je suis probablement ensorcelé par ma mère. Sa mort m'a beaucoup remué. Quand j'ai réalisé qu'elle était vraiment partie, j'étais sonné, mis au tapis par un coup de poing dans un mauvais match de boxe.

Depuis qu'elle n'est plus là, je ne fais que la chercher. Comme fils, on n'a jamais fini de chercher sa mère lorsque celle-ci n'est plus de ce monde. Et je crois que tout au long de sa vie, l'amour d'un homme pour une femme ne diffère guère de celui qu'un enfant porte à sa mère. Je peux m'attacher à une femme comme j'ai pu m'attacher à ma mère. Et puis un jour, selon une certaine logique des choses, la nature humaine reprend le dessus. On fuit la femme qu'on aime comme on a fui sa mère.

Avec le recul, je crois que tout, ou presque, dans ma vie, découle de mon éducation, de choses élémentaires que ma mère – plus que mon père – m'a enseignées. Elle m'a offert à moi, mes frères et ma sœur, les bases qui nous ont tant aidés, plus tard, à bien réagir et à gérer toutes sortes de situations imprévues. Quitte à vous surprendre, je crois que la réalisation de la plupart de mes films a beaucoup à voir avec le cérémonial familial, au moment des repas dans les souvenirs de mon enfance.

Je vais vous faire une confidence. Un jour, je devais avoir douze ou treize ans, ma mère m'a appris que j'avais un autre grand frère, son premier fils, qu'elle avait eu très jeune, avec son premier mari. Il s'appelait Masaru, comme l'un de mes grands frères. Ma mère m'a dit : « Ton frère était un cas, un sportif, un surdoué. Un jour, à seize ans, il a été emporté par une fièvre foudroyante. »

Au fond, si je n'avais pas connu autant d'expériences aussi amères, je serais devenu un autre homme, sans doute très brillant. Je serais peut-être devenu Premier ministre ! Mais on ne se refait pas. On ne peut pas échapper à son enfance. Je ne peux oublier certains moments très âpres de mon jeune âge. Je ne peux oublier le regard condescendant des nantis sur les moins que rien. Mon père était peintre en bâtiment, issu d'une classe sociale méprisée par la société. J'étais son fils. Mais, j'avais honte, j'étais fatigué de vivre dans la misère. Finalement, tout vous ramène toujours à l'enfance. Je suis persuadé qu'on ne peut pas réussir normalement dans la vie après avoir connu un grand nombre d'échecs ou d'épreuves pénibles.

Le bonheur et les projecteurs

Avoir réussi, cela signifie-t-il gagner de l'argent ? Beaucoup d'argent ? A-t-on réussi parce qu'on est un riche propriétaire immobilier ? Est-ce avoir une vie trépidante ou être célèbre ? A-t-on réussi après avoir fait de grandes études ? Ou parce qu'on est parvenu au sommet de l'échelle sociale ? Non, je ne le crois pas. Je suis indifférent à l'argent. Je n'ai pas de désirs matériels. L'imagination suffit à mes besoins.

Hitler et Pol Pot ont-ils « réussi » parce qu'ils ont accédé au pouvoir et ont réalisé leur dessein ? Faut-il les considérer

– à tort – comme des hommes célèbres ? La lumière des projecteurs, la célébrité de son nom, le pouvoir ne sont pas, heureusement, des symboles de réussite. Pourquoi n'illustreraient-ils pas, au contraire, le pire échec qui soit ? A cause de leur soif arrogante d'exister et de briller plus que les autres. Pour refermer la parenthèse, Pol Pot aura en tout cas « réussi » à étudier à la prestigieuse Sorbonne avant d'être le monstre que l'on sait.

Suis-je aujourd'hui un homme heureux parce que je suis une vedette de la télévision, parce que j'ai les moyens alors que je viens d'un milieu modeste ? Non. L'argent ne m'a jamais intéressé. J'en ai gagné, certes, et j'en possède plus qu'il n'en faut. Mais je n'ai jamais ressenti le désir absolu d'en avoir. Pas plus que je n'ai recherché à tout prix les honneurs. Je suis persuadé que le bonheur n'a rien à voir avec l'argent.

Pour nous autres, Japonais, être heureux signifie d'abord qu'à tout âge et à tout moment, on a quelque chose à faire et qu'on aime faire. Mais en vérité, je ne suis pas assez accoutumé à l'idée du bonheur. J'ai toujours l'esprit négatif. Je suis toujours préparé au pire. Quand je sors avec une fille, je suis d'abord persuadé qu'elle ne viendra pas au rendez-vous. Puis, si elle vient, je pense déjà au fait qu'elle rentrera chez elle juste après le dîner. Je suis un angoissé permanent.

Je vous l'ai déjà dit : avant de vouloir devenir comédien, je rêvais de devenir scientifique, docteur ou explorateur. Comme le commandant Cousteau. Je me voyais plus tard professeur, biologiste ou mathématicien. De ce point de vue, on ne peut pas dire que j'ai réussi ma vie. On pourrait même conclure que ma vie est un échec, puisque je n'ai pas réalisé mon tout premier rêve. Mais j'en ai réalisé un autre qui me tenait aussi à cœur : monter sur les planches. De ce point de vue, je n'ai pas trop honte de moi.

Beaucoup d'étudiants, que je connaissais à l'université, avaient quant à eux rejoint de grandes entreprises avec leurs diplômes en poche. L'un d'eux était entré chez Dentsu[68].

______

68. La première agence de publicité japonaise.

Moi, j'étais loin derrière. Puis je suis devenu comédien. J'ai appartenu à une génération d'étudiants engagés dans des mouvements politiques radicaux, même si je m'y collais surtout pour draguer les filles... Depuis mes années à Asakusa, j'avais vraiment goûté à la subversion. Et depuis, je suis resté fidèle à cette ligne, à « l'envers » du désir de pouvoir. J'ai conservé toute ma capacité critique. Finalement, quelques décennies plus tard, je suis le seul, parmi tous ceux que je connaissais et qui s'estimaient être des avocats du changement social et politique, à faire valoir librement mes idées, mes opinions auprès du grand public, à avoir continué sur une route digne des idéaux de l'époque.

Mais jamais, jamais, je n'aurai le désir d'être politicien. C'est le pire qui pourrait m'arriver. Ou bien alors, peut-être que j'attendrais soixante-quinze ans pour entrer au Parlement ! J'aiderais à faire voter des projets de loi extraordinaires, comme proposer que tous les Japonais de mon âge, de soixante-quinze ans et plus, puissent aller en Afghanistan à la recherche de Ben Laden !

La célébrité

Je ne ressens pas, comme certaines figures du « star system », le syndrome de la célébrité. Je ne suis pas attiré, non plus, par les beaux quartiers de Tokyo ou par l'idée d'aller naturellement à la rencontre du public. Je n'aime pas vraiment ça. M'arrêter tous les dix mètres pour signer des autographes, me montrer, ce n'est pas mon truc. Pour autant, constater que le public m'aime me procure évidemment du plaisir. Je mentirais si j'affirmais le contraire. L'amour du public est platonique. Rien à voir avec ce désir qui éveille les sens. Je crois que si la célébrité me montait un peu trop à la tête, j'en viendrais peut-être à confondre l'amour du public avec des envies sexuelles. Comme le personnage de mon film *Getting any ?*, j'aurais tout le temps envie de faire l'amour. Je tomberais tout le temps amoureux et n'aurais plus toute ma tête, ni le temps de réfléchir et de travailler. Je rentrerais tous les soirs avec des femmes différentes dans ma voiture. Et ma femme me tuerait...

La célébrité, c'est aussi être tout le temps sous pression. Les critiques négatives sur mon travail sont une espèce de taxe qu'on m'impose. D'ailleurs, être célèbre, c'est également payer énormément d'impôts. A ce propos, certaines personnes mal attentionnées croient que je fais de l'évasion fiscale. Pourquoi j'en ferais ? J'aime mon pays. Je suis bien, ici. Je suis fier de payer des impôts au Japon.

Et puis la célébrité, c'est de la vanité ! Avant mon accident, j'étais probablement un homme piégé par sa réussite soudaine et son arrogance. Je jouais à l'artiste. J'avais l'impression de m'être révélé. Depuis un moment déjà, j'exerçais comme comique et *talento*. J'avais bâti une fortune grâce à une image d'homme public, et j'étais bientôt sur le point de posséder ma propre société de production. Depuis des années, je pouvais m'offrir ce que je voulais. Qu'est-ce que je devais être idiot ! Je me disais que j'étais prêt à mourir à n'importe quel moment car j'avais concrétisé mon rêve. Je ne touchais plus le sol. Mon accident m'a fait redescendre sur terre. Mais ça ne m'a pas rendu plus gentil pour autant. Je reste un type absolument imprévisible.

Je suis né dans une famille pauvre. Adolescent, j'avais soif de vivre. J'étais on ne peut plus impatient de « réussir », de grimper en haut de l'échelle. Je voulais avoir de l'argent, m'acheter ce dont j'avais envie après avoir été autant privé. Je voulais devenir célèbre, séduire, être admiré des femmes, déguster des mets rares, conduire de belles voitures... Des années plus tard, quand j'ai eu tout ce que je désirais alors, je me suis dit : « C'est donc ça la vie ? Déployer des efforts immenses pour arriver à ça ? » J'étais sous le choc. Aujourd'hui encore, je ne comprends toujours pas. Je ne sais pas pourquoi je vis.

Par contre, j'ignore ce que veut dire vieillir. Il est hors de question que je prenne un jour ma retraite. Même vieillard, je préférerais continuer à monter sur les planches, même pour un rôle sans importance. En prenant de l'âge, je veux davantage danser et faire des claquettes. Au premier jour de l'année 2008, une chaîne de télévision a diffusé ma prestation de claquettes. Je m'étais préparé depuis des mois !

Libido

J'ai atteint un certain âge. Mais ce n'est pas pour autant que je ne drague plus. Au contraire. Oh, si ma femme lit ce livre ! Peut-être est-ce d'ailleurs pour cette raison qu'elle me fait encore peur. En fait, il me faut en permanence la fuir. Je garde mes distances avec elle, et quelques secrets. Tout en revenant toujours vers elle. C'est ainsi, et c'est ce qui me motive professionnellement. Si je devais dire à ma femme : « C'est fini. Tiens, je te donne l'argent. Adieu ! On se sépare », je crois que ce serait la fin de ma carrière de comédien.

Est-ce parce que je vieillis que j'aime toujours autant les femmes ? Je ne sais pas. En tout cas, j'entends bien demeurer un homme libidineux, au moins psychologiquement – physiquement, on verra si je peux toujours ! Et c'est une autre histoire... C'est Dostoïevski, je crois, qui disait que quand un homme a perdu sa sexualité, il a tout perdu. Il n'a plus la moindre créativité.

Alors, à défaut de perdre ma sexualité, je perds du poids. Dès que j'entame les préparatifs d'un nouveau film, je fonctionne de la même manière. C'est un secret professionnel inspiré de préceptes du zen... Ma règle est immuable : je m'astreins à un régime sévère. Je mange à peine, le minimum. Tenez, je viens par exemple de perdre cinq kilos pour les besoins d'un tournage. Je peux ainsi conserver toute ma tête, mon équilibre, et entrer dans les habits neufs d'un personnage de fiction.

En prenant de l'âge, je ne suis plus le même. Je n'exécute plus certains mouvements aussi facilement que par le passé, je ne fais plus des claquettes comme avant, surtout depuis mon accident. Ces régimes diététiques ne signifient pas pour autant que je fasse attention à mon apparence.

Je ne suis pas beau

Car je me fiche bien de mon apparence. La mode ne m'intéresse pas. Je ne suis pas quelqu'un qui suit les tendances et réfléchit à la façon de s'habiller. Chez moi, j'ai une collection impressionnante de costumes abandonnés dans ma penderie, des habits de grandes marques qu'on m'a offerts. Je ne les porte jamais. C'est trop… Et puis je n'aime pas porter la cravate. Et ne veux pas porter de chemise de couleur. J'aurais trop l'impression de ressembler à Ferdinand Marcos. Dans des cérémonies officielles, je suis souvent décontracté à l'extrême, comme si j'étais en vacances. On m'habille au minimum, mais sobrement. Je porte un costume noir et une chemise blanche ouverte sur le col. Et dans les festivals, c'est encore plus simple si je viens présenter un film de *yakuza* : je suis en complet noir avec une chemise ouverte laissant deviner le torse, comme eux. Je pense être un des cinéastes qui a contribué à médiatiser ce style. Quand je me retrouve en pingouin, à Cannes, je ne suis pas à l'aise. Je sais bien à quoi je ressemble : je ne suis pas beau.

Enfant, j'avais un complexe physique, un sentiment d'infériorité, à cause de mon corps trop frêle, surtout lorsque je faisais du sport. Ce corps m'encombrait. J'étais de petite taille. Et un enfant petit doit fournir davantage d'efforts qu'un grand pour courir. Je me mettais dans des états pas croyables. Je détestais mon corps. J'étais en colère contre moi-même. Dans ma tête, il y avait deux « moi » antinomiques. Je ressentais une certaine injustice. Je prenais conscience que l'égalité n'existe pas, que certains sont plus égaux et favorisés que d'autres… Plus tard, devenu adulte, j'ai moins pensé à mon corps. Je me suis vengé. J'ai fait de la boxe. J'ai pris ma revanche contre mon complexe d'infériorité.

Aujourd'hui, je grimpe dans ma Rolls-Royce en short et en sandales. Et malgré mon niveau de vie, je veux que les gens me regardent comme je suis et me jugent simplement comme quelqu'un qui se désintéresse de son apparence en général. Mais je sais bien comment les gens me regardent. Je sais ce qu'ils pensent de mon étrange allure physique.

Enfin, pour jouir des délices de la vie, il ne faut pas trop attendre des autres, du ciel, de l'Etat et du gouvernement. Il faut déployer des efforts immenses pour s'assurer un minimum de bonheur. Ce n'est certes pas simple, car le chemin est semé d'embûches. Et j'ai appris, avec l'expérience, que la joie vient aussi en donnant : aux pauvres, à des œuvres sociales, voilà ce qui, personnellement, me comble de bonheur. C'est une manière de lutter, à mon niveau, contre les injustices.

L'idée de Dieu

La religion, cela relève de l'esprit, voire de l'extraordinaire. Le matin, quand je pars de chez moi, je prie pour les miens. Je pense à ma mère, à mon père, aux miens, à mon maître, et même à Akira Kurosawa... Mais on ne peut pas dire que je sois vraiment religieux. En fait, au lieu de parler de ma foi, ou de mon absence de foi dans la religion, je préfère parler de l'idée que je me fais de la vie. Je me demande surtout pourquoi on vit ? A quoi ressemble Dieu ? A-t-il un corps ? Une voix ? Une âme ? Ou bien est-il seulement une idée ? Pourquoi faut-il prier Dieu, ou des dieux ? A-t-on vraiment besoin de s'en remettre à Dieu ? Je me pose toujours ce genre de questions. En tout cas, je suis certain que Dieu, que les dieux, ne peuvent rien pour nous. Tenez, prenez deux boxeurs en duel sur un ring. Si durant le combat, l'un d'eux invoque Dieu et lui demande : « Aide-moi à battre ce type ! », il va attendre son aide. Et moins concentré, moins confiant en lui, il va être le premier à finir au tapis. C'est ainsi. On ne peut s'en remettre qu'à soi-même. La clé de tout est en soi. La clé, c'est soi-même. Si Dieu existe, tant mieux pour lui. Qu'il nous laisse au moins la liberté d'être maîtres de nos actions.

La religion japonaise est millénaire et ressemble, par certains aspects, à la mythologie grecque, c'est le cas notamment du shintoïsme. Mes dieux sont des dieux de seconde classe... Je ne suis pas bouddhiste mais je respecte certains préceptes du bouddhisme : ils disent notamment que moins on mange et moins on tue d'animaux pour se nourrir ; plus on touche à la pureté, plus on s'approche du divin. Pour bien vivre, il faut bien se nourrir. Certes. Il y a quelques années, une milliardaire japonaise, Sonoko Suzuki, a été à l'origine, dans notre pays, du « boom diététique ». Pour garder la ligne, elle se nourrissait peu, faisait l'éloge des repas secs. Finalement, elle est morte, assez jeune... Je préfère me nourrir comme il faut, les repas sont des moments forts – peut-être en raison de mon enfance, quand la faim me tiraillait l'estomac. Je prends tout mon temps pour manger. Comme si mon être communiait avec mon âme. Manger est un rite. On se remplit l'estomac comme on se nourrit l'esprit.

Ces dernières années, je me pose aussi beaucoup de questions sur le fanatisme et le recours effrayant, devenu quasi systématique, au terrorisme. Les musulmans intégristes commettent une erreur fondamentale lorsqu'ils tuent des innocents au nom de Dieu, du Coran, ou du prophète Mahomet. Ils croient ouvrir la porte du paradis, mais aucun d'eux n'est encore revenu de l'enfer où ils se sont invités.

Au fur et à mesure que le temps passe et que je prends de l'âge, je me demande surtout comment bien mourir. Après ma disparition, je ne voudrais surtout pas être réincarné et revenir sur cette terre, ce serait une punition. L'homme occidental se demande toute sa vie comment bien vivre, alors que le bouddhiste, en Asie, se demande toute sa vie comment marcher droit et être honnête afin de bien mourir et ne pas être réincarné. En tout cas, si cela devait m'arriver, j'aimerais que ce soit pour vivre comme un mathématicien qui tente de résoudre les mystères les plus insolubles.

La mort dans l'âme

De mon vivant, la mort m'intéresse. Non pas l'acte de mourir en tant que tel, pas le moment du trépas, mais la mort comme signification. On comprend ce qu'est la vie et ce qu'elle représente dès lors qu'on a cerné le sens de la mort.

Je condamne fermement le suicide que certains estiment très lié à la philosophie japonaise, comme a pu le faire Yukio Mishima avec son *seppuku*[69], pour des raisons politiques et parce que son corps n'était plus en adéquation avec son esprit. Mais personnellement, j'y suis opposé. Mishima pratiquait le body-building et la boxe. Il voulait avoir un corps en acier et ne supportait pas de voir le Japon s'occidentaliser à ce point. Cela ne l'a pas empêché de se faire *seppuku* dans son fameux costume dessiné par Pierre Cardin ! Nous autres, Japonais, formons vraiment un peuple d'extrémistes. Quand ce n'est pas à la vie, c'est à la mort !

Enfin, je suis opposé au suicide jusqu'à un certain point. Si je devais être de nouveau malade, je ne me précipiterais pas chez le médecin. Il faudrait qu'on me porte. L'idéal serait que je tombe inconscient et que j'ouvre les yeux directement sur un lit d'hôpital. Ce qui me tue, en vérité, c'est l'effort qu'il y aurait à fournir pour s'y rendre...

J'ai besoin d'une raison de vivre. Je ne sais pas trop comment ni dans quelle direction, mais qu'importe, je veux encore aller de l'avant, réaliser d'autres films. Et je compte bien en faire jusqu'à ce que les Italiens, mes plus grands fans, me détestent. En principe, lorsqu'un artiste devient populaire, son rêve est de le rester. Moi, je pense que les artistes doivent être libres, quitte à être rejetés et à créer des œuvres impopu-

---

69. Suicide par incision du ventre, éventration.

laires, ne reflétant pas forcément les « standards » esthétiques du monde contemporain.

Pour moi, créer des histoires et puis les porter à l'écran, reste un moyen de réaliser certaines choses qu'il m'est impossible de faire dans la vie. Parfois, j'ai même l'impression que la vie réelle n'est pas la « vraie » vie. Le cinéma permet de goûter à ce sentiment rassurant d'éternité...

Finalement, je crois qu'il était préférable que je n'entre pas chez Honda. Je n'aurais jamais pu être salarié, travailler normalement, comme tout le monde. Devenir un salaryman-robot. Certes, être artiste n'est pas toujours confortable. Mais faire rire les autres – d'ailleurs une façon originale de s'auto-détruire – est une nécessité. C'est seulement lorsque je peux divertir que je suis en possession de tous mes moyens. En entrant au « Théâtre Français » d'Asakusa, à vingt-cinq ans, j'avais déjà compris que le comique a une place unique dans la société. Il peut dire tout ce qu'il pense sur un mode ridicule.

Quand je n'allais pas bien, en 1988, je pensais que si j'avais une arme, je me tirerais une balle dans la tête. J'étais prêt à sauter sous un train ou un métro. J'ai commencé à penser à la mort quand j'étais à l'école élémentaire. Parce qu'autour de moi, des proches mouraient. Quand j'étais en classe de sixième, un de mes copains est passé sous un camion, sous mes yeux, alors que nous jouions ensemble au base-ball. Plus tard, au collège, un autre copain est mort d'une leucémie. J'ai été traumatisé par l'idée que la mort puisse supprimer un être vivant aussi brutalement. J'ai conservé cette peur de la mort subite jusqu'à ce que je devienne comédien de *manzaï*. Plus tard, devenu célèbre, je ne voulais carrément plus mourir. Je refusais radicalement l'idée qu'un jour, je puisse disparaître. Penser qu'une personnalité puisse mourir m'était devenu insupportable. C'était n'importe quoi ! Mais c'est ainsi que je voyais les choses. Aujourd'hui, la mort m'est plus familière et me déprime moins. Y penser avec lucidité permet peut-être de vivre un peu plus longtemps. Ce que les Japonais admirent le plus dans les cerisiers en fleur, ce n'est pas seulement leur beauté, c'est aussi l'idée que cette beauté est éphémère. Ils savent pertinemment que le spectacle qu'ils admirent va disparaître. Ils n'oublient jamais que ces fleurs écloses vont faner, tomber, se métamorphoser. De même, les feuilles d'érable au plus beau de l'automne rougissent lorsqu'elles approchent de leur fin. Au Japon, nous rêvons d'éphémère et aimons divaguer autour de je ne sais quel non-sens des choses.

Comme la nature, l'art nous enseigne que rien n'est définitif. Dans l'atelier où je peins, à côté du bureau où j'aime lire et travailler, j'ai installé une photo de ma mère, âgée. J'allume régulièrement des bâtons d'encens et je prie pour elle et le repos de son âme. Dans la tradition bouddhiste, il y a une place réservée chez soi à l'autel des morts. On dépose dessus, sur le côté, des fleurs, des fruits, de la nourriture, qu'on offre à un parent défunt. Ma chère mère me regarde tous les jours. Elle doit se dire : « Quel drôle de fils j'ai mis au monde ! »

Parfois, j'ai comme l'impression d'être né accidentellement après-guerre, dans les quartiers populaires de Tokyo, alors que j'aurais dû vivre pendant l'époque d'Edo, au XVIIe siècle. J'aurais peut-être construit des maisons en bois. Aujourd'hui, je ne comprends toujours pas pourquoi je travaille à la télévision et fais du cinéma. Je fais de drôles de choses en tant que comédien, sans être même sûr d'en être un. Je ne suis pas un artiste tel qu'on l'entend, et pas davantage un cinéaste. Si ma vie avait normalement suivi son cours, je serais devenu ingénieur en mécanique. Ou bien, si Honda n'avait pas voulu de moi, biologiste marin et explorateur. Le sort en a décidé autrement. Je n'ai pas poursuivi mes études à l'université Meiji. En plus, mon attitude rebelle et ma nature impatiente n'arrangeaient rien.

Et je suis là, en ce début de XXIe siècle, finalement, à bien m'amuser, à réaliser des films, à faire l'animateur sur des plateaux de télévision. Ce devait être ma destinée, mon karma. Jamais, je n'aurais cru cela possible quand je traînais mes guêtres dans les ruelles d'Asakusa.

Au fond, je crois être un peu narcissique. Je m'intéresse d'abord à moi. Je veux voir où va Takeshi. Ce qu'il peut encore faire. Je m'imagine comme un saumon mâle qui se débat vigoureusement dans la rivière à l'arrivée du printemps. Je travaille à la télévision depuis si longtemps. J'en ai vu de toutes les couleurs. Et ce n'est pas fini… Si je pouvais continuer, encore longtemps, je serais le plus heureux des hommes.

Certains jugeront peut-être que je suis au sommet. Alors que moi, j'ai surtout l'impression de cumuler les échecs au cinéma et de commettre un crime à chaque fois que je me compromets dans des jeux télévisés. Mais faire de l'humour, même trash, est encore le seul moyen que j'ai trouvé dans mon pays pour rester libre.

Quand je pense à mon accident, à mon réveil à l'hôpital, et à toutes ces années depuis, je me demande pourquoi j'ai survécu. Je me dis qu'il aurait mieux valu que je meure. Peut-être Dieu ne voulait-il pas de moi ou souhaitait-il me punir parce que je n'ai pas vécu correctement et ne suis pas encore digne de rejoindre l'au-delà. Je dois donc continuer à vivre et marcher le plus droit possible. Certes, encore aujourd'hui, j'ai l'impression d'avoir cette longue série de rêves que je faisais sur mon lit d'hôpital, après mon accident. Et c'est un peu comme si tout, autour de moi, n'était qu'un rêve. Peut-être vais-je finir par me réveiller ?

Dans ce monde bizarre dans lequel nous vivons, j'ignore si je suis en enfer ou au paradis. N'ayant pas une minute à moi dès que j'ouvre l'œil chaque matin, prisonnier dès l'aube de nombreuses contraintes, sans doute suis-je déjà en enfer ?

Finalement, je crois être un homme bien étrange. Certains de mes compatriotes pensent que je suis un extra-terrestre. D'autres affirment que je réfléchis à l'envers. C'est sûrement vrai. Mais pour tout vous dire, je suis avant tout un Japonais comme un autre.

FIN

GLOSSAIRE
(Lexique de termes et noms communs et propres japonais,
par ordre alphabétique)

Aidoru : littéralement « idole », prononcé à l'anglaise. Produit télévisuel à mi-chemin entre la jeune *model*, vedette poussant la chansonnette en play-back et l'égérie de spots publicitaires.

Anime : les dessins animés japonais. L'animation japonaise se porte à merveille, grâce, notamment, aux œuvres du studio Ghibli du « maître » Hayao Miyazaki, ou encore de Hiroyuki Kitakubo, Mamoru Oshii, Yoshiaki Kawajiri, Satoshi Kon et autres figures. Les anime représentent chaque année près de trente à quarante pour cent des recettes totales du cinéma dans l'archipel et près de la moitié des grands succès du box-office nippon (entrées et dvd) à l'étranger.

Arubaito : de l'allemand *arbeit* (travail), ce terme désigne le « petit boulot ». Plusieurs millions de Japonais choisissent de cumuler des *arubaito* pour subvenir à leurs besoins. Beaucoup s'enorgueillissent de leur statut de *furita* (ou *freeter*, néologisme composé à partir des termes *free* et *arbeiter*).

Asahi Shimbun : lancé à Osaka en 1879, et à Tokyo en 1888, le second quotidien japonais, libéral et centre-gauche, est imprimé à 11,9 millions d'exemplaires selon l'Association mondiale des journaux (WAN). Le quotidien est à la tête d'un empire médiatique. Il publie le plus vieil hebdomadaire japonais, le *Shukan Asahi* (établi en 1922). Le quotidien a des liens anciens avec les agences AP (Associated Press), Reuters, Tass, AFP (Agence France Presse) et les journaux *The New York Times* et *The Times.*

Asakusa : ce quartier situé à l'est de l'arrondissement Taito, sur la rive gauche de la rivière Sumidagawa, s'est développé à l'époque d'Edo (1600-1868) autour du temple Sensoji (ou Asakusa Kannon) en tant que lieu commercial et de loisirs, près de l'ancien quartier de Yoshiwara.

Asano Tadanobu : né en 1973, cet acteur de talent, révélé dans *Maboroshi* de Hirokazu Kore-eda, qui tient l'un des premiers rôles dans *Zatoïchi* de Takeshi Kitano et dans *Gohatto (Tabou)* de Nagisa Oshima, est considéré comme l'un des meilleurs acteurs de sa génération.

Bulle : la « bulle » spéculative, financière et immobilière, des années 80, au Japon, a vu la valeur des terrains, au cœur des grandes villes, être multipliée par plus de mille !

Bunraku : théâtre professionnel de marionnettes (ou poupées, *ningyo*). Comme le kabuki, le *bunraku* est un art théâtral apparu en ville durant la période Edo (1600-1868), probablement en 1872, au théâtre de la troupe Bunraku-za d'Osaka, appartenant à l'auteur Bunrakuken Uemura (mort en 1910). Les sentiments sont transmis aux spectateurs par la gestuelle et les mimiques des marionnettistes, ainsi que par la déclamation du texte et la musique interprétée au *shamisen.*

Buraku : littéralement « le peuple des hameaux ». Ceux qu'on appelle les *burakumin*, estimés à trois à quatre millions dans l'archipel, continuent de subir (depuis le XVIᵉ siècle) vexations et discriminations diverses, malgré l'adoption de plusieurs lois, depuis la fin des années 60, censées améliorer leur intégration.

Bushido : littéralement, la « voie du bushi », c'est-à-dire du guerrier. L'esprit du *bushido* est caractérisé par une loyauté viscérale et une fidélité absolue au suzerain. L'ordre des *bushi*, constitué à la fois des principaux feudataires (*daimyo*) et de la petite aristocratie militaire des samouraïs, fut longtemps l'une des deux classes détenant le pouvoir au Japon, aux côtés des financiers, commerçants et bourgeois (les *chonin*).

Chambara : film de samouraïs marqué par de nombreux combats au sabre.

Dentsu : la première agence de publicité japonaise, rivale de l'autre géant publicitaire Hakuhodo.

Edokko : littéralement « l'enfant d'Edo », l'habitant de souche des quartiers populaires de Tokyo.

Eiga : « film ». Depuis une dizaine d'années, l'industrie du cinéma japonais a tenté, non sans succès, de sortir d'une crise profonde (même s'il est loin encore du succès international de ses homologues chinois et coréen) grâce aux films de Takashi Miike, Naomi Kawase, Hideo Nakata, Kiyoshi Kurosawa, Hirokazu Kore-eda, parmi d'autres. Davantage d'œuvres indépendantes sont mieux distribuées au Japon et à l'étranger. Mais les temps demeurent très durs pour de jeunes cinéastes à la fois peu entourés et peu soutenus financièrement. Si la crise n'est pas terminée, on perçoit cependant des lueurs d'espoir. Les sociétés de production américaines ou d'Europe multiplient les achats de films japonais. Et les sociétés japonaises recommencent, quant à elles, à investir en force dans l'industrie du cinéma. Le gouvernement japonais fait de son côté davantage d'efforts depuis quelques années. L'Agence des Affaires Culturelles a inauguré en 2002 un « Conseil pour la promotion des films » qui met en œuvre des systèmes de cofinancement sur le modèle français.

Fuji TV : la première chaîne commerciale du Japon a été fondée en 1957 et est célèbre pour le bâtiment futuriste de son siège, œuvre de l'architecte Kenzo Tange, sis dans la baie de Tokyo. Entre 1984 et 1997, en matière d'informations télévisées, Fuji TV a imposé sa loi au paysage audiovisuel japonais avec une émission très populaire, *FNN Supertime*. La chaîne diffuse un grand nombre d'émissions de variétés, de jeu et de détente, auxquelles prennent part les célébrités du pays. Fuji TV appartient au puissant groupe Fuji-Sankei, propriétaire du journal Sankei Shimbun, du réseau Nippon Broadcasting System (NBS) et de l'équipe de base-ball Yakult Swallows.

Fukasaku, Kinji (1930-2003) : réalisateur de grand talent, au style occidental, adulé par Takeshi Kitano, Kinji Fukasaku a fait ses débuts au cinéma à vingt-trois ans, au sein des studios Tœi. Il s'est fait remarquer avec son premier long métrage, en 1961, *Du Rififi chez les truands*, inspiré de films d'Henri Verneuil. *Combat sans code d'honneur* (1973), *La Vengeance du samouraï* (1987), et *Battle royale 1 et 2* (2000 et 2003) comptent parmi ses films les plus connus.

Furansu-za : le « Théâtre Français » (ou « Cabaret Français »), petit théâtre de sketchs comiques du quartier d'Asakusa où Takeshi Kitano a fait ses armes dans le monde du spectacle et ses débuts sur les planches, à vingt-cinq ans.

Furo : le bain japonais.

Gagaku : musique traditionnelle de la cour impériale. Le *gagaku* réunit trois registres musicaux : le *togaku* (qui serait un legs de la dynastie chinoise de Tang, 618-907), le *komagaku* (qui aurait été introduit depuis l'ancienne Corée) et plusieurs formes de musiques natives du Japon associées à des rites de la religion shinto.

Gaijin (gaikokujin) : littéralement « personne d'un pays extérieur ». Les étrangers sont relativement peu présents au Japon, le pays en recensait 2,2 millions fin 2008 (1,7 % de la population totale). Les Chinois sont les plus nombreux (655 000), suivis des Coréens (589 000), des Brésiliens (313 000), des Philippins (211 000) et des Péruviens (60 000). Le terme *hakujin* désigne plus spécifiquement les étrangers « blancs ». Dans un livre d'entretiens avec André Siganos et Philippe Forest, le prix Nobel de littérature, Kenzaburo Oé, estime qu'« il nous faut [au Japon] être indépendants pour construire la démocratie et il nous faut construire des liens individuels avec les étrangers pour parvenir à travailler ensemble avec eux ».

Gendai-geki : film dont les faits historiques sont fondés sur des événements contemporains.

Geta : socques de bois.

Hakama : pantalon large.

Hakuhodo : une des toutes premières agences de publicité japonaises.

Hanami : pique-nique à l'occasion de la célébration de la floraison des cerisiers aux prémices du printemps (fin mars et début avril). Durant une dizaine de jours, la pratique cimente une vraie sensibilité à l'égard de la nature entre les Japonais.

Hikikomori : terme qui désigne, dans l'archipel, une pathologie psychosociale touchant des préadolescents, adolescents et jeunes adultes, de sexe masculin majoritairement, vivant cloîtrés chez leurs parents, le plus souvent dans leur chambre, durant des semaines, voire de longs mois. Ils sont estimés à 1 million.

Hisaishi, Joe : né en 1950 à Nagano, cet auteur, compositeur et pianiste, a collaboré avec Hayao Miyazaki autour d'œuvres come *Le Château dans le ciel*, *Mon voisin Totoro*, et avec Takeshi Kitano pour les musiques des films *Sonatine*, *Hana-bi* et *L'Été de Kikujiro*.

Ijime : littéralement, il s'agit des « brimades » dont sont victimes certains écoliers par d'autres enfants. Le problème constitue un fléau. Dans l'archipel, des collégiens préfèrent parfois se donner la mort pour échapper aux vexations et persécutions psychologiques de leurs petits camarades.

Imamura, Shohei (1926-2006) : réalisateur et scénariste, cet ancien assistant d'Ozu sur trois tournages (dont *Voyage à Tokyo*), a réalisé quelques-uns des films japonais les plus remarqués depuis trente ans dont *La Ballade de Narayama* (1983, Palme d'or à Cannes), *Pluie noire*, *L'Anguille* (1997, Palme d'or à Cannes).

Inoue, Takashi : le P-DG du groupe japonais Next, et ami de Takeshi Kitano, épaule les projets humanitaires du réalisateur en Afrique, en particulier au Bénin.

Jidai-geki : film dont les faits historiques sont antérieurs au XXe siècle.

Jigai : version féminine du *seppuku*. Suicide féminin ancestral et ritualisé par lequel une femme se coupe la carotide.

Kadokawa Pictures : l'un des grands noms de l'industrie cinématographique au Japon. Kadokawa Pictures a financé un grand nombre de films d'horreur indépendants japonais qui ont aidé à lancer nombre de cinéastes, comme Kiyoshi Kurosawa. Kadokawa Pictures a racheté les fameux studios Daiei Production, le distributeur Nippon Herald et même pris une participation dans les studios hollywoodiens Dreamworks SKG.

Kagura : les danses shinto du *kagura* remonteraient au IIIe ou IVe siècle, et représentent sur terre les actions des divinités et des esprits (*kami*) et les devoirs des humains envers ces mêmes *kami*. Le répertoire du *kagura* est d'une grande richesse et est vu comme moyen de communiquer avec les esprits.

Kaiju eiga : prisés dans les années 1950, 60, 70 et 80, ces films mettaient en scène des monstres hantant l'imaginaire collectif et associés parfois à des mythes. Le plus représentatif du genre reste le célèbre dinosaure *Godzilla*, créé en 1954 et adapté par Hollywood à la fin des années 90.

Kakemono : rouleau sur lequel figure en général un poème, un paysage peint ou une calligraphie.

Kami : divinité du panthéon shintoïste.

Kaneko, Jiro : dit « Beat Kiyoshi », humoriste avec qui Takeshi Kitano a formé le duo des « Two Beat ». Les deux hommes ont connu un immense succès dans les salles de spectacles de Tokyo. Un producteur de la NHK les a lancés en 1974 sur le petit écran en leur confiant l'animation d'un talk-show. Le duo fera des étincelles jusqu'au début des années 80.

Kanji : idéogrammes d'origine chinoise toujours utilisés en Chine, en Corée et au Japon. Chaque caractère chinois symbolise par son esthétique graphique une idée singulière et par extension une phonétique associée à cette idée.

Karoshi : la « mort par excès de travail » touche plusieurs milliers d'actifs par an au Japon. Parmi les quelque trente mille suicides recensés chaque année, des milliers sont d'origine professionnelle, résultant d'une faillite, d'un surmenage, de pressions financières ou psychologiques sur le lieu de travail.

Katsu, Shintaro (1931-1997) : acteur, réalisateur, producteur et scénariste, grande figure du chambara, et star des 26 épisodes, entre 1962 et 1973, de la saga *Zatoïchi*.

Kawase, Naomi : réalisatrice née en 1969 à Nara, connue pour ses fictions et pour ses films documentaires, primée deux fois au Festival de Cannes. Elle est aujourd'hui l'une des rares femmes cinéastes à avoir percé. Son cinéma est à la fois intime, expérimental, réaliste et hypersensible. Son film *Shara* a marqué les esprits. Elle a remporté en 2008 le Grand Prix au Festival de Cannes pour la *Forêt de Mogari*.

Keigo : langage honorifique, formel et poli. Dans son sens littéral, *keigo* signifie « termes du respect ».

Keitai : téléphone portable. Le Japon possède le taux de pénétration de *keitai* le plus important au monde par habitant. Près de 100 millions de *keitai* sont en circulation pour un peu plus de 127 millions d'habitants.

Kenpo : la Constitution, entrée en vigueur en mai 1947, est au cœur du débat politique et de nombreuses polémiques, portant essentiellement sur l'interprétation de son fameux article 9 qui ôte au Japon tout « droit à la guerre ».

Kitano, Shoko : fille de Takeshi Kitano, née en 1982. Actrice, chanteuse, elle joue notamment dans le film *Hana-bi*.

Koan (du chinois *kung an*) : dans la plupart des écoles zen, problème ou énoncé insoluble, paradoxal, énigmatique, ou exposé grotesque.

Korei shakai : littéralement « le vieillissement de la société ».

Kurosawa, Akira (1910-1998) : réalisateur entre autres grands films de *Rashomon* des *Sept samouraïs*, de *Kagemusha*, de *Ran*, de *Rêves*, il reste le monstre sacré du cinéma japonais, le cinéaste le plus couronné dans l'histoire de l'archipel, et l'idole de Takeshi Kitano.

Kurosawa, Kiyoshi : ce réalisateur (sans lien de parenté avec Akira Kurosawa) né en 1956, a entraîné dans les années 90 le cinéma japonais vers les zones les plus angoissantes du film d'effroi. *Cure*, sur un tueur en série, *Charisma*, un film policier anxiogène, ou *Kairo*, sur les limites d'internet, l'ont imposé comme l'un des nouveaux maîtres du cinéma fantastique.

Kyogen : cet art théâtral, indépendant, est plus léger et direct que le *nô*, plus strict et rigoureux. C'est un spectacle comique riche de deux cent cinquante pièces. Dès l'époque Edo, il était joué entre les actes du *nô* afin de détendre le spectateur.

Mainichi Shimbun : quotidien fondé en 1872 et classé à gauche, le *Mainichi*, plus vieux quotidien de l'archipel (il fut le premier au monde à distribuer ses exemplaires en faisant du porte à porte), est imprimé chaque jour à 4,7 millions d'exemplaires selon l'Association mondiale des journaux (WAN).

Manga : les bandes dessinées japonaises sont aujourd'hui le meilleur outil diplomatique du pays. C'est en effet le produit culturel du « cool Japan » qui s'exporte le mieux au monde. Au Japon, entre les BD et les revues, ce sont des milliards d'exemplaires qui sont imprimés chaque année. Les premières versions du genre seraient apparues à l'époque Heian (794-1185). Un des pères du manga moderne reste le dessinateur Osamu Tezuka, créateur du fameux enfant-robot Astro Boy.

Manzai : dialogue comique dit sur scène par deux comédiens, qui serait apparu durant la période Nara (710-794) avant de se répandre dans l'ensemble de l'archipel à l'ère Edo (1600-1868). Cet art a rapidement connu son apogée au début du XXe siècle à Osaka, et bientôt dans les théâtres populaires de Tokyo. Il demeure prisé, jusqu'aujourd'hui, grâce au petit écran qui lui consacre de nombreuses émissions.

Masukomi : néologisme qui désigne les médias de communications de masse.

Masuzoe, Yoichi : né en 1948 à Yahata (Kyushu), ce spécialiste en sciences politiques, universitaire, écrivain, figure familière du grand public et des plateaux de télé (dont ceux de Takeshi Kitano), est devenu homme politique au sein du Parti libéral-démocrate (PLD, Jiminto) et a été élu au Parlement en 2001. Il a été ministre de la Santé, du Travail et des Affaires sociales entre 2007 et 2009.

Matsumoto, Leiji : né à Fukuoka en 1933, ce mythique auteur de mangas est célébré pour ses talents artistiques et visionnaires, ainsi que pour son registre graphique très particulier qui le rend inclassable. Il s'est fait connaître grâce à un titre de science-fiction clé, *Sexaroid* (1968). Puis, ce fut la consécration avec *Otoko oidon* (1973), *Space cruiser Yamato* (1974), *Galaxy express 999* (1977) et encore *Captain Harlock* (1978) dit Albator, qui a pérennisé sa popularité à l'étranger. En 2003, il a collaboré avec le duo électro Daft Punk autour d'un *anime*, *Interstella 5555 : The Story of the Secret Star System*.

Miike, Takashi : né en 1960, cet ancien assistant réalisateur de Shohei Imamura, très créatif, est connu pour filmer vite et bien, avec peu de moyens. Il a été révélé avec son film *Les affranchis de Shinjuku* (1995) et est le plus J-pop des cinéastes japonais. Son film *Zebraman*, sans doute son cinquantième, a été jugé comme le plus mature de son œuvre.

Mifune, Toshiro (1920-1997) : né à Tsingtao en Chine, il fut l'acteur et le héros fétiche de maints chefs-d'œuvre de Akira Kurosawa. Il brille dans *L'Ange ivre* (1948), *Rashomon* (1950), *Les sept samouraïs* (1954). Il est apparu dans plus d'une centaine de films au total, dont *Le Samouraï et le shogun* de Kenji Fukasaku.

Misumi Kinji : né en 1921 à Kyoto (de l'union entre un commerçant et une geisha), ce cinéaste eut une vie tourmentée. Enrôlé dans la Seconde Guerre mondiale, il fut déporté en Russie, avant de réussir à regagner son pays après guerre. Il fut l'assistant réalisateur de Teinosuke Kinugasa sur le film *La Porte de l'enfer* (Palme d'or à Cannes en 1954). On lui doit la première saga, en 26 épisodes, de *Zatoïchi*.

Miyazaki, Hayao : né en 1941 à Tokyo, le « Walt Disney japonais », comme on le surnomme à tort parfois, cofondateur des fameux studios Ghibli en 1985, est l'un des très grands maîtres de l'*anime* contemporain. Parmi ses chefs-d'œuvre figurent *Le Château dans le ciel* (1986), *Mon voisin Totoro* (1988), *Porco Rosso* (1992), *Princesse Mononoke* (1997), *Le Voyage de Chihiro* (2001), *Le Château ambulant* (2003)...

Mizoguchi, Kenji (1898-1956) : l'un des plus grands cinéastes japonais, au même titre qu'Ozu et Kurosawa, Mizoguchi a fait ses débuts en 1923, à vingt-cinq ans, avec le film *Le Jour où revit l'amour*. Il brillera encore avec *Les Contes de la lune vague après la pluie* (1953) ou avec *La Rue de la honte* (1956).

Mori, Masayuki : président et cofondateur (en 1988) de l'Office Kitano, ami de trente ans, associé et partenaire de Takeshi Kitano, producteur, coproducteur et distributeur dans une soixantaine de pays des films du cinéaste.

Murakami, Takashi : né en 1962, l'artiste Takeshi Murakami est l'un des chefs de file du pop-art nippon actuel.

Nakata, Hideo : né en 1961 à Okayama, Hideo Nakata a fait ses débuts dans l'industrie au cinéma au sein de la fameuse maison de production Nikkatsu. Au fil des années, il développera un style très personnel, mêlant gore, fantasque, fantastique et horreur. En 1998, son adaptation de *Ring*, d'après l'œuvre de Koji Suzuki, l'a révélé au Japon et à l'étranger. Après plusieurs échecs, il a connu un nouveau succès mondial, en 2003, avec le film *Dark water*.

NHK : les prémices de la chaîne publique de radio-télévision NHK (Nihon Hoso Kyokai) remontent à 1925, mais la chaîne NHK a commencé a diffuser en février 1953. Aujourd'hui, la chaîne publique, dotée d'un budget annuel d'environ 5 milliards d'euros approuvé par le Parlement, gère 54 stations à travers le pays. La NHK coiffe plusieurs chaînes : la NHK 1, la « une » (généraliste, qui diffuse 20 heures sur 24), la NHK 3, la « trois » (éducative et culturelle, apparue en 1959), et trois autres chaînes par satellite : BS1 (chaîne d'information et de sport), BS2 (de culture et de divertissement) et BS-HI (qui diffuse en haute définition). Quant à la filiale NHK Enterprises, véritable banque d'images et d'archives, elle produit 8 000 programmes par an. Autre filiale du groupe, JIB TV gère la première chaîne d'information continue japonaise, laquelle diffuse en anglais 24 heures sur 24.

Nihon Keizai Shimbun (ou Nikkei) : le troisième quotidien japonais, et premier journal économique du pays, est imprimé chaque jour à 4,7 millions d'exemplaires selon l'Association mondiale des journaux (WAN). Bien que sa couverture de la vie politique soit jugée en général assez conservatrice, c'est un journal réputé plutôt centriste. Son origine remonte au lancement du Chugai Bukka Shinpo en 1876. Il prit son appellation actuelle en 1946.

Nikkatsu : cette légendaire société de production fondée en 1912, productrice dans les années 1970 et 1980 de nombreux *roman porno* (films pseudo-érotiques et romantiques), fut à l'origine du premier studio de cinéma au Japon. Elle a été cédée en 2005 à Index Holdings, un cartel de l'industrie multimédia.

Nippon Television : cette grande chaîne privée a commencé à diffuser en 1953 et fut la première, en 1978, à permettre aux téléspectateurs de suivre certains programmes en japonais et/ou en anglais. Son premier investisseur est le quotidien Yomiuri Shimbun, depuis son rachat des parts détenues par les journaux Mainichi et Asahi. NTV est affiliée à l'équipe de base-ball professionnelle Yomiuri Giants.

No (*nô*) : art théâtral dramatique, art scénique au « carrefour des songes » destiné à l'origine à l'aristocratie et dédié aux dieux et divinités, le *nô* met en scène deux personnages principaux, le *shite* et le *waki*. Le premier rôle, le *shite* est celui qui chante et danse, et catalyse l'attention du public. Le *waki*, quant à lui, qui n'est pas masqué, interroge le *shite*, il l'écoute et provoque ses pas de danse. Le répertoire du *nô*, très riche, compte quelque deux cent quarante pièces. Il est caractérisé par une gestuelle lente, une musique stridente, qui accompagnent un texte déclamé sur un ton quelque peu monocorde. Le *nô* connaît depuis quelques années un nouvel engouement parmi les Japonais.

Oshima, Nagisa : né en 1932 à Kyoto, il est le réalisateur qui a véritablement lancé Takeshi Kitano au grand écran. Il a appris le cinéma au sein de la célèbre maison de production Shochiku, dans les années 50. Celle-ci le licencia sans vergogne en 1961 pour cause d'œuvre trop engagée et polémique, *Nuit et Brouillard au Japon*, film qui lui valut de se mettre à dos une partie de la classe politique. Oshima n'a jamais été déstabilisé et, au contraire, a continué de cultiver un style propre, qui éclate dans ses succès, *Les Plaisirs de la chair* (1965), *L'Empire des sens* (1976), *L'Empire de la passion* (1978), *Furyo* (1983), *Max mon amour* (1986), *Tabou* (1999).

Otaku : le terme *otaku* désigne littéralement le « chez-soi ». Il fut longtemps utilisé, surtout dans les années 1970, pour caractériser les fans du cinéma d'animation et de science-fiction japonais. Le mouvement *otaku* s'est amplifié dans les années 80 et 90 en réaction à une société perçue comme trop normative, avec comme vecteurs les produits de la pop-culture nippone : *anime*, manga, phénomène *aidoru* (jeunes idoles féminines), mascottes du « cool Japan » et jeux vidéo.

Ozu, Yasujiro (1903-1963) : cinéaste intimiste mort trop jeune, à soixante ans, alors que ses films perçaient enfin dans son pays et à l'étranger, au gré, notamment, d'une rare créativité : treize films tournés en quatorze ans (entre 1949 et 1963) dont les célèbres *Fleur d'équinoxe* et *Voyage à Tokyo* (1953).

Pink-eiga : film érotique des années 1960-1970, nommé plus tard *roman porno* au sein de la grande maison de production Nikkatsu.

Rakugo : littéralement « histoire courte ». Le *rakugo* est un vieil art narratif (remontant au XVIᵉ siècle), qui consiste en la déclamation, par des conteurs traditionnels (les *rakugoka*), de brèves histoires humoristiques ou satiriques, que le public vient voir et écouter dans de petits théâtres appelés *yose* (il y en aurait moins de dix aujourd'hui à Tokyo). Après guerre, le *rakugo* a connu son apogée jusqu'à la fin des années 60, avant d'être moins prisé du grand public. Le style se perpétue tant bien que mal grâce à la télévision.

Risutora : restructuration, le terme choc qui a dominé le discours économique au Japon dans les années 90 et au début des années 2 000. L'une des plus connues est celle accomplie par Carlos Ghosn à la tête du géant Nissan allié au constructeur Renault.

Ronin : nom donné autrefois aux samouraïs rebelles, sans maîtres, en quête de contrats leur permettant de survivre et gagner un peu d'argent. Certains étaient en quelque sorte des tueurs à gages.

Ryotei : restaurant japonais assez ou très luxueux, parfois réservé à ses membres.

Sankei Shimbun : fondé en 1933, le sixième quotidien japonais, ex-*Nihon Kogyo Shimbun*, jugé très conservateur, imprime quelque 2,7 millions d'exemplaires chaque jour selon l'Association mondiale des journaux (WAN). Il appartient au groupe Fujisankei, possédé par Fuji TV, tout comme le quotidien sportif *Sankei Sports*, imprimé à 820 000 exemplaires.

Sento : bain public traditionnel. Au Japon, le *furo* (bain) est objet de toutes les attentions, une obsession qui trouverait son origine dans certains préceptes de pureté du culte shinto. Les coutumes du *sento* – comme celles du *onsen* (sources thermales) – se perpétuent depuis des siècles et contribuent à nouer et souder les liens sociaux. Nombre de Tokyoïtes fréquentent encore le *sento* le plus proche, où voisins, amis, parents, vont se retrouver, souvent vêtus d'un *yukata* (léger kimono de coton), *geta* (socques de bois) aux pieds.

Seppuku : suicide rituel par éventrement à l'aide d'un poignard ou d'un sabre.

Shamisen : instrument traditionnel à trois cordes.

Shimbun : malgré le poids de la télévision et du multimédia, les Japonais vénèrent encore la presse. Le tirage total des quotidiens nationaux atteint soixante-dix millions d'exemplaires : le prix des journaux est bas, la distribution est assurée par des réseaux très efficaces de livreurs à domicile à vélo.

Shinekon : les multiplexes cinématographiques. Les Japonais ont redécouvert le plaisir du cinéma sur écran géant ; de nouvelles salles ultramodernes ne cessent d'ouvrir dans les grandes villes de l'archipel.

Shinju : suicide amoureux commis ensemble par deux amants, thème littéraire et théâtral repris dans le film *Dolls* de Takeshi Kitano.

Shinkansen : le train à grande vitesse japonais, souvent appelé « Bullet Train ». Il opère sur cinq lignes gérées par trois compagnies ferroviaires privées du groupe JR (Japan Railways).

Shitamachi : le « Tokyo d'en bas », la ville basse de Tokyo, réunissant marchands et artisans par opposition à *yamanote*, le « Tokyo d'en haut », plus moderne et moins pittoresque, jadis réservé à l'aristocratie, l'élite guerrière et les religieux.

Shogun : leader et chef militaire dans le Japon ancien, sous les ordres directs de l'Empereur. L'époque des shoguns Tokugawa reste une des plus marquantes. Elle fut caractérisée alors par la longue fermeture du pays (1638-1854).

Shoshiku : société de production cinématographique, établie à Tokyo en 1895 – elle était alors un théâtre de kabuki –, distributrice et propriétaire de salles de spectacles. Un festival organisé en 2005 en collaboration avec le festival Filmex de Tokyo a rendu hommage aux cent dix ans de production de cette grande maison qui fut la première à montrer au Japon un film en couleurs.

Suzuki, Seijun : né en 1923 à Tokyo, Seijun Suzuki, réalisateur culte de nombreux fameux *yakuza eiga*, est considéré comme l'un des grands maîtres de la série B. Son style décalé et provocateur lui a valu d'être en procès, durant près de dix ans, avec la maison de production Nikkatsu, qui l'accusa de réaliser des films « incompréhensibles ». On lui doit plusieurs films clés des années 60, dont *Le vagabond de Tokyo* (1966), et surtout, *La marque du tueur* (1967).

Tabi : chaussette japonaise traditionnelle qui sépare le gros orteil des autres doigts.

Talento : nom donné aux personnalités du petit écran japonais.

TBS (Tokyo Broadcasting System) : fondée en 1951, le groupe TBS Radio & Communications est devenu autonome en 2001, trois ans avant que TBS TV ne soit établie. La société est affiliée avec le journal de gauche *Mainichi Shimbun*, et est propriétaire de sa propre équipe de base-ball, Yokohama Bay Stars. La chaîne a créé son propre réseau d'informations, Japan News Network (JNN). TBS a bénéficié durant de longues années, depuis 1989, de l'aura du journaliste Chikushi Tetsuya, présentateur star de son journal télévisé du soir « News 23 », ultrapopulaire. Sa disparition, fin 2008, à la suite d'un cancer, a causé beaucoup d'émoi.

Terebi : la télévision. Le Japon a fait ses débuts dans l'ère télévisuelle au début des années 50 avec la diffusion des premières émissions de la NHK et bientôt de Nippon Terebi (NTV). C'est aujourd'hui le loisir préféré des Japonais. Elle est si puissante qu'elle a mis en partie le cinéma à genoux. Dans les foyers, on passe en moyenne quatre heures par jour devant le petit écran. L'avenir de la *terebi* est assuré par l'apparition continue de bouquets satellites. Les Japonais vénèrent plus que jamais l'ère des « 3C » : Car, Colour TV et Cooler (voiture, écran plat couleur, air conditionné).

Thomas, Jeremy : né en 1949, producteur de cinéma britannique issu d'une famille de cinéastes (son père et son oncle sont réalisateurs), fondateur de la Recorded Picture Company qui a coproduit *Brother* de Takeshi Kitano. Une de ses plus importantes productions reste *Le Dernier Empereur*, de Bernardo Bertolucci, Oscar du meilleur film (1988).

Toei : fondé après guerre, en 1948, le légendaire studio Toei est un des plus fameux producteurs de films japonais, en particulier d'animation. La Toei est à l'origine d'un grand nombre d'*anime* diffusés sur plusieurs continents, tels que ceux du dessinateur Leiji Matsumoto, *Captain Harlock (Albator)*, *Galaxy express 999*...

Toho : la Toho est LA grande maison de production du cinéma japonais, la première. Elle a produit la fameuse série de la culture-pop nippone, *Godzilla*, et plusieurs chefs-d'œuvre de Akira Kurosawa. En 2005, elle a inauguré un studio flambant neuf, le premier en quarante ans.

Tokoro George : célèbre *talento* japonais, ami proche et compagnon de travail de Takeshi Kitano.

Tombo : la fameuse libellule japonaise. Près de cent quatre-vingt-dix espèces de libellules ont été identifiées au Japon. Elles apparaissent souvent dans la poésie japonaise et sont adorées des enfants. Cet insecte était même symbole de pouvoir à la Cour du Yamato, au VIIIe siècle.

TV Asahi : établie en 1957, la chaîne privée TV Asahi, sise au cœur du complexe de Roppongi Hills, au cœur de Tokyo, diffusa ses premières émissions en 1959 comme chaîne éducative. Son actionnaire principal est le quotidien *Asahi Shimbun*. Son émission d'informations « News Station », diffusée entre 1985 et 2004, fut un des grands succès du petit écran nippon dans les années 90. Ses émissions politiques sont les principales plates-formes des débats politiques liés à l'actualité.

TV Tokyo : la chaîne privée TV Tokyo commença à diffuser au cours de l'été 1964, à l'occasion des Jeux Olympiques de Tokyo. A l'origine, lancée par la « Fondation du Japon pour la promotion de la science », TV Tokyo était une chaîne dédiée aux savoirs, et diffusait avant tout des programmes éducatifs et culturels. Elle a renforcé ses contenus d'information en 1969, avec son nouveau propriétaire, le quotidien économique *Nihon Keizai Shimbun*, producteur de l'émission économique World Business Satellite (WSB), présentée depuis 1988. La chaîne produit un bouquet de six chaînes numériques terrestres.

Ukiyo-e : les estampes japonaises sur bois, littéralement « images du monde flottant », furent popularisées au cours de la période Edo (1600-1868).

V-cinema : désigne, au Japon, les films à petits budgets destinés au marché vidéo.

Wabi-sabi : *wabi* est un concept clé dans l'esthétique japonaise traditionnelle. C'est à la fois une façon d'être, et un principe moral encourageant le détachement des affaires du monde, des autres, et une certaine appréciation du calme. A l'origine, dans les temps médiévaux, ses adeptes ermites entendaient profiter de la simplicité des choses, d'une forme austère de la beauté et de la sérénité. *Sabi* évoque davantage une couleur qui a vécu, qui est presque rouillée, rouille, telle une vieille patine, créant une atmopshère de sobriété et d'austérité. Dans l'archipel, le *wabi-sabi* est indissociable des arts traditionnels et de la mentalité japonaise.

Yakitori : brochettes (*kushi*) cuites sur un grill, constituées avant tout de poulet, de bœuf, de champignons, d'oignons et de poivrons. Les brochettes sont servies d'ordinaire avec du sel ou du mirin, sauce composée de saké, de sauce de soja et de sucre, très présente dans la cuisine japonaise.

Yakuza : la mafia japonaise. Apparus au XVIIIe siècle, les *yakuza* ont beaucoup renforcé leur pouvoir après la Seconde Guerre mondiale. Dans les années 1930, ils avaient bénéficié d'une grande liberté grâce à leur rapprochement idéologique avec la droite ultranationaliste. Après la guerre, ils furent également utilisés pour briser l'emprise de mafias étrangères implantées dans le pays (coréenne, taïwanaise) et comme tremplin pour le marché noir. Les forces d'occupation virent même en eux une « force régulatrice ». De nombreux groupes mafieux, parfois moins bien organisés que les grandes familles, ont profité, au cours des décennies passées, des crises sociales, des vides politiques, se spécialisant dans les trafics de drogues et d'amphétamines ou la prostitution. Un de leurs âges d'or reste ces cinq années qui marquèrent le pays : 1958-1963. Leurs effectifs bondirent alors de cent cinquante pour cent, pour atteindre cent quatre-vingt-quatre mille hommes répartis parmi cent vingt-six gangs gangs. Un homme, surnommé « l'Al Capone japonais », Yoshio Kodama, aura tenté, non sans un certain succès, de fédérer les clans et pacifier les liens entre ces groupes. Leurs effectifs sont moindres désormais (moins de cent mille), mais les *yakuza* demeurent à ce jour très actifs, dans leurs activités traditionnelles (immobilier, usure, racket et recouvrement des dettes et des crédits, industries du sexe et des jeux, sports professionnels, monde de la nuit, etc.). Via des centaines de clans et des dizaines de milliers d'entreprises plus ou moins légales, bandes (*kumi*) et familles (*ikka*) se sont immiscés subrepticement au sein du monde des affaires. La loi antigang de 1992 et la loi antiblanchiment de 1993 ont permis, en partie, de restreindre leur influence dans les entreprises et l'ensemble du pays.

Yakuza eiga : film mettant en scène des *yakuza*, leurs gangs, crimes, codes de valeurs, modes de vie et de fonctionnement, bandes et clans parfois rivaux.

Yakyu : le base-ball reste l'un des sports les plus populaires de l'archipel. Sa pratique remonte aux débuts de l'ère Meiji (1868-1912), avec l'organisation par un Américain d'un premier tournoi, en 1873, dans l'enceinte de ce qui deviendra l'université de Tokyo. C'est aussi le sport favori de Takeshi Kitano !

Yomiuri Shimbun : fondé en 1874, lu par autant d'hommes que de femmes, le premier quotidien japonais (et un des tout premiers au monde), leader d'opinion réputé conservateur, est imprimé à quelque quatorze millions d'exemplaires selon l'Association mondiale des journaux.

Yoshida, Kiju : ce cinéaste iconoclaste, né en 1945, est l'auteur de plusieurs œuvres qui, parmi tant d'autres, ont marqué le cinéma japonais d'après guerre, parmi lesquelles *La source thermale d'Akitsu* (1962), *Passion ardente* (1967), ou *Eros + Massacre* (1969), œuvre onirique et premier volet d'une trilogie sur les idéologies extrêmes du Japon. Ex-assistant de Nagisa Oshima, Kiju Yoshida fut l'un des brillants fers de lance de la « Nouvelle Vague japonaise. » Il a imposé un style percutant, parfois mi-fiction mi-documentaire. Il est marié à la célèbre actrice Mariko Okada, rencontrée sur le tournage de *La source thermale d'Akitsu*, et future égérie de films passionnels, *Flamme et femme*, *Passion ardente*, *Amours dans la neige*, *Histoire écrite sur l'eau*...

Yukata : léger et fin kimono de coton, porté surtout l'été.

Zazen : méditation assise dans le zen, devant mener vers la voie de la vérité.

Zomahoun, Rufin : sinologue africain né au Bénin, le polyglotte Rufin Zomahoun (il parle français, anglais, japonais, chinois, entre autres) est l'une des rares personnalités africaines du petit écran nippon, et un disciple de Takeshi Kitano. Invité régulier de ses émissions de télé, il apparaît aussi dans ses films *Takeshis'* et *Glory to the filmmaker !*, et œuvre au développement économique et social de son pays, via son organisation non gouvernementale Ife, et comme conseiller de la présidence béninoise pour l'Asie et l'Océanie Pacifique.

FILMOGRAPHIE DE TAKESHI KITANO

Œuvres cinématographiques *(comme réalisateur)*

Violent cop / Sono otoko, kyobo ni tsuki / Cet homme est une brute

Avec Beat Takeshi, Maiko Kawakami, Hakuryu, Siro Sano, Makoto Ashikawa, Ittoku Kishibe, Taro Ishida, Sei Hiraizumi et Mikiko Otonashi.
© (1989) Shochiku.

Boiling point / 3-4 x jugatsu

Avec Masahiko Ono, Yuriko Ishida, Minoru Iizuka, Etushi Toyokawa, Makoto Ashikawa, Hisashi Igawa, Bengal, Jonny Okura, Katsuo Tokashiki, Takahito Iguchi et Beat Takeshi.
© (1990) Bandai Visual / Shochiku.

A Scene at the Sea / Ano natsu, ichiban shizukana umi

Avec Kurodo Maki, Hiroko Oshima, Sabu Kawahara, Nenzou Fujiwara, Susumu Terajima, Katsuya Koiso et Tetsu Watanabe.
© (1991) Office Kitano.

Sonatine

Avec Beat Takeshi, Aya Kokumai, Tetsu Watanabe, Masanobu Katsumura, Ren Ohsugi, Tonbo Zushi, Kenichi Yajima, et Eiji Minakata
© (1993) Shochiku.

Getting any ?/ Minna-yatteruka / Minna yatteruka !

Avec Beat Takeshi, Duncan, Tokie Hidari, Shoji Kobayashi, Shinsuke Yamane, Eiji Minakata, Masumi Okada et Tetsuya Yuuki.
© (1994) Bandai Visual, Office Kitano.

Kids return

Avec Ken Kaneko, Masanobu Ando, Reo Morimoto, Hatsuo Yamaya, Kyosuke Kashiwatani, Yuuko Daike, Susumu Terajima, Moro Morooka, Pekingenjin, Makoto Ashikawa, Kanji Tsuda, Sei Hiraizumi, Ren Ohsugi, Masami Shimojo, Mitsuko Oka et Ryo Ishibashi.
© (1996) Bandai Visual, Office Kitano.

Hana-bi
Avec Beat Takeshi, Kayoko Kishimoto, Ren Ohsumi, Susumu Terajima, Hakuryu, Yasuei Yakushiji, Yuuko Daike, Makoto Ashikawa et Taro Itsumi.
© (1997) Bandai Visual, Television Tokyo, Tokyo FM, Office Kitano.

L'Été de Kikujiro / Kikujiro no natsu
Avec Beat Takeshi, Yusuke Sekiguchi, Kayoko Kishimoto, Kazuko Yoshiyuki, Akaji Maro, Fumie Fosokawa, Great Gidayu, Rakkyo Ide et The Convoy.
© (1999) Bandai Visual, Tokyo FM, Nippon Herald, Office Kitano.

Brother / Aniki, mon frère
Avec Beat Takeshi, Omar Epps, Claude Maki, Masaya Kato, Susumu Terajima, Royale Watkins, Lombardo Boyar, Ren Ohsugi, Ryo Ishibashi et Tetsuya Watari.
© (2000) Recorded Picture Company, Office Kitano.

Dolls
Avec Miho Kanno, Hidetoshi Nishijima, Tatsuya Mihashi, Chieko Matsubara, Kyoko Fukada, Tsutomu Takeshige, Shimadayu Toyotake, Kiyosuke Tsuruzawa, Minotaro Yoshida, Tamame Yoshida, Kanji Tsuda, Kayoko Kishimoto et Ren Ohsugi.
© (2002) Bandai Visual, Tokyo FM, Television Tokyo, Office Kitano.

Zatoïchi
Avec Beat Takeshi, Tadanobu Asano, Michiyo Ookusu, Yui Natsukawa, Gadarukanaru Taka, Diagoro Tachibana, Yuuko Daike, Ittoku Kishibe, Saburo Ishikura et Akira Emoto.
© (2003) Bandai Visual, Tokyo FM, Dentsu, TV Asahi, Saito Entertainment, Office Kitano.

Takeshis'
Avec Beat Takeshi, Takeshi Kitano, Kotomi Kyono, Ren Ohsugi, Susumu Terajima, Tetsu Watanabe, Akihiro Miwa, Naomasa Musaka, Beat Kiyoshi, Kanji Tsuda, Tamotsu Ishibashi, Shoken Kunimoto, Koichi Ueda, Junya Takagi, Makoto Ashikawa, Kunihiro Matsumura, Shinji Uchiyama, Tsutomu Takeshige, Shogo Kimura, The Stripes, Toshi et DJ Hanger.
© (2005) Bandai Visual, Tokyo FM, Dentsu, TV Asahi, Office Kitano.

Kantoku banzaï ! / Glory to the filmmaker !
Avec Beat Takeshi, Tohru Emori, Kayoko Kishimoto, Anne Suzuki, Kazuko Yoshiyuki, Akira Takarada, Yumiko Fujita, Yuki Uchida, Yoshino Kimura, Keiko Matsuzaka, Ren Ohsugi, Susumu Terajima, Naomasa Musaka, Tetsu Watanabe, Rakkyo Ide, Moro Morooka, Shun Sugata, Tamotsu Ishibashi, Masahiro Chono, Hiroyoshi Tenzan et Masatoh Ibu (narrateur).
© (2007) Bandai Visual, Tokyo FM, Dentsu, TV Asahi, Office Kitano.

Une belle journée / One fine day / Subarashiki Kyujitsu
Court-métrage de trois minutes de l'œuvre collective *Chacun son cinéma* (réunissant 35 cinéastes de 25 pays) présentée à l'occasion du 60e anniversaire du Festival de Cannes en 2007.
Avec Beat Takeshi , Moro Morooka.
© (2007) Bandai Visual, Tokyo FM, Dentsu, TV Asahi, Office Kitano.

Achille et la tortue / Akiresu to kame
Avec Beat Takeshi, Kanako Higuchi, Yurei Yanagi, Kumiko Aso, Akira Nakao, Masatoh Ibu, Ren Ohsugi, Mariko Tsutsui, Reo Yoshioka, Aya Enjoji, Eri Tokunaga et Nao Oomori.
© (2008) Bandai Visual, TV Asahi, Tokyo Theatres, Wowow, Office Kitano.

Comme acteur au grand écran (non exhaustif)

Furyo de Nagisa Oshima (1983), avec Ryuichi Sakamoto, David Bowie.
Yasha de Yasuo Kohata (1985).
Komikku zasshi de Yojiro Takida (1986).
Anego de Tatsuichi Takamori (1988).
Violent cop de Takeshi Kitano (1988).
Hoshi-o tsugumono de Kazuo Komizu (1990).
Boiling point de Takeshi Kitano (1990).
Zansatsu seyo setsunakimono, Sohei Ai de Hisashi Sudo (1990).
Shura na densetsu de Masaharu Izumi (1992).
Sakana kara daiokishin !! de Ryudo Uzaki (1992).
Erotic liaisons de Takaji Wakamatsu (1992).
Sonatine de Takeshi Kitano (1993).
Kyoso tanjo/Many happy returns, de Toshihiro Tenma (1993).
Gonin de Takashi Ishii (1995).
Getting any ? de Takeshi Kitano (1995).
Johnny Mnemonic de Roberto Longo (1995).
Hana-bi de Takeshi Kitano (1997).
Tokyo eyes de Jean-Pierre Limosin (1998).
L'Été de Kikujiro de Takeshi Kitano (1999).
Battle royale, de Kinji Fukasaku (2 000).
Tabou/Gohatto de Nagisa Oshima (2 000).
Battle royale 2 de Kinji & Kenta Fukasaku (2003).
Zatoïchi de Takeshi Kitano (2003).
Blood and bones de Yoichi Saï (2004).
Izo de Takashi Miike (2004).
Takeshis' de Takeshi Kitano (2005).
Glory to the filmmaker ! de Takeshi Kitano (2007).
Akires to kame/Achille et la tortue de Takeshi Kitano (2008).

BIBLIOGRAPHIE

Livres de Takeshi Kitano

En français

Asakusa kid, traduit du japonais par Karine Chesneau, Denöel, Paris, 1999, Le Serpent à Plumes, Paris, 2001.

La vie en gris et rose, traduit du japonais par Karine Chesneau, Philippe Picquier, Arles, 2008.

Naissance d'un gourou, traduit du japonais par Karine Chesneau, Denoël, Paris, 2005.

Rencontres du Septième Art, traduit par Svlvain Chupin, présenté par Michel Boujut, Arléa, Paris, 2 000.

En japonais

Doku-bari kodan, Ohta Shuppan, Tokyo, 1984.

Zoku dokubari kodan, Ohta Shuppan, Tokyo, 1985.

Zoku-zoku dokubari kodan, Ohta Shuppan, 1986.

Shin doku-bari kodan, Ohta Shuppan, 1988.

Yosei, Rockin'on, 2001.

Eiga kyojin, Kataru, Kawadeshobo, 2001.

Kodoku, Rockin'on, 2002.

Jikou, Rockin'on, 2003.

Takeshi ga Takeshi wo korosu riyuu, Rockin'on, 2003.

Ichiro x Takeshi Kitano *Catch ball*, Pia, 2003.

Igyo, Rockin'on, 2004.

Hikari, Rockin'on, 2005.

Ikiru, Rockin'on, 2007.

Zenshikou, Gentosha, 2007.

Onnatachi, Rockin'on, 2008.

Gesewa no saho, Shodensha, 2009.

Kitano par Kitano

Livres de Beat Takeshi

En japonais

Beat Takeshi no shiawase hitorijime, Sankei Shuppan, 1981.
Takeshi! Ore no dokugasu hanseiki, Kodansha, 1981.
Beat Takeshi no gokkun-nihonshi, Riyon, 1982.
Beat Takeshi no hentai-shigan oremo omaemo dokino sakurai, KK best-sellers, 1982.
Beat Takeshi no shiawase ni natte shimaimashita, Sankei Shuppan, 1982.
Beat Takeshi no sangoku ichi no shiawasemono, Sankei Shuppan, 1982.
Beat Takeshi no usoppu monogatari, Hanashinotokushuu, 1983.
Beat Takeshi no shimainya warau zo, Kodansha, 1983.
Beat Takeshi no minna gomi data, Asukashinsha, 1983.
Kyofu bikkuri dokuhon, KK best-sellers, 1983.
Gogo 3 ji 25 fun, Ohta Shuppan, 1983.
Beat Takeshi no mujoken kofuku, Fusosha, 1983.
Dokushin kodan, Ohta Shuppan, 1984.
Beat Takeshi no nichimo sachimo, Fusosha, 1984.
Gagkyou Satsujin jiken, Sakuhinsha, 1984.
Takeshi-kun, hi!, Ohta Shuppan, 1984.
Takeshi hœru!, Asukashinsha, 1984.
Zoku dokushin kodan, Ohta Shuppan, 1985.
Ano hito, Asukashinsha, 1985.
Beat Takeshi no ko ka fuko ka, Fusosha, 1985.
Gozen 3ji 25fun kaitei-ban, Ohta Shuppan, 1986.
Beat Takeshi no hukou-chuu no saiwai, Fusosha, 1986.
Takeshi no shin bochan, Ohta Shuppan, 1986.
Kid return, Ohta Shuppan, 1986.
Beat Takeshi no fukochu no saiwai, Nippon Broadcasting System, 1986.
Takeshi no chosenjyo Tora no maki, Ohta Shuppan, 1986.
Shonen, Ohta Shuppan, 1987.
Asakusa kid, Ohta Shuppan, 1988.
Shin dokushin kodan, Ohta Shuppan, 1988.
Beat Takeshi no zenmen kohuku, Fusosha, 1988.
Beat Takeshi no sono otoko shiawase ni tuki, Fusosha, 1990.
Beat Takeshi no shiawase maru 10 nen, Fusosha, 1990.
Kyoso tanjo dai 1 bu, Ohta Shuppan, 1990.
Jingi naki eiga-ron, Ohta Shuppan, 1990.
Beat Takeshi no seikimatsu dokudan 3, Shogakukan, 1991.
Dakara watashi wa kirawareru, Shinchosha, 1991.
Yappari watashi wa kirawareru, Shinchosha, 1991.
Beat Takeshi no seikimatsu dokudan, Shogakukan, 1991.
Beat Takeshi no seikimastu dokudan "Me niwa me wo, doku niwa doku wo", Shogakukan, 1992.
Jyogai ranto 2 konna jidai ni dare ga shita!, Ohta Shuppan, 1992.

Bibliographie

Minna jibun ga wakaranai, Shinchosha, 1993.

Konna jidai ni darega shita jobai ranto 2, Ohta Shuppan, 1993.

Manzai byoto, Bungei Shunju, 1993.

Onnani tsukeru kusuri – Henken darake no Yamato Nadeshiko ikusei kouza, Shodensha, 1993.

Rakusen kakujitu senkyo enzetsu, Shinchosha, 1994.

Ganmen mahi, Ohta Shuppan, 1994.

Onna wa shinanakya naoranai aede, Shodensha, 1994.

Minna yatteruka ?, Fusosha, 1995.

Sore demo onna ga suki, Shodensha, 1995.

Satake kun karano tegami, Ohta Shuppan, 1995.

Soredemo onna ga suki megezuni Yamato Nadeshiko keimoukouza, Shodensha, 1995.

Takeshi no 20 seiki nihonshi, Shinchosha, 1996.

Kusa-yakyu no kamisama, Shinchosha, 1996.

Za chiteki-manzai : Beat Takeshi no kekkyoku wakarimasen deshita, Shueisha, 1996.

Komanechi ! Beat Takeshi zen-kiroku, Shincho bunko, 1998.

Takeshi no shinu tame no ikikata, Shinchosha, 1997.

Watashi wa sekai de kirawareru, Shinchosha, 1998.

Takeshi no "gogai" !, Yosensha, 1998.

Hakkiri itte bougen desu, Kadokawa Bunko, 1998.

Ai demo kurae, Shodensha, 1999.

Kikujiro to Saki, Shinchosha, 1999.

Kekkyoku wakarimasen deshita za chiteki manzai, Shueisha, 1999.

Beat Takeshi no all night nippon 2 000 : Sekai-Ichi no shiawase mono, Fusosha, 2000.

Shokyuu ningen-gaku koza 1 jiji bakusho kogi : Gizen no bakuhatu, Shinchosha, 2000.

Shokyuu ningen-gaku koza 2 jiji bakusho kogi : Nippon bunka dai-kakumei, Shinchosha, 2000.

Boku wa baka ni natta Beat Takeshi Shishu, Shodensha, 2000.

Gizen no bakuhatsu Shokyu ningengaku kouza 1 Jijimondai kougi, Shinchosha, 2000.

Nippon bunka daikakumei Shokyu ningengaku kouza 2 Kiso jyoshiki kougi, Shinchosha, 2000.

Komaneci ! 2 Brother daitokushu, Shinchosha, 2000.

Chojyo taidan, Shincho Bunko, 2001.

Beat Takeshi no mokujiroku, Tokumashoten, 2001.

Omae no fukou niwa wake ga aru !, Shinchosha, 2001.

Geijutsu uso tsukanai : Beat Takeshi + Tadanori Yoko, Heibonsha, 2001.

Asakusa furansu-za no jikan, Bungei Shunju, 2001.

Beat Takeshi no mokujiroku kakioroshi chozetsu bougenshu, Tokumashoten, 2001.

Takeshi no shokyu kenja-gaku koza : Watashi bakari ga naze moteru, Shinchosha, 2002.

Nihon no sahou taidan : Beat Takeshi x Hawking Aoyama, Shinpusha, 2002.

Takeshi no Daiei-Hakubutsukan kenbunroku, Shinchosha, 2002.

Kyoto kaidan, Shinchosha, 2003.

Takeshi no hatsumei-oh, Shinchosha, 2003.

Hadaka no osama, Shinchosha 2003.

Shokan Shincho (10 avril 2003), Shinchosha 2003.

Takeshi no chuukyuu kenja koza : Sono baka ga tomaranai, Shinchosha, 2003.

Waruguchi no gijutsu, Shinchosha, 2003.

Tow Art : Beat Takeshi + Takashi Murakami, Pia, 2003.

Yakyu kozou : Beat Takeshi x Hideki Matsui, Pia, 2004.

Takeshi no rakugaki nyuumon, Shinchosha, 2004.

Michi ni ochiteta tsuki : Beat Takeshi dowa shu, Shodensha, 2004.

Nippon to Beat Takeshi no TV-takkuru ga wakaru hon, TV Asahi, 2004.

Tatsujin ni kike !, Shinchosha, 2006.

Komadai sugaku-ka tokubetsu shuchuu kogi, Beat Takeshi & Kaoru Takeuchi, Fusosha, 2006.

Kantoku-banzai official guide book, Kadokawa Média House, 2007.

Hinkaku Nippon Shinkiroku, Shogakukan, 2008.

Kyoryu ha niji iro dattaka ?, Shinchosha, 2008.

Sur Takeshi Kitano *(en français et anglais)*

Beat Takeshi Kitano « Gosse de peintre », Fondation Cartier pour l'art contemporain-Actes Sud, Paris, 2010.

Celluloid Dreams, catalogues annuels.

Jean-Pierre Dionnet, *Catalogues, livrets* des dvd de Kitano distribués en France, Studio Canal (Canal+).

Aaron Gerow, *Kitano Takeshi*, British Film Institute, 2007.

Brian Jacobs, *« Beat » Takeshi Kitano*, Tadao Press, London, 1999.

Jean-Pierre Limosin, *Takeshi Kitano l'imprévisible*, Livret-dvd, MK2 (Cinéma de notre temps), 1999-2005.

Sur Beat Takeshi Kitano *(en japonais)*

Kasho Abe, *Kitano Takeshi vs Beat Takeshi*, Chikuma Shobo, 1994 (paru en anglais sous le nom de Casio Abe, éd. William O.)

Sur le cinéma et la télévision au Japon

Audie Bock, *Japanese film directors*, Kodansha International, Tokyo, 1978.

Jonathan Clements et Motoko Tamamuro, *The Dorama encyclopedia : a guide to Japanese TV drama since 1953*, Stone Bridge Press, San Francisco, 2003.

Ellis S. Krauss, *Broadcasting politics in Japan : NHK and television news*, Cornell Univ. Press, Ithaca, 2 000

William Penn, *The couch potato's guide to Japan : Inside the World of Japanese TV*, Forest River Press, 2003.

Donald Richie, *Le cinéma japonais*, Editions du Rocher, Paris, 2005 ; et *A hundred years of Japanese films*,

Kodansha International, Tokyo, 2001, 2005.

Akira Kurosawa, comme une autobiographie (traduit de l'anglais par Michel Chion), Petite Bibliothèque des Cahiers du Cinéma, Seuil-Cahiers du Cinéma, 1985.

Frédéric Sanchez, *Encyclopédie du cinéma asiatique*, Chiron, 2006.

Tadao Sato, *Le cinéma japonais* (tome II), Centre Georges Pompidou, 1988.

Julien Séveon, *Le cinéma enragé au Japon*, coll. Politique du cinéma, Sulliver, 2005.

Paul Shrader, *Transcendental style in film, Ozu, Bresson, Dreyer*, Da Capo Paperback, 1972.

Isolde Standish, *A new history of Japanese cinema : A century of narrative films*, Continuum, New York, 2005.

Bibliographie

Max Tessier, *Le cinéma japonais au présent*, Lherminier, Paris, 1984, et *Images du cinema japonais*, Henri Veyrier, Paris, 1981.

George Tokoro, *Character navigation*, Neko Publishing, Tokyo, 2006.

Pour les explications personnelles et le glossaire *(par ordre alphabétique)*

Hiroki Azuma, *Génération otaku*, traduit du japonais par Corinne Quentin, Hachette Littératures, Paris, 2008.

Anne Bayard-Sakai, Mickael Lucken et Emmanuel Lozerand (sous la direction de), *Le Japon après la guerre*, Philippe Picquier, Arles, 2007.

Art space Tokyo, Chin Mucic Press, Seattle-Tokyo, 2008.

Etienne Barral, *Otaku, les enfants du virtuel*, Denoël, Paris, 1999.

Augustin Berque, *Dictionnaire de la civilisation japonaise*, Hazan, Paris, 1994.

Jean-Marie Bouissou (sous la direction de), *Le Japon contemporain*, Fayard, CERI, Paris, 2007.

Nicolas Bouvier, *Chronique japonaise*, Payot, 1989.

Gerald L. Curtis, *The logic of Japanese politics*, Columbia University Press, New York, 1999.

Patrick Duval, *Le Japonais cannibale*, Stock, Paris, 2001.

Vadime et Danielle Elisseeff, *La civilisation japonaise*, Arthaud, Paris, 1987.

Michaël Ferrier (textes réunis par), *Le goût de Tokyo*, Mercure de France, Paris, 2008.

Nicolas Finet (sous la direction de), *Dico-manga*, Fleurus, 2008.

FPC (Foreign Press Center), *Facts and figures of Japan*, FPC-Ministry of Foreign Affairs of Japan, Tokyo, 2008.

Anne Garrigue *et Pierre-Antoine Donnet, Japon, la fin d'une économie*, Le Monde-Folio, Paris, 2000.

Alessandro Gomarasca, *Poupées, robots : la culture pop japonaise*, Autrement, 2002.

Robert Guillain, *Aventure Japon*, Arléa, 1997.

Yoïchi Higuchi, *Le constitutionnalisme et ses problèmes au Japon*, PUF, Paris, 1984.

David Kaplan et Alec Dubro, *Yakuza*, Philippe Picquier, Arles, 1990.

Takami Koshun, *Battle royale*, Calmann-Lévy, Paris, 2006 ; et en anglais, traduit par Yuji Oniki, Viz Média.

Claude Leblanc, *Le Japoscope*, Ilyfunet, Paris, annuel.

André L'Hénoret, *Le clou qui dépasse*, La Découverte, Paris, 1974.

Le Japon, Service de presse, Ambassade de France au Japon, Tokyo, 1995.

Japan, Kodansha International, Tokyo, 1993.

Japan, Profile of a nation, Kodansha, Tokyo, 1999.

Muriel Jolivet, *Homo japonicus*, Philippe Picquier, Arles, 2002.

Bruce Mau, *Massive change*, Phaidon, New York, 2009.

Leith Morton, *Modern Japanese culture : The insider view*, Oxford University Press, 2003.

Takashi Murakami, *Little boy, The arts of Japan's exploding subculture*, Japan society, New York, 2005.

Maurice Pinguet, *La mort volontaire au Japon*, Gallimard, Paris, 1984, 1991 ; et *Le Texte Japon*, Seuil, Paris, 2009.

Kenzaburo Oé, *Nostalgies et autres labyrinthes, entretiens avec André Siganos et Philippe Forest*, Cécile Defaut, 2004.

Tetsuya Ozaki (sous la direction de), *One hundred years of idiocy*, Think The Earth, Tokyo, 2001.

Yasujiro Ozu, *Voyage à Tokyo*, traduit du japonais par Michel & Estrellita Wassermann, Publications orientalistes de France, Paris, 1986.

Christian Polak, *Soie et lumières* (vol. I), Ccifj-Hachette Fujingaho, Tokyo, 2001, et *Sabre et pinceau* (vol. II), Ccifj-Seric, Tokyo, 2005.

Philippe Pons, *D'Edo à Tokyo*, Gallimard, Paris, 1988 ; et *Misère et crime au Japon*, Gallimard, Paris, 1999.

Edwin Reischauer, *Histoire du Japon et des Japonais*, Le Seuil, Paris 1997.

Jean-François Sabouret, *Besoin de Japon*, Seuil, Paris, 2004.

Eric Sadin, *Tokyo*, POL, Paris, 2005.

Christian Sautter et Yoïchi Higuchi, *L'Etat et l'individu au Japon*, EHESS, Paris 1990.

Mark Shilling, *Encyclopedia of Japanese pop culture*, Weatherhill, 1997.

Michel Temman, *Le Japon d'André Malraux*, Philippe Picquier, Arles, 1997.

Michel Vié, *Le Japon et le monde au xxe siècle*, Masson, Paris, 1995.

Michel Wasserman, *D'or et de neige, Paul Claudel et le Japon*, Gallimard, Paris, 2008.

REMERCIEMENTS

Ma gratitude va aux éditions Grasset, et en particulier à Manuel Carcassonne qui, durant quatre ans, aura montré le chemin et suivi patiemment, de bout en bout, la réalisation de cet ouvrage qui fut souvent une aventure sans fin ; ainsi qu'à Eddy Noblet, pour ses vaillantes relectures. Mes remerciements vont aussi à Olivier Nora, Martine Dib, Elodie Deglaire, Jean-François Paga, Jean-Pierre Pouchet, Elsa Gribinski, Maud Schmidt et Xavier Collet.

Ma gratitude va encore à l'équipe de l'Office Kitano : à son président, Masayuki Mori, pour m'avoir accordé sa confiance, à Jun Ogawa, pour tout son suivi et ses précieux conseils, à Makoto Kakurai et Aya Nakahashi. Je leur dois d'avoir pu conduire à terme ce projet. Merci de même à Shozo Ichiyama, Shinji Komiya, Takio Yoshida, Kazuhito Kobashi, Naoyuki Usui ; ainsi qu'aux joyeux Gundan et Tsuyoshi Nishimura, à Hiroyuki Fujioka, Chieko Saito et toute sa famille pour leur accueil chaleureux, et tant de moments inoubliables à Asakusa, en présence de l'ami Rufin Zomahoun, indispensable moteur de cette aventure.

Ces confidences seraient restées de l'ordre du huis clos sans la patience, l'aide et les encouragements de Vanessa Van Zuylen, Sophie de Taillac, Corinne Quentin (Bureau du copyright français au Japon), Yuriko Matsumoto, Yves Simon, mon *brother* Francis Temman, Catherine Bernard, *my dear* Shiwei, et ma mère courage, Arlette.

Remerciements, aussi, à Marc Kravetz, André Brincourt, Philippe Grangereau, Renaud Girard, Nicolas Finet, Nicolas Rousseaux, Agnes Bourgois, Etienne Bourgois, Gilbert Erouart, Aymeric & Mariko Erouart, Jack Lang, Monique Lang & Valérie Lang, Yoshio Hattori, Chigeki Hijino, Valérie Lemercier, Jeff Taylor, Albert Abut & Maiko Fujiwara, Patrick Duval, Serge Edongo, et, à la Fondation Cartier pour l'art contemporain, Hervé Chandès, Isabelle Gaudeffroy & Adeline Pelletier.

Et merci encore à ABC, au quotidien *Asahi Shimbun*, à Chris Allen, Philippe Azoury, Antoine de Baecque, Mustapha Belmami, Maitena Biraben, Bruno Birolli, Grégoire Biseau, Dominique Bouchet, Catherine Cadou, Celluloïd Dreams, Françoise Degois, DJ Alex from Tokyo, Basile Doganis, Greg Feruglio, Akio Fujiwara, Fuji TV, Furoan, Raphaël Garrigos & Isabelle Roberts, Laurent Ghnassia, Lilian Ginet, Boyd Harnell, Naoya Hatakeyama, Ryoichi Hayakawa, Sayuri Hongo, Chieko Inamasu, Matilde Incerti, Yoriko Iizuka, Ikekan, Takashi Inoue, Yasunari Ishihara, Kikuko Kanda, Gérard Lefort, Libération, Jean-Pierre Limosin, Mainichi Shimbun, Annie Mancone, Alexis Marant, Etsuko Matsunoo, Robert Ménard, Shunsuke Ogino, NTV, Hengameh Panahi, Paola, Pérignon, Jérôme de Perlinghi, Didier Péron, Emmanuel Poncet, Philippe Pons, Fabrice Rousselot, Saito Entertainment, Abi Sakamoto, Taichi Saotome, Raphaël Sebbag, François Sergent, Yoichi Shibuya, Shochiku, Ryuichi Sakamoto & Norika Sora,

Kitano par Kitano

Sublime, Vincent Sung, Masaharu Tadaki, Tsukushi (Asakusa), TV Asahi, TBS, TV Tokyo, Hiroaki Tsuzuki, Richard Werly, Masayuki Yamamichi, Kazuyuki Yonezawa, Yohji Yamamoto, Yomiuri Shimbum, et tant d'autres, pour tant de raisons, et leur soutien amical.

Mes pensées vont enfin à quatre amis partis trop vite, et aux leurs : Ken Hongo, Jean-Paul Rousset, Emmanuel Rhor, Shimpei Ishii. Ils auraient été heureux de découvrir ce livre publié…/. M.T.

TABLE

Prologue   7

1. A la recherche du bonheur   17
2. Sur les planches à Asakusa   41
3. Mon alter ego Beat Takeshi   61
4. La télévision, assurance tous risques   81
5. Délires télévisés   87
6. Une télévision qui ne vole pas haut   105
7. Comment je me suis fait mon cinéma   117
8. La mort en face   135
9. Rédemption et feux d'artifice   147
10. Trilogie pour un double   173
11. Chocs et entrechocs cinématographiques   189
12. Drama   217
13. La peinture, royaume de mon imagination . . .   221
14. Mon dada pour les sciences   227
15. Sacré Japon !   231
16. Ordres et désordres   263
17. L'Afrique dans mon cœur   273
18. Les amis   287
19. Confidences sur tatami   293

Glossaire   307
Filmographie   319
Bibliographie   323

www.ingramcontent.com/pod-product-compliance
Lightning Source LLC
LaVergne TN
LVHW051217060726
842526LV00013B/2794